露天煤矿边坡稳定性研究
理论与实践

神华准格尔能源有限责任公司
北京中矿信实煤炭科学技术研究院　组织编写
中国煤炭工业协会生产力促进中心

李绍臣　张　勇　杨　扬　周永利　郑厚发　主编

应急管理出版社
·北　京·

图书在版编目（CIP）数据

露天煤矿边坡稳定性研究理论与实践／神华准格尔能源有限责任公司，北京中矿信实煤炭科学技术研究院，中国煤炭工业协会生产力促进中心组织编写；李绍臣等主编．－－北京：应急管理出版社，2022
ISBN 978－7－5020－9489－8

Ⅰ.①露… Ⅱ.①神… ②北… ③中… ④李… Ⅲ.①露天矿—煤矿开采—边坡稳定性—研究 Ⅳ.①TD824.7

中国版本图书馆 CIP 数据核字（2022）第 154312 号

露天煤矿边坡稳定性研究理论与实践

组织编写	神华准格尔能源有限责任公司
	北京中矿信实煤炭科学技术研究院
	中国煤炭工业协会生产力促进中心
主　　编	李绍臣　张　勇　杨　扬　周永利　郑厚发
责任编辑	赵金园
责任校对	李新荣
封面设计	于春颖
出版发行	应急管理出版社（北京市朝阳区芍药居 35 号　100029）
电　　话	010－84657898（总编室）　010－84657880（读者服务部）
网　　址	www.cciph.com.cn
印　　刷	北京建宏印刷有限公司
经　　销	全国新华书店
开　　本	787mm×1092mm 1/16　印张 13 1/4　字数 321 千字
版　　次	2022 年 11 月第 1 版　2022 年 11 月第 1 次印刷
社内编号	20221117　　　　　　定价　46.00 元

版权所有　违者必究

本书如有缺页、倒页、脱页等质量问题，本社负责调换，电话:010－84657880

前　　言

　　煤矿安全生产事关矿工生命安全、身体健康和财产安全，是煤炭资源开发关注的重点，也是煤矿安全技术研究的难点。露天煤矿边坡又称露天煤矿边帮，是露天矿场的构成要素之一，指露天矿场四周的倾斜表面，即由许多已经结束采掘工作的台阶所组成的总斜坡。在露天采矿工程活动中由边坡带来的工程地质和环境地质问题比较普遍，边坡稳定控制在协调采矿工程活动与地质环境关系中具有重要意义。

　　我国是矿业大国，露天开采在矿产资源开采中占有重要位置。对露天煤矿边坡而言，滑坡、崩塌是其主要的变形、破坏形式。近年来，随着我国露天煤矿开采规模、开采比例的提高，以及开采强度的不断加大，露天采场、排土场边坡暴露时间、暴露范围也不断增加，边坡安全隐患问题凸显。在外部环境影响因素的作用下，滑坡灾害时有发生，动辄掩埋生产设备，造成人员伤亡，对矿山安全生产构成严重威胁。如何科学、经济、有效地识别和评价露天煤矿边坡工程的稳定性，采取适宜的滑坡防治措施，已经成为日益凸出和亟待解决的重要技术课题。

　　本书从工程地质分析入手，研究滑坡形成机理，进而从时间和空间尺度分析滑坡演化进程，预测边坡稳定性变化趋势、可能的破坏形式及其危害程度等，找出影响边坡稳定性的主要因素，力求科学、合理地设计边坡，提出经济、合理的滑坡防治措施与建议，对防治露天煤矿边坡安全事故具有重要指导和借鉴意义。

　　本书在编写过程中得到了安太堡露天矿、抚顺西露天煤矿的数据支持，付梓之际，特此感谢。由于作者水平有限，加之时间仓促，书中难免有错漏之处，敬请读者批评指正。

编　者
2022 年 8 月

目　　录

1 绪论 ··· 1
　1.1　露天煤矿边坡灾害类型 ·· 1
　1.2　滑坡识别与分类 ··· 1
　1.3　露天煤矿边坡工程岩体地质特征 ·· 6
　1.4　边坡工程研究进展 ·· 8
　1.5　露天煤矿边坡稳定性研究内容及技术路线 ·· 10

2 岩体物理力学性质试验 ··· 11
　2.1　概述 ·· 11
　2.2　岩石的物理、水理性质 ··· 11
　2.3　岩体物理力学试验 ··· 12
　2.4　岩体强度确定的经验方法 ·· 25
　2.5　滑带土抗剪强度的确定 ··· 36

3 物理模拟试验研究 ··· 39
　3.1　相似参数确定 ··· 39
　3.2　试验目的与内容 ·· 41
　3.3　试验材料与设备 ·· 41

4 RFPA 数值试验分析 ··· 61
　4.1　RFPA^{2D}概述 ·· 61
　4.2　井工开采对边坡稳定性影响的数值试验 ··· 62

5 岩体结构面成因、分级、节理调查方法与网络模拟 ····································· 67
　5.1　概述 ·· 67
　5.2　节理现场调查 ··· 69
　5.3　岩体三维节理网络模拟 ··· 79
　5.4　节理化岩体稳定性分析及案例 ·· 82

6 边坡变形破坏模式分析 ··· 98
　6.1　岩体边坡的变形破坏 ·· 98
　6.2　斜坡变形破坏机制及特征 ··· 102

  6.3 层状岩体边坡变形 103
  6.4 顺层滑移破坏 104
  6.5 抚顺西露天矿北帮沉陷滑移破坏案例 105

7 极限平衡理论及方法 109
  7.1 概述 109
  7.2 边坡极限稳定分析方法 110

8 采动损伤岩体稳定性评价 116
  8.1 节理岩体的损伤张量 116
  8.2 节理岩体损伤断裂分析与岩体边坡数值模拟 118
  8.3 节理岩体损伤与强度时空演化和各向异性的关联模型研究 126
  8.4 露井协采条件下的节理岩体损伤演化模拟分析 128

9 边坡监测与滑坡预测预报 147
  9.1 露天煤矿边坡监测的目的与监测等级划分 147
  9.2 边坡监测内容、方法及设备 148
  9.3 边坡监测数据分析 158
  9.4 滑坡预测预报 170
  9.5 露天煤矿典型顺层滑坡边坡监测分析案例 176

10 蠕动边坡变形动态控制技术 183
  10.1 概述 183
  10.2 蠕动边坡变形控制技术与理论 184
  10.3 露天煤矿蠕动边坡抗滑工程设计 187

11 滑坡防治工程实例 200
  11.1 海州露天煤矿非工作帮滑坡治理工程 200
  11.2 抚顺西露天煤矿北帮边坡变形综合治理工程 201
  11.3 云南小龙潭矿区布沼坝露天煤矿西帮边坡变形治理工程 202
  11.4 平庄西露天煤矿非工作帮滑坡治理工程 203

参考文献 205

1 绪 论

1.1 露天煤矿边坡灾害类型

露天煤矿边坡是开采矿石和堆排废弃物料形成的，受成矿构造及机制影响，边坡灾害不同于一般的自然边坡灾害类型，具有独特的地质环境与采矿活动基因。灾害类型主要包括以下几种：

（1）滑坡。滑坡是边坡上的岩土体在自重及外载荷、环境应力等因素的作用下沿坡体或基底内的带（或面）整体向下、向外移动的变形现象。由于滑坡成因及其力学机制的不同，滑坡发生后，在其后缘、中部、前缘及滑坡体两侧具有独特的地貌特征，这些特征可作为识别滑坡及滑坡演化过程的重要依据。

（2）崩塌（或片帮）。崩塌是高陡边坡体上的岩土自高处大量倾倒、倒塌、崩落，滚动而下，崩落体常呈块体状堆积于坡脚附近。崩塌破坏常发生在岩体构造破碎带、节理裂隙发育、岩体结构反倾及岩体结构严重受损的破碎带区。

（3）坍塌或片帮。坍塌是坡体松弛带内的岩土体在大气降水和上部地层滞水影响下，受震动、顶部载荷及表层干湿循环作用而顺坡面塌落的现象。

（4）泥石流。泥石流是指在山区或者其他沟谷深壑、地形险峻的地区，因为暴雨、洪水等引发的山体滑坡并携带大量泥沙以及石块的特殊洪流。泥石流具有突然性以及流速快、流量大、物质容量大和破坏力强等特点。露天煤矿坡排土场亦存在发生泥石流的可能。泥石流常常会冲毁公路铁路等交通设施甚至村镇等，造成巨大损失。

（5）错落（底鼓）。错落是边坡体在自重及外载荷作用下导致坡体内部厚松软层压缩向临空面发生移动的现象。错落常发生在陡倾构造破碎带和下部有厚软垫层、上部盖层松散的边坡。

1.2 滑坡识别与分类

1.2.1 滑坡灾害与识别

滑坡是指边坡上岩土体沿着一个或数个贯通的软弱面（带）发生顺坡向剪切滑移的现象。滑坡的发生条件是作用在滑面上的剪应力超过了该面的抗剪强度。

滑坡是一种地貌改变现象，不同滑坡介质类型、滑坡成因和规模的滑坡，在其孕育、发生、发展、终结的过程中均表现出不同的地貌特征和变形行迹，通过滑坡地貌特征和变形行迹就可以识别滑坡类型、滑坡成因、滑坡性质和滑坡所处的阶段。

滑坡识别是滑坡分析的一项重要内容，其不借助勘探手段，主要依据地貌形态、岩层露头及一些地表和建（构）筑物的变形和破坏迹象，做出是不是滑坡及其大概范围和规模的判断，或者判断是否可能发生滑坡。这一判断虽然是初步的，但对于下一步勘探、施工等工作有重要意义。如忽略原本存在的滑坡或不按滑坡特点布置勘探工作，导致的滑坡灾害事件屡有发生。在滑坡识别时，正在活动的滑坡，形态要素清晰、容易识别。但是，处于"休眠期"的老滑坡或因后期改造强烈的便难以识别。如果误将重要建筑物或重要工程置于可能活动的滑坡之上或滑坡附近，便可能造成居民生命财产损失，或重要工程的毁损。

滑坡识别的内容包括滑坡（变形）范围、变形或破坏现象调查以及滑坡成因、规模、发展趋势初步分析等内容，是进行边坡灾害识别与分类的基础。

1.2.2 滑坡要素和常用术语

滑坡的一个重要特征是在其运动过程中保持相对的完整性，往往表现出特定的形态外貌。因此在滑坡分析中，首先应根据形态要素识别滑坡。

国际上，由美国学者 D. J. Varnes 提出的滑坡要素及术语被广泛应用，同时我国也有自己的习惯用语。参照国际用法并结合我国习惯，下面介绍滑坡要素和常用术语。

一个发育完整的滑坡一般具有下列组成要素（图 1-1）：

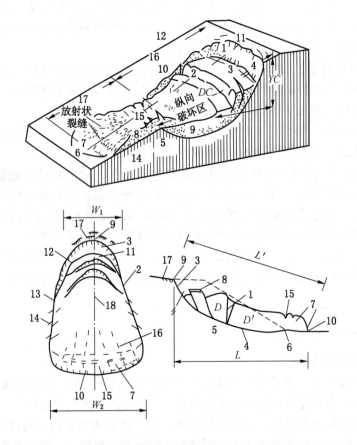

1—滑坡体；2—滑坡周界；3—滑坡壁；4—滑动面；5—滑坡床；6—滑坡剪出口；7—滑坡舌与滑坡鼓丘；8—滑坡台阶；9—滑坡后缘；10—滑坡前缘；11—滑坡洼地（滑坡湖）；12—拉张裂缝；13—剪切裂缝；14—羽状裂缝；15—鼓胀裂缝；16—扇形裂缝；17—牵引性裂缝；18—主滑线

图 1-1 滑坡要素平、剖面示意图

（1）滑坡体：滑坡发生后，与稳定坡体脱离而滑动的岩体或土体，简称滑体。相对未动岩土体，由于滑动作用，在滑坡体中有时出现褶皱和断裂现象，岩土体结构松动。

(2) 滑坡边界（周界）：滑坡体与周围不动坡体在平面上的分界线，它圈定滑坡的范围，在多个滑坡构成的滑坡区内，它可以是不同滑动块体的界线。

(3) 滑坡后壁（滑坡壁）：滑坡体上部与不动坡体脱离的分界面露在外面的部分，通常高数米至数十米，坡度较陡，一般在 55°~80°，似壁状。滑坡壁在平面上多呈圈椅状（环谷状、马蹄状）。滑壁中，最高部分称为主滑壁，两侧称为侧滑壁。新滑坡发生后，滑壁上可见清晰的滑动擦痕。

(4) 滑动面（带）：滑体滑动时与不动坡体之间的分界面，并沿之下滑，此面称为滑动面，简称滑面。大多数滑坡由于滑动过程中滑坡体与滑坡床之间相对摩擦，滑动面附近的土石受到揉皱、辗磨作用，在滑面上下形成一层因剪切作用导致结构破坏的软弱带，厚数毫米到数米，称为滑动带，简称滑带。

(5) 滑坡床：滑动面以下不动的岩土体，称为滑坡床，简称滑床。滑床岩土体保持原有的结构而未变形，但在靠近滑坡体部位有些破碎。

(6) 滑坡剪出口：滑动面最下端与原地面相交而剪出的破裂口称为滑坡剪出口，简称剪出口。

(7) 滑坡舌与滑坡鼓丘：滑坡体从剪出口滑出后向前伸出的，形似舌状的部分称为滑坡舌。由于滑坡面反翘或滑坡前缘受阻，在滑坡舌上形成的垂直滑动方向的横向隆起地形，称为滑坡鼓丘。

(8) 滑坡台阶和滑坡平台：滑体在滑动过程中因上下各段滑动次序和滑动速度的差异，在滑坡后部（上部）常形成一系列错台，每一级错台的台面称为滑坡平台。每一级错台形成的陡壁称为滑坡台阶。通常，滑坡平台缓倾坡内，又叫反坡平台。

(9) 滑坡后缘：滑壁与上坡原地面的交线，简称后缘。

(10) 滑坡前缘：滑坡舌部与原地面的交线称为滑坡前缘，其最突出部分称为舌尖。

(11) 滑坡洼地和滑坡湖：滑体与主滑壁之间拉开成沟槽，或陷落成地堑状，周围滑块形成反坡地形时，即形成中间低、四周高的洼地，称为滑坡洼地，又称封闭洼地。当滑坡壁向外渗水将地表水汇集于洼地中形成积泉湿地或水塘时，称为滑坡湖。

(12) 拉张裂缝：位于滑体上部或两级滑坡之间，因滑体下滑受拉力作用形成的张开裂缝，呈弧形、方向与滑壁平行的裂缝称为拉张裂缝。

(13) 滑坡侧缘与剪切裂缝：滑体与两侧不动斜坡的边界，称为滑坡侧缘。位于滑坡中下部的两侧，因滑体下滑与两侧不动体之间发生相对剪切位，形成剪力区，产生剪裂缝，称为剪切裂缝，其走向与滑动方向平行。

(14) 羽状裂缝：剪切裂缝尚未贯通前，因移动体与不动体相对剪切位移，在剪力区内形成的剪切裂缝两侧伴生的羽毛状排列的裂缝，或位于剪切裂缝两侧伴生的羽毛状排列的裂缝，称为羽状裂缝。

(15) 鼓胀裂缝：滑坡鼓丘上垂直滑坡滑动方向、因鼓丘隆起形成的拉张裂缝。

(16) 扇形裂缝：滑体下部因下滑受阻而形成的顺着滑动方向、因滑体挤压形成的压张裂缝，因滑坡前向两侧扩散，压张裂缝在滑坡主轴部位两侧呈放射状分布。

(17) 牵引性裂缝：主滑壁以外因失去支撑而形成的尚未滑动的断续拉张裂缝，称为牵引裂缝。

(18) 主滑线（滑坡主轴）：滑体上滑动速度最大的纵向线，称为主滑线，又称滑坡主轴。它代表滑坡整体滑动方向，可为直线也可为曲线，一般位于滑坡后缘最高点与前缘最远点的连线上，或滑体最厚、滑坡推力最大的纵断面上。

此外，河谷内滑坡堵断河流形成的湖泊称为滑坡堰塞湖。Varnes 提出的滑坡要素还包括滑坡坡顶、滑坡头部、分离面（滑覆面）、土移区（减损带）、聚土区（加积带）、原始地面。

实际上，极少有滑坡具备完整、清晰的所有滑坡要素，或因发育不全，或因结构复杂相互干扰而缺失某些特征。

1.2.3 滑坡分类

基于研究目的不同，滑坡分类依据各异。迄今为止，国内外滑坡分类方案很多，有按滑体岩土类型、滑坡规模、滑体厚度、滑坡动力学特点、滑坡诱发因素、滑动速度等不同分类，但其共同点在于通过滑坡的分类，规范术语，描述某一类滑坡区别于其他滑坡的独特性质与特征，为技术交流与工程应用服务。基于矿山边坡特点和滑坡防治研究的目的，本节从滑坡规模、滑坡体岩土类型、滑坡特点与致因等三个层次进行滑坡分类，结合具体地质条件，便可具体描绘滑坡体岩土类型、滑坡规模、滑坡体形态、滑坡性质、诱发因素等滑坡特征，清晰地描绘一个滑坡类型，初步形成滑坡防治的技术路线。

基于此，结合矿山滑坡防治特点和国内有关规范，将滑坡体按岩土类型、滑坡规模和滑坡特征三个维度进行分类，每一级分类可再细分为亚类。

1.2.3.1 一级滑坡分类

一级滑坡分类主要描绘滑坡的规模，分类依据既可按滑坡体积也可按滑坡体厚度进行划分。按滑坡体积可划分为小型、中型、大型、特大型滑坡。小型滑坡：滑坡体积在 $10 \times 10^4 \ m^3$ 以内，滑坡防治措施简单。中型滑坡：滑坡体积在 $(10 \sim 100) \times 10^4 \ m^3$，往往需要采取综合滑坡防治措施。大型滑坡：滑坡体积在 $(100 \sim 1000) \times 10^4 \ m^3$，滑坡防治工程复杂，投入大。特大型滑坡：滑坡体积达 $1000 \times 10^4 \ m^3$ 以上，一般需要进行技术攻关，治理费用巨大。

按主滑段滑体的平均厚度划分为浅层、中厚层、厚层和巨厚层滑坡四类。浅层滑坡：浅层滑坡滑体主滑段的平均厚度在 10 m 以内，其与自然风化影响的厚度相当，滑坡方量与小型滑坡相当，滑坡防治措施相对简单。中厚层滑坡：中厚层滑坡滑体主滑段的平均厚度一般在 10~25 m，其滑坡体积相当于中型滑坡，滑坡防治措施相对复杂。厚层滑坡：滑体主滑段的平均厚度一般在 25~50 m，其滑坡体积相当于大型滑坡的方量。此类滑坡治理往往需要开展大量的岩土物理力学参数测试和滑坡监测工作，滑坡分析、滑坡治理工程设计、滑坡治理效果评价工作较复杂。巨厚层滑坡：滑体主滑段的平均厚度超过 50 m，其体积相当于特大型滑坡的方量，该类滑坡治理工程复杂，工程量大，往往需要开展技术攻关。

1.2.3.2 二级滑坡分类

以组成滑体岩土类型作为滑坡的第二级分类依据。通常情况下，确定了组成滑体的岩土层类别，便可初步预估滑动面的分布、滑动面（带）的性质及可能的滑坡影响因素，为滑坡防治指明了一个基本方向。据此，将滑坡分为土质滑坡、岩质滑坡及变形体。二级滑坡分类见表 1-1。

表1-1 二级滑坡分类

二级滑坡类型	亚 类	特 征 描 述
土质滑坡	堆积体滑坡	由前期滑坡形成的块碎石堆积体，沿下伏基岩面或滑坡体内软弱面滑动
	黄土滑坡	滑坡体由黄土构成，滑动面位于黄土体中，或沿下伏基岩面滑动
	黏土滑坡	滑坡体由高岭土等具有膨胀性黏土构成
	残坡积层滑坡	由基岩风化壳、残坡积土等构成，通常为浅表层滑坡
	冰水（碛）堆积物滑坡	冰水将碎屑物（冰碛物）进行再搬运再堆积，形成崩坡积物
	人工弃土滑坡	由人工开挖堆填弃渣构成，沿下伏基岩面、滑坡体内软弱面或演化界面滑动
岩质滑坡	近水平层状滑坡	沿缓倾岩层或裂隙滑动，滑动面倾角不大于10°
	顺层滑坡	沿顺坡岩层层面滑坡
	切层滑坡	沿倾向坡外的软弱面滑动，滑动面与岩层层面倾向相切
	逆层滑坡	沿倾向坡外的软弱面滑动，岩层倾向坡内，滑动面与岩层层面倾向相切
	斜体滑坡	厚层块状结构岩体中多组弱面切割分离楔形体的滑动
变形体	岩质变形体	由岩体构成，受多组软弱面控制，存在潜在滑面，已发生局部变形破坏，但边界特征不明显
	土质变形体	由堆积体构成（包括土体），以蠕滑变形为主，边界特征和滑动面不明显

土质滑坡可进一步分为堆积体滑坡、黄土滑坡、黏土滑坡、残坡积层滑坡、冰水（碛）堆积物滑坡、人工弃土滑坡6个亚类。

岩质滑坡进一步分为近水平层状滑坡、顺层滑坡、切层滑坡、逆层滑坡、斜体滑坡5个亚类。

变形体划分为岩质变形体和土质变形体两类。

1.2.3.3 三级滑坡分类

三级滑坡分类是以具体滑坡的特点、滑坡主导因素分类，分类时多从滑坡生成条件、滑动动力因素、滑后坡体形态特征、滑动性质、力学机制、滑体完整性、主滑带特征、滑面出口位置等要素寻找突出特性。

（1）从滑坡动力因素上划分：暴雨滑坡、地震滑坡、洪水冲刷滑坡、堆载滑坡、切割滑坡、水下潜蚀滑坡、煤层自燃陷落滑坡、震动液化滑坡、地表水渗灌滑坡、化学淋滤滑坡、冻融滑坡、水压浮动滑坡、地应力释放滑坡、滑带溶蚀滑坡、坍陷滑坡、开挖滑坡等。

（2）从力学机制上划分：推动式滑坡、牵引式滑坡和推动牵引混合式滑坡。

（3）从滑动面生成过程划分：渐进式滑坡、急剧式滑坡和蠕动变形（滑坡）等。

（4）从主滑带生成部位上划分：新生面滑坡、堆积面滑坡、层面滑坡和构造面滑坡。

（5）从滑动方向上划分：定向滑坡和变向滑坡。

（6）从滑面个数划分：单层滑坡、两层滑坡和多层滑坡等。

（7）从滑动性质上划分：急剧性滑坡、断续性滑坡和连续性滑坡。

（8）从生成年代上划分：新生滑坡、老滑坡、古滑坡。

（9）从现今活动程度上划分：活动滑坡、不活动滑坡。

（10）从发生原因上划分：工程滑坡、自然滑坡。

（11）从滑面出口位置上划分：坡顶滑坡、斜坡滑坡（悬挂滑坡）、坡基滑坡和水下滑坡等。

（12）从滑体的稠度和刚度上划分：流体滑坡、塑体（塑性）滑坡和块体滑坡等。

（13）从滑坡形态上划分：沟槽状滑坡、环谷状滑坡。舌形（中部隆起）滑坡、勺形滑坡、正面形滑坡、缩口形滑坡、椭圆形滑坡、无明显边界滑坡、不规则滑坡等。

1.3 露天煤矿边坡工程岩体地质特征

1.3.1 地质年代与分布特征

煤系地层为沉积岩地层，其岩体工程地质特征不同于其他矿床。我国已查明适合露天开采的煤系地层主要有4个地质时代。

1. 石炭—二叠系含煤地层

主要分布在内蒙古西部、山西等黄土高原地区，WEB以平朔安太堡露天煤矿、准格尔黑岱沟露天煤矿为代表，主要含煤层位为太原组和山西组。太原组由砂岩、粉砂岩、泥岩和层数不等的灰岩及煤层组成，厚90~100 m。山西组由砂岩、粉砂岩、泥岩及煤层组成，厚50~60 m。

2. 侏罗系含煤地层

侏罗纪是中国最主要的成煤时代，其资源量占全国50%以上，且以早、中侏罗系为主，主要分布于陕西、甘肃、宁夏、新疆等地，以陕西榆林西湾露天煤矿、新疆准格尔露天煤矿为代表，含煤地层由陆相粉砂岩、沙砾岩、泥岩和煤层组成。

3. 白垩系含煤地层

白垩系含煤地层主要分布于东北三省、内蒙古东部等地，以内蒙古伊敏河露天煤矿、辽宁阜新海州露天煤矿为代表。含煤地层发育于各个小型盆地群当中，因此各地差别较大。

大兴安岭、海拉尔盆地群的含煤地层称扎赉诺尔群，包括下部大磨拐组及上部伊敏组。大磨拐组可分为下段粗碎屑岩，中段砂泥岩和煤层，上段厚层泥岩、砂岩夹沙砾岩，在伊敏煤田含13~17个含煤组，煤层总厚达123 m。伊敏组由细砂岩、粉砂岩、泥岩和煤层组成，主要在下段含煤，可采4~6层组，总厚105 m。

辽西的下白垩统包括下部沙海组及上部阜新组。沙海组可分为三段，下段为沙砾岩及砾岩；中段为含煤段，由泥岩、砂岩及煤层组成；上段为泥岩。阜新组由沙砾岩、砂岩、粉砂岩、泥岩和煤层组成，含6个煤层组，总厚为10~80 m。

在三江、穆棱地区一系列煤盆地以东，于虎林、密山、宝清一带发育了海陆交互相的含煤地层，地层以细砂岩、粉砂岩、泥岩为主。

4. 第三系含煤地层

第三系含煤地层主要分布于辽宁、云南等地，以抚顺西露天矿、云南小龙潭露天矿为代表。

我国新生代早、晚第三系均有重要含煤地层。早第三系含煤地层主要发育于我国北方，尤其是东北，南岭以南及滇西也有分布。下部老虎台组、栗子沟组以玄武岩、凝灰岩为主，夹沙砾岩、泥岩及不稳定煤层；中部古城子组、计军屯组为含主要煤层及厚层油页岩层位；上部西露天组、耿家街组夹泥灰岩，不含煤。抚顺群主煤层厚可达120 m，油页岩为 50~190 m，系巨厚煤层。

云南晚第三系含煤地层分布在上百个小型盆地中，又以滇东更为重要。属于中新统的为小龙潭组，厚 500~720 m，自下而上为黏土岩段、薄煤段、主煤段、泥灰岩段。煤层巨厚但结构复杂，主煤段厚 4.4~223 m，平均 139 m，含夹矸 37~163 层。另外，属于上新统的含煤地层为昭通组，厚 350~500 m，自下而上分为三段，下段砾岩，中段松散黏土夹砂砾石，上段为煤层夹黏土，共含可采煤层 3 层，总厚一般 40~100 m，最厚 194 m。

1.3.2 露天煤矿边坡岩体工程地层特征

不同地质时代含煤地层沉积环境、成因条件的差异，反映在边坡工程地质条件方面，使露天煤矿边坡工程岩体具有独特特征，在滑坡防治措施上也具有其特点。

1. 岩体物理力学性质的正交异性特征

煤系地层呈层状沉积，在水平方向上同一层岩体介质物理力学性质差异较小，近似各向同性，但在垂向上岩体介质变化频繁，物理力学性质差异较大。

2. 岩体介质的倾斜层状赋存特征

基于原始沉积条件、沉积环境与地质构造作用，含煤地层均处于不同规模的沉积盆地内，几乎所有矿山地层均呈倾斜层状结构，近水平煤田仅属少数，大多在 10°~30°倾角范围内。与其他类型的边坡相比，岩层倾角是顺层岩质边坡的一个明显特征，对坡体稳定性及其变形破坏模式有着极其重要的影响。对于倾角较大的顺层岩体，开挖坡面的倾角可以与岩层倾角相同，此时如果开挖高度较大、岩层强度较低，可能会因岩体重力挤压而使岩层发生压溃破坏。对于倾角较小的岩体，一般开挖坡面的倾角都大于岩层倾角，岩层被切断后形成有效临空面。同时，由于其中的软弱夹层在坡面出露，故易于形成沿软弱夹层的滑动破坏。

3. 岩体原生结构面优势发展特征

岩体结构中层理面、不整合面、断层面等原生结构面发育，且连续性、二维延展性均好，在原生与地质构造作用等因素影响下，结构面强度低。岩体破坏时，原生结构面始终具优势发展特征，并多构成滑床或其他边界条件。

4. 弱层的发育特征

露天煤矿在形成工程岩体的过程中，弱层的赋存、发育、发展可分为三种类型：

一是原生弱层。主要表现为煤层顶、底板岩石中的软弱泥岩、炭质泥岩等夹层。在含水情况下，本身强度很低，发育连续、范围大，采矿工程采动后，是形成露天煤矿滑坡灾害最为普遍的因素。

二是构造弱层。沿主要构造结构面发育，一般表现为断层泥或结构面中的错动夹层。在工程动力作用下，因环境、物理条件改变而发育为弱层（面）。

三是演化弱层。在采矿工程作用下，由于地质营力和环境物理条件的改变，致使岩体在垂向某层段物理、化学条件改变，从而强度骤变，形成软弱带。

5. 岩体工程性质的非线性特征

受原始沉积条件、环境与地质构造作用以及工程应力作用，在垂向上岩体介质呈各向异性，岩体工程性质呈现非线性变化。表现在岩体强度上，随着边坡岩体埋深的增加，边坡岩体强度表现出强烈的非线性变化特征，如钻孔动力触探锤击数随深度的变化特征。

1.4 边坡工程研究进展

1.4.1 边坡工程中的新理论与新方法

自然界是一个决定性与随机性共存的复杂体。现代非线性科学的"新三论"（耗散结构论、协同论、突变论）的问世与发展，打破了传统的经典科学决定论对人们思维的桎梏。首先是非平衡态物理学——耗散结构理论、协同论发现了物质远离平衡条件下的新性质，与此平行的另一门新学科——现代动力学理论也大大改变了人们对复杂世界的看法，一种称为混沌的确定性的随机现象普遍存在。人们发现稳定的、可积系统只是自然界这个汪洋大海中一个小小的岛屿。法国数学家彭加莱（Poincare，1892年）创建了动力学系统的现代理论，提出了一个著名的定理证明：可积系统是一个罕见的例外，不可积系统才是寻常的；而不可积的原因在于共振现象。共振现象是相互作用不可约简的普遍表现形式。共振的发生不仅标志着传统方法的失败，而且也强烈暗示着动力学系统从线性转入非线性的情况下，体系的性能也跟着发生质变。

滑坡系统的非线性动力学、滑坡自组织、分形分维、模糊评判与神经网络等理论与方法应用，推动着边坡稳定性研究工作向更接近自然界的"实际"发展。

不同于传统守恒系统，滑坡系统是具有时间发展行为的耗散系统。在耗散系统中寻求演化判据首先导致的深刻后果是守恒系统的时间反演不变性的破坏，于是耗散系统可以用趋向最后状态的不可逆途径来表征。耗散系统的另一个重要特征是当扰动消除时系统迟早要恢复到原来的状态，即"渐近稳定态"，这也就是耗散系统中的一个重要概念"吸引子"，即行为被"吸引"到的地方。存在吸引子的耗散系统的动力行为是可预测的，虽然耗散系统有时存在着大量运动的随机性。滑坡系统的非线性动力学与边坡系统的自组织等理论的提出，创新了边坡工程研究思路与基本方法。

近20年来，滑坡研究已由过去的单个滑坡现象的描述、分类治理，发展到现在以定性描述为基础的定量预测预报研究。早期的边坡稳定性分析的总体理论指导是刚体极限平衡理论或改进的极限平衡理论，而且对滑坡的边界条件大大地进行了简化，计算中选用的各种参数被认为是确定的或线性变化的。对复杂现象的简单处理方法，在具体的工程实例中虽然起到了一定的作用，然而暴露出来的缺点也毋庸置疑。实际上，不仅滑坡体中的各种计算参数是不确定的和随机的，而且滑坡系统本身就是一个不平衡、不稳定、充满复杂性的系统，其与外界环境有着不断的物质、能量、信息交换，使边坡稳定性分析、预测具有复杂的非确定性特点。20世纪90年代初期概率分析法引入我国，考虑到了边坡中各要素的随机性特征，认为滑坡分析中强度参数以及安全系数都是符合某种概率分布的函数，并引入了安全限的概念，将安全限概念同最大信息熵原理结合起来，用于计算滑坡体中每一个滑块的破坏概率，继之计算整个滑坡的破坏概率。这是从确定性模型迈向概率模型最可喜的一步，也是人们对认识—实践—认识的又一次飞跃。这表明人们处理问题的方式方法在逐步地向客观实体靠拢。而后期的发展，人们更多着重于各种理论的相互交叉以及在滑坡预测中的应用。

模糊数学、神经网络理论的应用，使边坡工程中很多"亦此亦彼"的问题都可以用隶属度来度量，使这些"模糊"的尺度可用定量的数学方法来描述，并使人工智能方法应用于边坡稳定性预测成为可能。

边坡滑动面的演化及岩体损伤与裂隙扩展是边坡变形发展的必由之路，滑体由连续变化向不连续变化的转变最终导致边坡失稳。描述非线性、非连续变化现象的突变理论的应用使得对这样一个由渐变到突变、由量变到质变的转变体系，进行系统研究与定量评价成为可能。

1.4.2 边坡工程的设计与加固

归根结底，矿山边坡的滑坡致因在于采矿工程活动。原生边坡在经历开挖活动后，形成新的边坡空间形态，破坏了原岩体应力分布与平衡，尤其是对于顺倾层状边坡而言，大量的滑坡案例证明，边坡轮廓的改变往往会使边坡主滑段与抗滑段应力失衡导致滑坡的发生。

露天煤矿典型的沉积特征导致顺层岩质边坡极易产生沿层面的滑动，因此，当露天煤矿出现顺层边坡情形时，应采取措施避免其滑动后对坡顶和坡底的构筑物及矿坑（排土场）下部工作人员、设备等造成威胁。

常规的露天煤矿滑坡防治工程措施主要分为采矿协调、边坡支护、边坡抗滑三大类。

1. 采矿协调

露天煤矿边坡是典型的工程边坡，应该基于区域地质与局部地质条件，通过分析导致边坡环境地质问题的主导因素，如边坡轮廓、地层岩性、软弱层分布、地下（表）水、构造结构面等，遵循地质环境与协调采矿工程的准则进行边坡设计，防治滑坡灾害。

2. 边坡支护

边坡支护的目的在于通过采取工程措施控制边坡应力场的改变，防止或控制边坡变形。露天煤矿常见的边坡支护措施包括削坡减载、锚索加固等。

（1）削坡减载。对主滑段进行削坡处理，放缓边坡角，降低主滑段的剩余下滑力，从而降低边坡剪出口的不平衡推力，使该滑坡的抗滑力与下滑力的比值即边坡安全稳定系数大于安全储备系数以实现减载，保证其在设计工况下处于稳定状态。若滑坡按力学条件分类属于牵引式滑坡，则滑坡发展主要受前缘主滑段控制。牵引段削坡减载只是降低了下滑力，治理效果甚微，并不能改变边坡整体下滑的趋势，因此削坡减载仅可作为一项辅助治理措施。

（2）锚索加固。锚索加固作为一种"固腰"的治理工程措施，其原理主要是对岩性软硬相间、岩层陡倾倒转而产生倾倒滑移的区段采用锚杆加固，以增加岩层叠层总厚度，从而达到提高复合抗弯刚度能力，减少倾倒滑移变形的目的。锚索加固一般适用于硬岩~中硬岩岩体，当矿区岩体属于极软岩~软岩时，锚索加固的应用效果一般，不建议采用。

（3）其他边坡防护措施。除了削坡减载、锚索加固等主要支护措施外，边坡挂网锚固、锚喷、生物防护等辅助坡面防护措施可作为对主要边坡抗滑支护措施的有效补充。

3. 边坡抗滑

常见的露天煤矿边坡抗滑措施主要包括抗滑桩支挡、内排压脚、注浆加固等。

（1）抗滑桩支挡。抗滑桩支挡是借助桩与周围岩土体的共同作用，把滑坡推力传递到稳定地层，以达到稳定滑坡体的目的。从地质条件方面分析，抗滑桩支挡适用于除软塑滑坡体外的各类滑坡；从滑坡形式方面分析，适用于滑坡体地下含水量未达到塑流状态的推移式、渐进后退式滑坡；从滑坡规模方面分析，适用于处治浅层或中厚层滑坡。当矿区滑坡为多层弱面控制且滑面较深时，采取抗滑桩支挡措施工程量巨大且效果不能保证，不建议采用。

(2) 内排压脚。采用内部排土压脚的方法，可以使边坡下部区域岩土体自重增加，提高滑坡区域的整体抗滑力；同时，排土压脚可以消除潜在滑体剪出口处的自由面，在一定程度上起到抑制潜在滑体沿原滑裂面剪出口移动的作用，当没有压脚空间或压脚后需进行二次剥离时，坡脚反压不建议采用。

(3) 高压注浆。压力注浆是指利用液压、气压和电化学原理，通过注浆管将浆液注入地层，浆液以填充、渗透和挤密等方式，赶走土颗粒间或岩石裂隙中的水分和空气后占据其位置，从而将原来松散的土粒或裂隙胶结成一个整体，形成一个结构新、强度大、防水性能高和化学稳定性好的"结石体"。压力注浆一般适用于砂土、黏土以及裂隙比较发育的岩体。当矿区岩体节理裂隙不发育或岩土体相对致密时，该措施不太适用。

1.5 露天煤矿边坡稳定性研究内容及技术路线

典型的露天煤矿顺层边坡稳定性研究技术路线如图1-2所示。

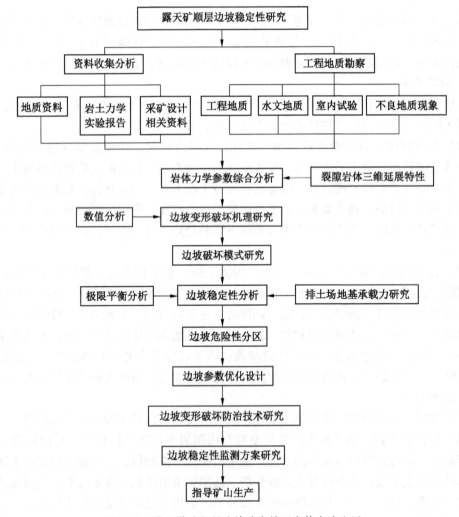

图1-2 露天煤矿顺层边坡稳定性研究技术路线图

2 岩体物理力学性质试验

2.1 概述

组成露天煤矿边坡土、岩的物理力学性质是影响边坡稳定性的重要因素。边坡岩体在外力场作用下的变形、移动和破坏规律，无不与其组成岩石或含有各种结构面的岩体的物理、力学性质有关。

与其他材料相比，岩石（或岩块）有其固有的力学属性。当边坡破坏发生在某一完整连续的岩石中时，则该种岩石的力学特性对边坡稳定性起控制作用。如我国露天煤矿常见沿某一具有一定厚度的软弱岩层发生滑坡，则组成这种软弱岩层的岩石性质对滑坡就起控制作用。

岩体是指含有各种弱面切割的岩块体的组合。岩体内的岩块体称作结构体，各种弱面称为结构面。边坡岩体结构几何特征会决定边坡稳定性。不稳定结构的边坡破坏常是沿单一或组合结构面滑动，因而岩体结构面的力学特性对这种边坡的稳定性起控制作用。如露天煤矿沿岩层层面的顺层滑坡或沿断层面、节理面发生的楔体滑坡就是由这些结构面的力学性质控制的。

当边坡岩体被密集的结构面切割时，边坡破坏往往比较复杂，它包括沿一系列微弱结构面的破坏和完整单元岩块（或岩层）的破坏。这种呈复杂破坏的岩体强度不能简单地以岩块强度或结构面强度代替。按中国科学院地质研究所对岩体力学介质类型的划分，这种岩体属于碎裂岩体，其力学性质与岩性和结构效应（结构面的密度，空间展布，物理力学性质等）有关。

根据研究露天煤矿边坡稳定问题的需要，本章将讨论岩石的物理、水理、力学性质，结构面和碎裂岩体的强度特征，其中又以抗剪强度及其测定为主。

岩石、结构面或碎裂岩体的抗剪强度在边坡设计计算中至关重要。抗剪强度值的很小差别将导致边坡角度或安全高度的很大变化。因而，对岩石、结构面、岩体的抗剪强度进行测定时，合理地确定和选用其各项指标已成为研究边坡稳定性的重要基础工作之一。

2.2 岩石的物理、水理性质

岩石的物理、水理性质包括的内容很多，如岩石的重量指标、空隙性、吸水性、软化性、透水性等。本节仅略述并评价与边坡稳定性有关的一些项目。如组成边坡的岩石容重将直接决定边坡各部位的自重应力，故在稳定计算中要引用该项指标。又如岩石（特别是松软岩石）的比重、密度、孔隙率、含水率等对其力学性质有很大影响。因此在露天煤矿边坡稳定性研究工作中，常将岩石的物理性质与力学性质进行综合对比分析。

我国露天煤矿岩石多由沉积岩组成，其中又以石灰岩、砂岩、砂页岩及黏土质页岩为主。沉积岩是由形状不定、颗粒大小不一的矿物和岩石碎屑被不同的胶结物胶结而成的。其粒径，有的大到数毫米甚至数米，如砾石，有的则小至千分之几毫米。其胶结物，硅质或石灰质的黏结性很强，黏土质或白垩质的胶结性很差。岩石中这种不同的颗粒其表征参数和测定方法有些类同；有些则不相同。露天煤矿中某些软弱岩层的物理、水理性质是用土的同类性质表征和测定的。岩石的主要物理性质指标包括容重、比重、密度、孔隙率、含水率等。已有试验成果表明，同一岩种物理性质指标随取样深度不同而变化，这一特点，常被用作划分边坡风化带的参考数据。

2.3 岩体物理力学试验

岩石（或岩块）力学指标的测定多是将野外采取的岩样或钻探岩芯，按要求制备成预定规格的试件，在室内进行试验。岩体强度的测定则是在野外于岩体原位加工试体，并在现场进行试验。两种试验方法各有特点和用途，不能简单取代。

室内试验具有仪器设备完善、试件加工较简易、试验时可模拟不同的力学作用、费用较低廉等优点，但试件往往不能反映原岩的天然状态。野外试体制备困难且试验技术复杂、费用昂贵，若试体布置得当则可充分反映岩体某些自然特征，从而可获得在室内难以取得的试验结果。尽管室内试验受取样加工影响，会造成试验结果与自然状态试验结果之间有偏差，但仍不失为研究岩石力学特性的主要手段；而对于被密集结构面切割的碎裂岩体强度的测定，野外试验就是十分必要的手段了。许多试验都证实，对于结构面的抗剪强度，如取样正确，则室内小试块和野外大试体的试验结果基本一致。这样，就可以采取室内试验为主，原位大型试验为辅的试验方法。

在研究露天煤矿边坡稳定问题时，需依具体情况，按照所需指标的要求，制订试验计划，选用适宜的试验方法。具体试验工作应遵照有关部门颁发的岩石试验规程进行。

2.3.1 软弱层（软岩）水理性质试验

顺层边坡失稳往往是由软弱夹层中的软质土岩（软泥）或断层构造带中的断层泥起主导作用的。因此，在进行顺层边坡稳定性评价时往往需要测定软弱层软泥或断层泥的黏土矿物成分、粒度组成与水理性质等其他相关性质。

2.3.2 常规物理力学性质试验

岩体常规物理力学性质试验内容主要包括边坡各岩种及软弱层岩样的直剪、三轴、单轴抗压、真密度、含水率（量）、视密度（密度）等项试验，岩样均取自于钻孔和试验平硐。试验遵循的主要规程为《煤和岩石物理力学性质试验规程》、《工程岩体试验方法标准》(GB/T 50266)、《土工试验方法标准》、水利电力行业《土工试验规程》《岩石试验规程》等。

1. 岩石孔隙性

岩石的孔隙性反映了岩石中孔隙和裂隙的发育程度，主要包括岩石的孔隙比和孔隙率两项指标。

（1）岩石的孔隙比。岩石中孔隙的体积与岩石固体颗粒体积之比，称为岩石的孔隙比（E）：

$$E = \frac{V_v}{V_s} \quad (2-1)$$

式中 V_v——岩石中孔隙体积。

（2）岩石的孔隙率。岩石中孔隙的体积与岩石总体积之比，称为岩石的孔隙率（n），以百分比计：

$$n = \frac{V_v}{V} \quad (2-2)$$

2. 岩石水理性质

岩石与水相互作用时所表现的性质称为岩石的水理性质，主要指标包括岩石的含水量、渗透系数与软化系数等。

（1）含水量。岩石中水的质量与固体颗粒质量之比，称为岩石的含水量 W，也称含水率，以百分数计。

$$W = \frac{m_w}{m_s} \quad (2-3)$$

式中 m_w——岩石中水的质量。

（2）渗透系数。1855 年，法国工程师达西（Darcy）通过室内试验发现，当水在土中流动的形态为层流时，水的渗流遵循下述规律：

$$v = ki \quad (2-4)$$

式中 v——渗流流速；

i——水力梯度；

k——渗透系数，cm/s。

达西渗透定律表明，在层流状态下流速 v 与水力梯度 i 成正比。

（3）软化系数。岩石饱水状态下的单轴抗压强度与干燥状态下的单轴抗压强度之比，称为岩石的软化系数 η，为无量纲。

$$\eta = \frac{\sigma_{sat}}{\sigma_{cd}} \quad (2-5)$$

式中 σ_{sat}——岩石饱水状态下单轴抗压强度；

σ_{cd}——干燥状态下岩石单轴抗压强度。

3. 岩石抗压强度

（1）单轴抗压强度。岩石的单轴抗压强度是指岩石试件在无侧限条件下，受轴向荷载作用破坏时单位面积上所承受的极限荷载。在常规岩石单轴压缩试验中，由于试件断面与承压板之间的摩擦力，使试件断面部分形成了一个箍的作用，随远离承压板而减弱，试件的破坏呈现出圆锥形破坏的特征；若采用有效方法消除岩石试件两端面的摩擦力，则试件的破坏形态呈柱状劈裂破坏。

（2）三轴抗压强度。岩石在三向压缩荷载作用下，达到破坏时所能承受的最大应力称为岩石的三轴抗压强度。大量研究表明，岩石三轴抗压强度会随着围压的提高而明显增大，当围压低时，岩石破坏的抗压强度低，反之亦然。当围压增大到一定程度，与最大主应力相等时，即三向等压时，理论上讲岩石的强度会接近无限大。

（3）岩石抗拉强度。岩石的抗拉强度是指岩石能够抵抗的最大拉应力。获得岩石抗拉强度的方法有直接法和间接法，直接法通过单轴抗拉试验获得，由于岩石属于脆性材料，很难直接加工成拉伸试件进行试验，所以通常采用劈裂试验进行岩石抗拉强度的间接测试。

（4）岩石抗剪强度。岩石的抗剪强度是指岩石在一定应力条件下所能抵抗的最大剪应力。

2.3.3 常规物理力学性质试验方法

边坡岩块常规物理力学试验的目的在于求取岩样的各类物理力学性质指标，为全面掌握各岩种物理力学性质及岩体力学强度评价提供依据。测定的主要项目除视密度、真密度、含水量、单轴抗压强度、三轴剪切强度、直接剪切强度等外，结合边坡失稳的原因，需要进行不同含水量下抗剪强度的变化试验与变形参数测定。测定方法按国标或部标规定进行。

2.3.3.1 密度与含水率

1. 仪器设备

环刀，直径61.8 mm，高度20 mm；制样器，直径40 mm，高度80 mm；JA31002型电子天平，最大称量3000 g，感量10 mg；卡尺；烘箱；饱水器；密封袋等。

2. 试验方法与计算公式

密度用体积密度法，计算公式如下：

$$\rho_0 = \frac{m_0}{V} \quad (2-6)$$

$$\rho_d = \frac{m_d}{V} \quad (2-7)$$

$$\rho_s = \frac{m_s}{V} \quad (2-8)$$

$$\omega = \frac{m_s - m_d}{m_d} \times 100\% \quad (2-9)$$

式中　　ρ_0、ρ_d、ρ_s——试件的天然密度、干密度、饱和吸水密度，g/cm³；

　　　　m_0、m_d、m_s——试件的天然质量、干质量、饱和吸水质量，g；

　　　　ω——试件含水率，%；

　　　　V——试件体积，cm³。

2.3.3.2 土粒比重试验

1. 试验方法

土粒比重试验采用比重瓶法；土体孔隙率试验利用土的颗粒密度（比重）和土样的烘干密度计算出土体孔隙率。

2. 主要仪器设备

烘箱，100 g比重瓶，LP-500型电子天平，感量0.001 g，沙浴，温度计等。

3. 计算公式

$$G_s = \frac{m_s}{m_1 + m_s - m_2} \times G_{\omega t°} \quad (2-10)$$

式中　　G_s——土的颗粒密度，精确到1‰；

$G_{\omega t°}$——T ℃纯水的相对密度；

m_1——比重瓶、水总质量，g；

m_s——试样烘干质量，g；

m_2——比重瓶、水、试样总质量，g。

2.3.3.3　干密度 ρ_d、孔隙比 e、孔隙率 n、饱和度 S_r、饱和含水量 W_{max}

根据试件含水率 ω、密度 ρ、相对密度 G_s 可通过下式计算出钻孔中土样的其他物理指标：

$$\rho_d = \frac{\rho}{1+\omega} \tag{2-11}$$

$$e = \frac{G_s \cdot \rho_\omega (1+\omega)}{\rho} - 1 \tag{2-12}$$

$$n = \left(\frac{e}{1+e}\right) \times 100\% \tag{2-13}$$

$$S_r = \left[\frac{\omega \rho}{n(1+\omega)\rho_\omega}\right] \times 100\% \tag{2-14}$$

$$W_{max} = \left(\frac{\omega}{S_r}\right) \times 100\% \tag{2-15}$$

式中　ρ_ω——纯水在 T ℃时的密度，g/cm³。

2.3.3.4　单轴抗压强度

岩石试件在单向压缩时所能承受的最大压应力值，称为岩石的单轴抗压强度。测定单轴抗压强度时，软岩采用应变式无侧限压力仪，硬岩采用材料试验机。单轴抗压强度是采矿工程中使用最广的岩石力学特性参数，在表征岩石坚固程度时，经常采用这一指标。其测定方法一般是在材料试验机上直接向岩石标准试件以 0.5~1.0 MPa/s 的速度加压，直至试件破坏。单向抗压强度按下式计算：

$$R = \frac{P}{A} \tag{2-16}$$

式中　R——岩石单向抗压强度，10^{-2} MPa；

P——试件破坏时施加的载荷，N；

A——试件截面积，cm²。

标准试件规格一般采用直径 5 cm、高径比为 2 的圆柱体或 5 cm×5 cm×10 cm 的方柱体。试件加工精度应符合以下要求：

(1) 试件两端面不平行度不得大于 0.01 cm。

(2) 试件上下端直径偏差不得大于 0.02 cm，用卡尺检查。

(3) 无明显轴向偏差，将试件立放在水平检测台上，用直角尺紧贴试件垂直侧边，要求两者之间无明显缝隙。

对同一种岩石，每组标准试件数量一般不少于 3 块。当测定结果偏离度大于 20% 时应增补试件数量。

每组试件测定结果的偏离度按下式计算：

$$V = \frac{M}{R_p} \times 100\% \tag{2-17}$$

$$R_p = \frac{1}{n}\sum_{i=1}^{n} R_i \quad (2-18)$$

$$M = \sqrt{\frac{\sum_{i=1}^{n}(R_i - R_p)^2}{n-1}} \quad (2-19)$$

式中　R_p——试件平均单向抗压强；

　　　M——单向抗压强度的偏离值；

　　　R_i——第 i 个试件的单向抗压强；

　　　n——组试件数。

岩石变形试验，是在纵向压力作用下测定岩石的纵向和横向变形，据此计算岩石的弹性模量和泊松比。弹性模量是纵向单轴压缩应力与纵向应变之比。泊松比是横向应变与纵向应变之比。用有限单元法、边界元法计算边坡岩体应力和变形时，要直接应用这两项指标。

在测定单向抗压强度的同时，可在试件纵向和横向贴电阻应变片，按估计破坏载荷的 1/10 间隔读出载荷或换算为应力值，并同时读出试件对应的纵向变形 ε_t 和横向变形 ε_d 值，直至破坏。按以上读数则可做出应力 - 纵向应变（$\sigma-\varepsilon_t$），应力 - 横向应变（$\sigma-\varepsilon_d$）曲线。根据需要还可做应力 - 体积应变（$\sigma-\varepsilon_v$）曲线。体积应变按式（2-20）计算：

$$\varepsilon_v = \varepsilon_t + \varepsilon_d \quad (2-20)$$

式中　ε_v——某一应力下的体积应变值；

　　　ε_t——同一应力下的纵向应变值；

　　　ε_d——同一应力下的横向应变值。

2.3.3.5　抗拉强度试验

劈裂试验是把一个经过加工的圆盘状岩石试件放置在压力机的承压板中间，并在试件与上下承压板之间放置一根硬质钢丝作为垫条，然后加压，使试件受力后沿直径轴向发生裂开破坏，以求其抗拉强度。加置垫条的目的是把所施加的压力变为上下一对线性分布的荷载，并使试件中产生垂直于上下荷载作用的拉应力。

根据弹性理论，岩石的抗拉强度由式（2-21）确定：

$$\sigma_t = \frac{2P_{max}}{\pi DL} \quad (2-21)$$

式中　D——试件的直径；

　　　L——试件的厚度；

　　　P_{max}——试件破坏时的最大荷载。

值得注意的是，劈裂试验时，试件内部的应力状态并非单向拉应力状态，而是拉 - 压复合应力状态。

2.3.3.6　抗剪强度试验

1. 土的直剪试验

土、弱层（软岩）直剪试验利用应变式直剪仪和 $X-Y$ 函数记录仪，采用单试件直剪法，试样规格 $\phi63\times20$ mm。

直剪试验是将试件置于一定垂直压应力下，然后在水平方向上陆续向试件施加剪应力进行剪切。开始时由于所加剪应力较小，试件发生较小的变形而处于弹性平衡状态，当剪应力达到某一限度时，试件被剪断破坏，此破坏时的剪应力即为试件在该垂直压应力下的抗剪强度。以同样方法获得若干不同正应力下的抗剪强度，即可做出抗剪强度曲线。现有的直剪仪定型产品受所能施加载荷限制仅适用于土壤及强度较小的松软岩石、弱层及断层泥等。常用的土工直剪仪有两种类型，分别是应力控制式直剪仪和应变控制式直剪仪。四联无级变速应变控制式直接剪切仪如图2-1所示。

两种仪器的垂压都是用砝码加载，但施加水平剪力的方式不同。应力控制式的剪切力是通过杠杆系统直接加砝码；应变控制式的剪切力则是利用一个摇轮，借轮轴推进器压钢环（又称量力环），靠此钢环的反弹力获得。

应力控制式的剪应力可从所加砝码直接获得。应变控制式的剪应力需根据钢环的变形用式（2-22）进行换算：

图2-1　直接剪切试验仪器

$$\tau = CR \tag{2-22}$$

式中　C——钢环常数，即钢环直径每压缩0.01 mm所需的压应力，MPa/0.01 mm；

R——试件剪断时测钢环直径变化值的百分表的最大读数。

应变控制式剪力系借弹性环反作用力加到试件上，较之直接加砝码的应力控制式，施加剪力速度平稳。还可用两个位移传感器分别测得量力环变形和试件剪切位移值，将传感器输出值经动态应变仪和$X-Y$函数记录仪，可直接获得剪应力-剪变形关系曲线，从而可较准确地获得剪切峰值及残余强度值。应力控制式则不能准确地测得剪应力-剪变形曲线。

土壤和松软岩石的抗剪强度指标与其含水率、排水固结程度和剪切速率有很大关系。为使试验条件与实际工程中土岩所处的具体情况相似，必须采用相适应的试验方法。

土力学中指出，对饱水黏土施加的压力是由水和颗粒骨架两相分别承担的。通常称颗粒所承担的压力为有效压力，而孔隙水所承担的压力称为孔隙水压力。土体的压缩主要是由于孔隙中的水被挤出而使孔隙减小引起的。饱水土体受压过程中孔隙水压力减小，有效压力同时增加。直到孔隙水全部溢出，土体压缩才停止。压缩时间与土体的透水性有关。在工程中，将饱水土体在一定荷重下的渗水压缩过程称为土的渗透固结。土力学中有关土体渗透固结的理论同样也适用于较软弱的岩体。在剪切试验中，土岩的渗透固结程度显然也直接关系到抗剪强度指标的测定值。

综合上述各点，常用的直剪试验方法有以下3种：

（1）快剪法。试件在施加垂直压力后，立即施加水平剪力，控制在3～5 min内将试件剪损。试件在受法向压力与剪力过程中控制其水分不变,故此法也称"不排水剪切法"。快剪宜采用应变式直剪仪。

（2）固结快剪法：试件在垂直压力下，使其充分排水固结后施加剪力，而在剪切过程中则用快剪，控制水分不变，在 3~5 mim 内将试件剪损。此法也称为固结不排水剪切法。

（3）慢剪法：试件在垂直压力作用下，充分排水固结后，再施剪力。在应变控制式直剪仪上，以很缓慢的速率施加剪力。在应力控制式直剪仪上剪力的分级应随试件位移的增大而逐渐减小，要求在每级荷重下变形达到稳定（小于 0.01 mm/2 min）后再施加下一级荷裁。

2. 岩石直剪试验

直剪试验是确定岩石剪切强度最简单的方法，试验仪器采用岩石直剪仪。试验时首先对岩石试件施加法向力 F，然后再施加水平剪力 T，试件便在侧限条件下沿既定的剪切面发生剪切破坏。岩石三轴试验试样规格 $\phi 6.0 \times 12$ cm，圆柱体，由三轴压力室、手动油泵、压力机、压力和位移传感器、动态应变仪、$X-Y$ 函数记录仪组成的三轴试验系统进行试验。

假定试件的横截面积为 A，则试件受到的法向应力 σ 和剪应力 τ 分别为

$$\sigma = \frac{F}{A} \tag{2-23}$$

$$\tau = \frac{T}{A} \tag{2-24}$$

直剪试验一般用于岩石强度不大的情况，随着施加的法向应力 σ 增加，岩石试件破坏时所需的剪应力 τ 也增大。将法向应力 σ 与试件破坏时的剪应力 τ 之间的关系绘成曲线。一般情况下，曲线接近于直线，可用直线代替，称为岩石的抗剪强度曲线。强度曲线在纵坐标的截距为 C，称为岩石的黏聚力；强度曲线的角度为 φ，称为岩石的内摩擦角。强度曲线方程为

$$\tau_f = C + \sigma \tan\varphi \tag{2-25}$$

在小位移时，岩石的剪应力迅速达到峰值，然后应力降低，且趋于常数。取峰值剪应力作为岩石的抗剪强度 τ_f，有时也称为峰值抗剪强度，峰值后趋于常数的剪应力称为残余抗剪强度。

3. 斜面剪切试验

岩石的斜面剪切试验，也称岩石的抗剪断试验。试验装置和试件受力是把岩石试件置于楔形剪仪中，放在压力机上进行加压试验，作用于剪切平面上的法向力 N 和切向力 Q 可按式（2-26）和式（2-27）计算：

$$N = P(\cos\alpha + f\sin\alpha) \tag{2-26}$$

$$Q = P(\sin\alpha - f\cos\alpha) \tag{2-27}$$

式中　P——压力机施加的总压力；

　　　α——夹具的倾角；

　　　f——圆柱形滚子与上下承压板之间的摩擦因数。

假定试件的横截面积为 A，则试件剪切面上的法向应力 σ 和剪应力 τ 分别为

$$\sigma = \frac{N}{A} = \frac{P(\cos\alpha + f\sin\alpha)}{A} \quad (2-28)$$

$$\tau = \frac{Q}{A} = \frac{P(\sin\alpha - f\cos\alpha)}{A} \quad (2-29)$$

以不同倾角的夹具进行试验，一般采用 α 角度为 $30°\sim70°$，分别按上式求出相应试样受剪切破坏时的 σ 和 τ_f 值，就可以得到岩石试样的 $\sigma-\tau_f$ 关系曲线，从而得到岩石的抗剪强度 τ_f 与法向应力 σ 的关系式。

2.3.3.7 岩石点荷载强度

岩石点荷载强度测试具有简单、方便的特点，测试获得的强度也能满足一般情况下计算分析的精度需要。点荷载试验的岩石试件可以是规则岩芯、试块，也可以是不规则岩块。把测量好尺寸的岩石试件放在点荷载仪的加载盘上，进行加载，直至试件破坏，记录下试件破坏时的荷载 P。

对于不规则的岩块，通常 D 取 $30\sim35$ mm。取得试验数据后，按国际岩石力学学会（ISRM）的建议方法计算点荷载指数 I_s，并求出岩石的抗压强度和抗拉强度。

$$I_s = \frac{P}{D_e^2} \quad (2-30)$$

式中　　P——破坏荷载；
　　　　D_e^2——当量直径。

对于岩芯径向试验，$D_e = D$，对于岩芯轴向、规则块体试验，则

$$D_e^2 = \frac{4WD}{\pi} \quad (2-31)$$

I_s 值为试件尺寸 D_e 的函数，为了便于比较，获得一致性的点荷载强度指数，必须进行尺寸修正，以岩芯直径 $D = 50$ mm 为标准，修正后的点荷载强度指数 $I_{s(50)}$ 称为标准点荷载指数：

$$I_{s(50)} = \left(\frac{D_e}{50}\right)^{0.45} I_s \quad (2-32)$$

单轴抗拉强度换算公式为

$$\sigma_f = (0.79 - 0.90) I_{s(50)} \quad (2-33)$$

单轴抗压强度换算公式为

$$\sigma_c = (22.8 - 23.7) I_{s(50)} \quad (2-34)$$

2.3.3.8 三轴压缩试验

三轴剪切试验是通过向土岩试件施加三个方向的轴向力，获得土岩在三向应力状态条件下的强度曲线，进而确定土岩的抗剪强度（黏聚力 C 和内摩擦角 φ 值）的一种试验方法。

三轴剪切试验是将试件置入压力室，先向试件施加大小为 σ 的侧压力；在一定的侧压作用下，开始施加垂压并陆续增加直至试件破坏，记录并换算破坏时的剪应力，利用这三个主应力可绘制一个极限应力圆。取一组试件，选择不同的侧压重复以上试验，则可获得若干个极限应力圆，再辅以单向抗压、抗拉的极限应力圆，绘制这些极限应力圆的包络线即可得到岩石强度图，借以确定岩石的 C、φ 值。图 2-2 所示为三轴压缩试验仪器实物。

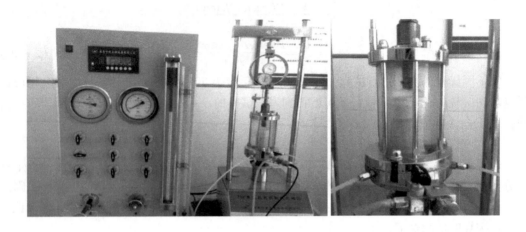

图 2-2 三轴压缩试验仪器

组成边坡的土岩多种多样。测定不同种类土岩的抗剪强度采用不同的试验方法和试验装置。用于松软土岩的抗剪试验有直接剪切试验（直剪试验）和土壤三轴试验；用于坚硬岩石的有变角剪切试验（角铁剪切试验）和岩石三轴试验。

2.3.3.9 原位剪切试验

岩体原位试验是测定边坡岩体物理力学性质的一种重要方法，对于顺层边坡岩体中无论是切层还是顺层岩体更是如此。

岩石室内试验仅能得出岩块强度，不能得到包括结构特征的岩体强度。在岩质边坡稳定性研究中，为获得包含一定数量结构面的碎裂岩体或软弱结构面的抗剪强度，常需进行现场原位试验。

现场测定岩体抗剪强度有多种方法，如直剪试验、三轴试验和扭转试验等，国内外最通用的是直剪试验。其他试验方法仪器、设备、技术条件都比较复杂，只有在一些重要的大型水工等建筑工程中使用。

岩体原位剪切试验可在露天煤矿边坡上或专门的硐室及探井中进行。预定剪切面可沿软弱结构面（岩层面、薄软弱夹层、节理面等）或斜交结构面。试体与岩石整体的连接面可为一个或两个。试体的加载方向可分为单向或双向。上述诸项需根据试验目的和具体条件而定。

1. 平推法直剪试验

这种试验大多在专门的试验硐室中进行，典型的试验方式如图 2-3 所示。

试体的底面与整体相连，为预剪面。为充分反映碎裂岩体的结构效应，试体的尺寸主要取决于裂隙的切割密度，即试体中应包含一定数量的裂隙，或者包括足够数量的元岩块。

奥地利学者 L. Muller 主张试体的边长必须超过裂隙平均间距的 10 倍，每一试体中所包括的各方向的裂隙至少是 100 条以上，这样才能把岩体作为一种均质体来看待，岩体试验结果才能符合统计规律。苏联普罗楚汉（JI. I. IIponyxaR）认为，试体边长应大于裂隙平均间距的 20 倍。罗查（C. A. Poca）则提出，试体边长大于裂隙平均间距的 4~5 倍

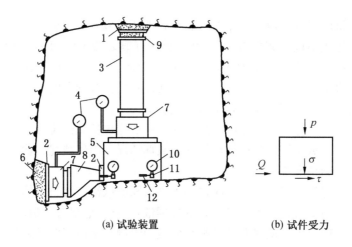

(a) 试验装置　　(b) 试件受力

1—砂浆顶板；2—钢板；3—传力柱；4—压力表；5—试体；6—混凝土后座；7—液压千斤顶；
8—传力顶头；9—滚轴排；10—绝对垂直位移测表；11—测量表点；12—绝对位移水平测表

图 2-3　平推法试体原位直剪试验示意图

即可。

通常情况下，对于裂隙密集且较均匀者，试体则小些；反之，则适当加大。国际岩石力学学会的建议方法中推荐的剪切面积为 70 cm × 70 cm。我国水电部规程暂定最小不小于 50 cm × 50 cm。试体高度一般不小于边长的一半。当试体岩性松软时，可在四周及上方加混凝土保护罩，但下部应预留出剪缝，以防剪切过程使混凝土受剪。

为了全面测得岩体的变形特征，应在试体底部四角附近，即沿剪切方向的前后及两侧安装量测垂直方向和剪切方向位移的测表。为测得绝对位移值，其测表支架应置于变形影响范围之外，最好放于两支点距试体较远的简支梁上。根据需要可在测绝对位移的同一测点上用万能表架安装测表架支点和测点间相对位移的测表。

垂直载重及剪切荷载一般均由油压千斤顶施加。

试验加载时先分级施加垂直荷载，可将预定值分 4~5 级。加载用时间控制，每 5 min 施加一次，加载后立即读垂直变形，5 min 后再读一次，即可施加下一级荷载。加到预定值后，仍按上述规定时间读数，当连续两次垂直变形读数之差不超过 0.1 mm 时，则认为垂直方向变形已稳定，即可施加水平荷载。

剪切荷载的施加速率有时间控制法和变形控制法。时间控制法同上述垂直荷载施加的方法一样，即每级剪力施加之后，立即测读剪切变形，间隔一定时间，不管变形是否稳定，再测读一次变形，即可施加下一级荷载，直至剪坏。变形控制法是在每级剪力施加以后，每隔一定时间读一次变形，直到最后相邻两次测读的变形小于某一规定值，才认为稳定，方可施加下一级剪力。

国外多采用变形控制法。国内在 20 世纪 50 年代也多采用变形控制法，后经水电部门研究证明，剪切荷载在屈服强度以前，坚硬岩体经过 3 min，软弱岩体经过 5 min 剪切变形基本稳定，即两种控制方法基本一致；而当剪切荷载超过屈服强度以后，试体持续发生剪切变形则很难稳定，再用变形来控制加载速率，实际上难以做到，故近年来都转用时间控制法。

水电部岩石试验规程规定，除流变试验外，剪切荷载施加以时间控制，每 5 min 加荷一次。加荷初始按预估最大剪力的 8% ~10% 分级（软岩按 8%，硬岩按 10%）均匀等量施加，当所加荷载引起的水平变形为前一级荷载引起的变形的 1.5 倍以上时，则减荷按 4% ~5% 施加，直至剪断。临近剪断时，应密切注意剪力及变形的测记。剪断后，继续同步测记大致的剪力和变形值以获得残余抗剪强度剪力—位移曲线。

试验前后，应对试体进行详细的地质描述，一般应包括试体位置、岩性、结构面产状与受力方向关系等。剪切后，应记录剪切面的破坏情况、起伏状况、剪切碎块的大小、结构面在试体内的连通情况等。

每组试验一般应不少于 4 块，且应选择条件相同的试体。每组试体最大正应力应根据边坡岩体实际所受的最大正应力确定。各试件再依 $0 \sim \sigma_{max}$ 范围内，预定出几个不同的值。

数据整理时，剪应力-位移曲线及强度曲线的绘制与室内直剪试验相同。依此可获得在一定裂隙密度条件下岩体的 C_m、φ_m 值。

在实际工作中，选择多个同等条件的试体十分困难，因此有的露天煤矿也有用单一试体测得岩体黏聚力 C_m 值的，φ_m 值则取用相同岩性的室内试验数据。这时，C_m 按式（2-35）计算：

$$C_m = \frac{Q}{F} - \frac{P}{F}\tan\varphi_m \qquad (2-35)$$

式中　Q——作用于剪切面上的总剪力；
　　　P——作用于剪切面的垂直荷载（包括千斤顶出力、设备重量和试体重量）；
　　　F——剪切面积；
　　　φ_m——岩体内摩擦角。

2. 斜推法直剪试验

在平推法试验中，为使剪力通过剪切面，需要在安装施加剪力千斤顶的部位挖一槽坑（图 2-3），否则千斤顶中心将高于剪切面，这样就可能在剪切面上产生力矩及拉应力。斜推法如图 2-4 所示，剪力斜向施加，使法向力与剪力共交于剪切面中心。这样从理论上可以消除力矩作用，使应力均匀分布。但斜推法也会给试验带来一些麻烦。为保证在剪切过程中法向应力 σ 为常数，需随剪力的增加不断同步调整垂压千斤顶的法向出力 P。平推、斜推哪种方法更好，尚有待实践和研究。斜推法的应力计算如下：

作用在剪切面上的正应力 σ 为

$$\sigma = \frac{P}{F} + \frac{Q\sin\alpha}{F} \qquad (2-36)$$

作用在剪切面上的剪应力 τ 为

$$\tau = \frac{Q\cos\alpha}{F} \qquad (2-37)$$

式中　Q——作用于试体上的斜向荷载；
　　　α——斜向推力方向与剪切面之间夹角。

其余符号同前，为计算方便，令 $p = \frac{P}{F}$，$q = \frac{Q}{F}$，则剪切面上正应力和剪应力可写为

$$\sigma = p + q\sin\alpha \qquad (2-38)$$

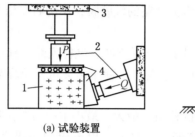
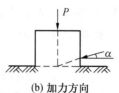

(a) 试验装置 (b) 加力方向

1—试体；2—千斤顶；3—混凝土座；4—传力顶头

图2-4 斜推法试体原位直剪试验示意图

$$\tau = q\cos\alpha \tag{2-39}$$

在分级施加斜向荷载时，为保持剪切面上正应力为一常数，需要同步降低由于施加斜向荷载而增加的垂直分荷载。需同步减少的垂直荷载按式（2-40）计算：

$$p = \sigma - q\sin\alpha \tag{2-40}$$

已知 σ、α 以及分级施加的斜向应力 q，则可按式（2-40）求出 p，再依 p、q 可求出 P 及 Q，并可换算出相应压力表读数。为试验方便也可事先计算出 $p-q$ 关系图表或曲线，供同步加减 q、p 时参照。

为了避免试验过程中 p 值不够减的情况发生，必须预先确定剪切面上的最小正应力 $\sigma_{\min}$ 值。

为使 $p \geq 0$，即 $p = \sigma - q\sin\alpha \geq 0$，在剪切极限状态下，剪应力与抗剪强度相等，则：

$$q\cos\alpha = \sigma\tan\varphi_m + C_m \tag{2-41}$$

建立方程组如下：

$$\begin{cases} \sigma - q\sin\alpha = 0 \\ q\cos\alpha = \sigma\tan\varphi_m + C_m \end{cases} \tag{2-42}$$

解方程组得

$$\sigma_{\min} = \frac{C_m\tan\alpha}{1 - \tan\varphi_m\tan\alpha} = \frac{C_m}{\cot\alpha - \tan\varphi_m}$$

依上式可按预估的 C_m、φ_m 值确定 $\sigma_{\min}$。

斜推法的安装、加载、测试等试验方法与平推法相同。

2.3.4 岩体粗粒散体物料大三轴试验

三轴压缩试验实质上是三轴剪切试验。这是测试土体抗剪强度的一种较精确的试验。因此，在重大工程及边坡工程中经常进行三轴压缩试验。三轴压缩试验可以克服直剪试验的许多缺点。

1. 试验装置

（1）应变控制式三轴压缩仪。此设备主要由压力室、围压应力系统、轴向加压系统、孔隙水压力系统、反压力系统及主机组成。

（2）附属设备。附属设备包括切土器、切土盘、分样器、饱和器、击实器、承膜桶和对开圆模等，用来制备圆柱体试样和安装试样，在试样外包乳胶膜。

(3) 天平。称量 200 g，感量 0.01 g；称量 1000 g，感量 0.1 g。

(4) 橡皮膜。用来包装试样，通常为特制的乳胶膜，用滑石粉保存。

2. 试验方法与步骤

试验的方法与步骤主要分为试样制作、试样饱和、试样安装、施加周围应力、施加竖直轴向应力剪切试样、测量度数、停止剪切标准、测量破坏试样等环节。

3. 试验成果

(1) 求最大主应力与最小主应力的差值，最大、最小主应力差又称偏应力差。

(2) 在直角坐标系中，以轴向应变为横坐标，以偏应力为纵坐标，绘制两者关系曲线。

(3) 莫尔破损应力圆包线，取曲线的峰值为破坏点，绘制莫尔破损应力圆。最后即可绘制出抗剪强度包线。

2.3.5 试验数据的整理

岩石试验数据往往较分散，需加整理，以便得出计算边坡所用的强度指标。下面以如何整理抗剪强度指标为例，介绍两种常用的试验数据整理方法。

1. 图解法

将不同垂压下测得的抗剪强度值标入 $\tau-\sigma$ 坐标系统（图2-5），先对离散较远的某些数据作检验，分析发生大偏差的原因，将其消除。以折线连接相邻各数据点，取各折线段的中点，以光滑线相连，便为平均值强度曲线。这种方法直观、简便，但当数据有限而又过于分散时，准确度较差。

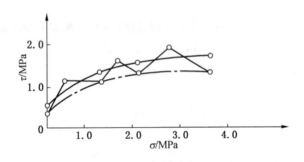

图 2-5 图解法求绘抗剪强度曲线

2. 最小二乘法

利用最小二乘法求抗剪强度曲线的原理是，最佳曲线应能使各已知点与曲线的偏差的平方和最小。

抗剪强度方程： $\tau = C + \sigma\tan\varphi = C + f\sigma$ (2-43)

剩余方程： $v = C + f\sigma - \tau$ (2-44)

误差平方： $v^2 = (C + f\sigma - \tau)^2$ (2-45)

一组观测值的误差平方方程：$\sum v^2 = \sum (C + f\sigma_i - \tau_i)^2$ (2-46)

$\sum v^2$ 最小的条件为对 C 及 f 偏导数为零，即

$$\frac{\partial\left(\sum v^2\right)}{\partial C} = \partial \sum (C + f\sigma_i - \tau_i)^2 = 0 \qquad (2-47)$$

$$\frac{\partial\left(\sum v^2\right)}{\partial f} = \partial \sum \sigma_i(C + f\sigma_i - \tau_i)^2 = 0 \qquad (2-48)$$

即

$$\sum C + f\sum \sigma_i - \sum \tau_i = 0 \qquad (2-49)$$

$$\sum \sigma_i C + f\sum \sigma_i^2 + \sum \sigma_i \tau_i = 0 \qquad (2-50)$$

解联立方程求得

$$f = \frac{n\sum_1^n \sigma_i \tau_i - \sum_1^n \sigma_i \sum_1^n \tau_i}{n\sum_1^n \sigma_i^2 - \left(\sum_1^n \sigma_i\right)^2} \qquad (2-51)$$

$$C = \frac{\sum_1^n \tau_i \sum_1^n \sigma_i - \sum_1^n \sigma_i \tau_i \sum_1^n \sigma_i}{n\sum_1^n \sigma_i^2 - \left(\sum_1^n \sigma_i\right)^2} \qquad (2-52)$$

式中　n——试验数据个数。

$$\sum_1^n \sigma_i \tau_i = \sigma_1 \tau_1 + \sigma_2 \tau_2 + \cdots + \sigma_n \tau_n$$

$$\sum_1^n \sigma_i = \sigma_1 + \sigma_2 + \cdots + \sigma_n$$

$$\sum_1^n \tau_i = \tau_1 + \tau_2 + \cdots + \tau_n$$

$$\sum_1^n \sigma_i^2 = \sigma_1^2 + \sigma_2^2 + \cdots + \sigma_n^2$$

$$\left(\sum_1^n \sigma_i\right)^2 = (\sigma_1 + \sigma_2 + \cdots + \sigma_n)^2$$

2.4　岩体强度确定的经验方法

2.4.1　基于 RQD 确定岩体力学指标的方法

工程岩体分类的目的是从工程实际需求出发，根据围岩的岩体不同特征将其划分为不同的区段，并进行相应的试验，得出计算指标参数，以便指导工程的设计和施工。

工程岩体分类的原则：①确定分类的使用对象是适用于某一类工程、某一部门领域等专门目的编制的，还是为各学科或国民经济各部门等通用目的编制的；②分类应该是定量的并且其级数应合适；③对岩体进行分类时，由于目的对象的不同，考虑的因素也不同；④工程岩体分类方法与步骤应简单明了，便于工程应用。

岩石质量指标 RQD 是由迪尔提出的，它是钻孔中直接获取的岩芯总长，扣除破碎岩芯和软弱夹泥的长度后的长度与钻孔总进尺之比。根据它可将岩石划分为 5 个质量等级，同时规定在计算岩芯长度时，只计算大于 10 cm 的坚硬完整的岩芯，工程实践证明，岩石质量指标是一种比岩芯采取率更敏感、更合适的反应岩石质量的指标。岩石质量分级见表 2-1。

表2-1 岩石质量分级表

岩 石 等 级	岩 石 质 量	RQD/%
Ⅰ	极好	90~100
Ⅱ	好	75~90
Ⅲ	不足	50~75
Ⅳ	劣	25~50
Ⅴ	极劣	0~25

2.4.2 基于 Hoek–Brown 强度准则估算岩体强度指标

岩体由岩石及各种结构面组成，其强度不仅取决于岩石强度，还受岩体结构控制。岩体的结构面削弱了岩体的强度，可使岩体强度比其主体物质——岩石的强度小许多。而现阶段获取岩体力学参数的方法、设备、手段与岩体工程需求尚有差距。无论是岩石试验还是岩体原位试验，获得的力学参数直接用于岩体工程分析计算是不妥的。即使是现场原位岩体力学试验结果，由于试体的大小、模拟条件的差别、试验手段的不完善，也使其代表性和可靠性受到一定的局限，不能原封不动地应用于岩体工程。总之，岩土体物理力学性质是项目研究、稳定分析的关键资料，但是力学试验得到的力学参数应用于岩体工程时要考虑岩石与岩体的差别、岩体与岩体工程的差别，通过处理才能获得比较接近岩体工程实际的强度指标。

由广义 Hoek—Brown 经验强度准则：

$$\sigma_1 = \sigma_3 + \sigma_c \left(m_b \frac{\sigma_3}{\sigma_c} + s \right)^\alpha \tag{2-53}$$

根据安太堡露天矿边坡岩体质量和结构面特性，α 取 0.5，处理后公式变为

$$\sigma_1 = \sigma_3 + \sqrt{m\sigma_c\sigma_3 + s\sigma_c^2} \tag{2-54}$$

式中 σ_1、σ_3——岩体破坏时的最大、最小主应力（压应力为正），MPa；

σ_c——岩块单轴抗压强度，可以由单轴压力试验和点载荷试验确定，MPa；

m、s——经验参数。

当 $\sigma_3 = 0$ 时，可以得到岩体的单轴抗压强度 σ_{cmass} 为

$$\sigma_{cmass} = \sqrt{s}\sigma_c \tag{2-55}$$

当 $\sigma_1 = 0$ 时，可以得到岩体的单轴抗拉强度 σ_{tmass} 为

$$\sigma_{tmass} = \frac{1}{2}\sigma_c(m - \sqrt{m^2 + 4s}) \tag{2-56}$$

至此，岩体强度指标 σ_{cmass}、σ_{tmass}、c_m、φ_m 的获得归结到对岩块抗压强度的经验参数 m（反映岩石的软硬程度）和 s（反映岩体的破碎程度）的研究。岩块的抗压强度可以通过单轴压力试验和点载荷试验准确确定，而 m 和 s 作为描述岩体特征的重要参数，它们取

值的准确与否，不仅会给应用 Hoek – Brown 经验强度准则带来很大误差，还直接影响对工程安全的正确判断。

E. Hoek 基于不同种类岩体的多个三轴试验数据，建议了岩体经验参数 m 和 s 的确定方法，具体见表 2 – 2。

表 2 – 2 岩体质量与参数 m、s 之间的关系

岩 体 种 类	碳酸盐岩类，具有很发育的结晶节理，如白云岩、石灰岩、大理岩等	泥质灰岩，如泥岩、粉砂岩、页岩、板岩	砂质岩石，晶间裂隙少，如砂岩、石灰岩	细粒火成结晶岩，如安山岩、辉绿岩、流纹岩等	粗粒火成岩及变质岩，如角闪岩、页麻岩、花岗岩、辉长岩、苏长岩、石英闪长岩
完整岩体，无裂隙 CSIR 分类指标：$RMR = 100$ NGI 分类指标：$Q = 500$	$m = 7.00$ $s = 1.00$	$m = 10.00$ $s = 1.00$	$m = 15.00$ $s = 1.00$	$m = 17.00$ $s = 1.00$	$m = 25.00$ $s = 1.00$
质量极好的岩体，岩块镶嵌紧密，仅存在粗糙未风化节理，节理间距为 1～3 m CSIR 分类指标：$RMR = 85$ NGI 分类指标：$Q = 100$	$m = 2.40$ $s = 0.082$	$m = 3.43$ $s = 0.082$	$m = 5.14$ $s = 0.082$	$m = 5.82$ $s = 0.082$	$m = 8.56$ $s = 0.082$
质量极好的岩体，新鲜到微风化，节理轻微扰动，节理间距为 1～3 m CSIR 分类指标：$RMR = 65$ NGI 分类指标：$Q = 10$	$m = 0.575$ $s = 0.00293$	$m = 0.821$ $s = 0.00293$	$m = 1.231$ $s = 0.00293$	$m = 1.359$ $s = 0.00293$	$m = 2.052$ $s = 0.00293$
质量中等的岩体，具几组中等风化的节理，节理间距为 0.3～1 m CSIR 分类指标：$RMR = 44$ NGI 分类指标：$Q = 1$	$m = 0.128$ $s = 0.00009$	$m = 0.183$ $s = 0.00009$	$m = 0.275$ $s = 0.00009$	$m = 0.311$ $s = 0.00009$	$m = 0.458$ $s = 0.00009$
质量差的岩体，具大量夹泥风化节理，节理间距为 0.3～0.5 m CSIR 分类指标：$RMR = 23$ NGI 分类指标：$Q = 0.1$	$m = 0.029$ $s = 0.00003$	$m = 0.041$ $s = 0.00003$	$m = 0.061$ $s = 0.00003$	$m = 0.069$ $s = 0.00003$	$m = 0.102$ $s = 0.00003$
极差的岩体，具大量严重风化节理并夹泥，节理间距为 50 mm CSIR 分类指标：$RMR = 3$ NGI 分类指标：$Q = 0.01$	$m = 0.007$ $s = 0.0000001$	$m = 0.010$ $s = 0.0000001$	$m = 0.015$ $s = 0.0000001$	$m = 0.017$ $s = 0.0000001$	$m = 0.025$ $s = 0.0000001$

从表 2-2 不难看出，要想确定 m 和 s，必须首先知道岩体的 CSIR 分类指标值。

E. Hoek 和 E. T. Brown 认为，一种适用于节理岩体的 CSIR 分类方法应该包含 5 个基本参数：完整岩石材料的强度、岩石质量指标（RQD）、节理间距、节理状况和地下水状况，具体见表 2-3。对于某类岩体，CSIR 分类总分值等于以上 5 项分值之和，然后按照节理方位的不同对总分值进行修正，见表 2-4，即可得到岩体的 RMR 值。

表 2-3 节理岩体的 CSIR 分类

	分类参数		数 值 范 围						
1	完整岩石强度/MPa	点加载强度	>8	4~8	2~4	1~2	<1		
		单轴抗压强度	>200	100~200	50~100	25~50	10~25	3~10	1~3
	评分值		15	12	7	4	2	1	0
2	RQD/%		90~100	75~90	50~75	25~50	<25		
	评分值		20	17	13	8	3		
3	节理间距/cm		>300	100~300	30~100	5~30	<5		
	评分值		30	25	20	10	5		
4	节理条件		节理面很粗糙，节理不连续，节理宽度为零，节理面岩石强度坚硬	节理面稍粗糙，宽度<1 mm，节理面岩石坚硬	节理面稍出差，宽度<1 mm，节理面岩石软弱	节理面光滑或含厚度<5 mm 的软弱夹层，节理开口宽度 1~5 mm，节理连续	含厚度>5 mm 的软弱夹层，开品宽度>5 mm，节理连续		
	评分值		25	20	12	6	0		
5	地下水	每 10 m 场的隧道涌水量/(L·min⁻¹)	0	<25	25~125	>125			
		节理水压力与最大主应力比值	0	0~0.2	0.2~0.5	>0.5			
		总条件	完全干燥	只有湿气（有裂隙水）	中等水压	水的问题严重			
	评分值		10	7	4	0			

表 2-4 按照节理方向修正 CSIR 评分值

节理走向和倾向		非常有利	有利	一般	不利	非常不利
评分值	隧道	0	-2	-5	-10	-12
	地基	0	-2	-7	-15	-25
	边坡	0	-2	-25	-50	-60

2.4.3 节理化岩体强度计算实例

安太堡露天煤矿采用露天、井工联合开采，为评价井工开采对边坡岩体强度的影响，依据现场钻探情况、钻孔电视观测、裂隙三维模型情况，对各钻孔不同岩性岩石质量指标（RQD）进行统计，统计结果见表2-5。其中SD1和ZK2为受井采扰动影响的钻孔，ZK1（SD2）、ZK3、ZK4和ZK5为未受井采扰动影响的钻孔。

表2-5 安太堡露天矿露井协采区域不同岩性岩石质量指标（RQD）统计结果

岩性	受井采影响钻孔			不受井采影响钻孔				
	SD1	ZK2	平均	ZK1（SD2）	ZK3	ZK4	ZK5	平均
中粗砂岩	40.4	43.5	41.95	63.7	64	53	51	57.93
细砂岩	36.6	41.5	39.05	57	59.5	46.8	55.2	54.63
泥岩	20	11	15.5	43.6	41	32	23.4	35
4号煤	5	3	4	15	17	—	—	16
9号煤	—	—	—	16	—	—	—	16
煤矸石	20	17.5	18.75	27	—	—	—	27

对现场地质测绘、岩芯统计和钻孔电视观测等资料进行统计和分析，得到安太堡露天矿南端帮边坡区域节理岩体的CSIR分类分值（表2-6）。对照岩体质量评价表，无井采影响时，边坡附近岩体基本属于Ⅲ类、Ⅳ类岩体；有井采影响时，边坡附近岩体基本属于Ⅳ类岩体。对于每一种岩性都考虑了受井采扰动和未受井采扰动两种情况，在此基础上对照表2-2，分别给出了每种岩体受井采扰动和未受井采扰动情况下的m和s值（表2-7），m反映岩石的软硬程度，取值范围为0.0000001~25，对于严重扰动岩体取0.0000001，对于完整岩体取25；s反映岩体的破碎程度，取值范围为0~1，对于破碎岩体取0，完整岩体取1。最后在已知岩块单轴抗压强度的情况下根据式（2-55）和式（2-56）计算出每种岩体的单轴抗压强度和单轴抗拉强度。

1. 内聚力和内摩擦角

根据广义Hoek-Brown经验强度准则：$\sigma_1 = \sigma_3 + \sqrt{m\sigma_c\sigma_3 + s\sigma_c^2}$，绘制$\sigma_1 - \sigma_3$关系曲线，进行线性回归，结合公式：$\sigma_1 = \dfrac{1+\sin\varphi}{1-\sin\varphi}\sigma_3 + 2c\sqrt{\dfrac{1+\sin\varphi}{1-\sin\varphi}}$。

可知拟合公式中斜率$a = \dfrac{1+\sin\varphi}{1-\sin\varphi}$，截距$b = 2c\sqrt{\dfrac{1+\sin\varphi}{1-\sin\varphi}}$，即可得到内聚力$c$和内摩擦角$\varphi$的值。岩体强度折减拟合结果如图2-6~图2-11所示，岩体强度参数评价见表2-8。

2. 岩土体物理力学性质指标推荐值

表2-6 安太堡矿区露井协采区域节理岩体的CSIR分类分值

岩 性		中粗砂岩		细砂岩		泥岩		4号煤		9号煤		煤矸石	
		参数	分值	参数	分值	参数	分值	参数	分值	参数	分值	参数	分值
单轴抗压强度/MPa		25~50	4	50~100	7	25~50	4	10~25	2	10~25	2	50~100	7
RQD/%	有井采	25~50	8	25~50	8	<25	3	<25	3	<25	3	<25	3
	无井采	50~75	13	50~75	13	25~50	8	<25	3	<25	3	25~50	8
节理间距/mm	有井采	50~300	10	50~300	10	<50	5	<50	5	<50	5	50~300	10
	无井采	30~100	20	30~100	20	50~300	10	50~300	10	50~300	10	30~100	20
节理条件		稍微粗糙岩石坚硬	20	稍微粗糙岩石坚硬	20	节理光滑	6	节理光滑	6	节理光滑	6	节理光滑	6
地下水		裂隙水	7	裂隙水	7	裂隙水	7	裂隙水	7	裂隙水	7	裂隙水	7
节理走向和倾向		有利	-5	有利	-5	有利	-5	有利	-5	有利	-5	有利	-5
总评分值	有井采		44		44		20		18		18		28
	无井采		59		59		30		23		23		43

2 岩体物理力学性质试验

表 2-7 参数 m、s 参数值的选取

项 目	中粗砂岩		细砂岩		泥岩		4号煤		9号煤		煤矸石	
	m	s	m	s	m	s	m	s	m	s	m	s
有井采影响	0.275	0.00009	0.275	0.00009	0.041	0.000003	0.01	0.0000001	0.01	0.0000001	0.041	0.000003
无井采扰动	1.231	0.00293	1.231	0.00293	0.183	0.00009	0.041	0.000003	0.041	0.000003	0.183	0.00009

表 2-8 岩体强度参数评价结果

项 目	中粗砂岩				细砂岩				泥 岩			
	单轴抗压强度/MPa	单轴抗拉强度/MPa	内聚力/MPa	内摩擦角/(°)	单轴抗压强度/MPa	单轴抗拉强度/MPa	内聚力/MPa	内摩擦角/(°)	单轴抗压强度/MPa	单轴抗拉强度/MPa	内聚力/MPa	内摩擦角/(°)
有井采扰动	0.0636	0.0147	0.54	25.91	0.0744	0.0201	0.61	28.33	0.0087	0.0018	0.20	10.6
无井采扰动	0.3631	0.1069	1.03	37.65	0.4243	0.1459	1.20	40.3	0.0475	0.0123	0.37	18.72

项 目	4号煤				9号煤				煤矸石			
	单轴抗压强度/MPa	单轴抗拉强度/MPa	内聚力/MPa	内摩擦角/(°)	单轴抗压强度/MPa	单轴抗拉强度/MPa	内聚力/MPa	内摩擦角/(°)	单轴抗压强度/MPa	单轴抗拉强度/MPa	内聚力/MPa	内摩擦角/(°)
有井采扰动	0.0012	0.0001	0.16	8.39	0.0002	0.0002	0.17	8.87	0.0137	0.0046	0.49	23.51
无井采扰动	0.0065	0.0010	0.3	15.3	0.0013	0.0012	0.31	16.08	0.0752	0.0308	1.04	34.57

通过岩土物理力学性质综合分析和 Hoek – Brown 强度折减获得能够用于平朔矿区露井协采区域岩土体物理力学性质指标（表 2 – 9）。

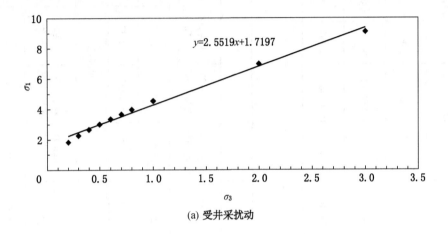

(a) 受井采扰动

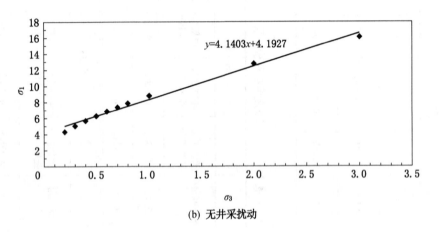

(b) 无井采扰动

图 2 – 6　中粗砂岩岩体强度折减拟合结果

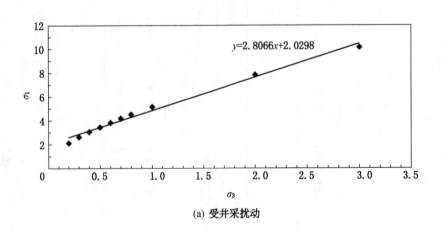

(a) 受井采扰动

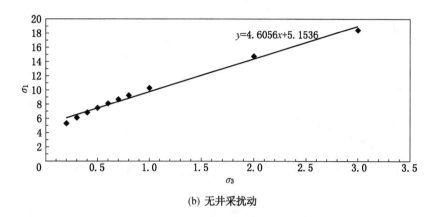

(b) 无井采扰动

图 2-7　细砂岩岩体强度折减拟合结果

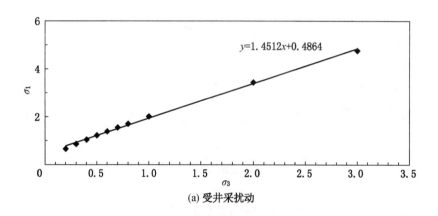

(a) 受井采扰动

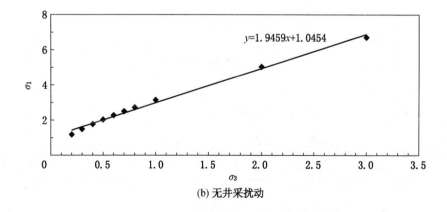

(b) 无井采扰动

图 2-8　泥岩岩体强度折减拟合结果

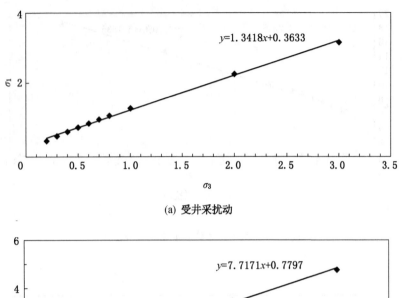

(a) 受井采扰动

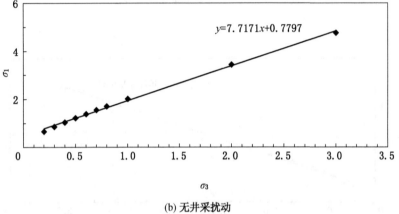

(b) 无井采扰动

图 2-9　4 号煤强度折减拟合结果

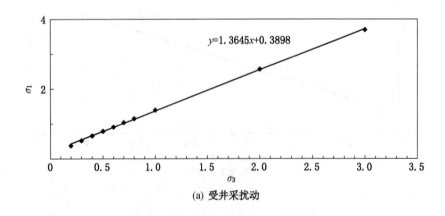

(a) 受井采扰动

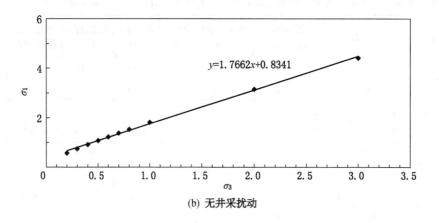

(b) 无井采扰动

图 2-10　9 号煤强度折减拟合结果

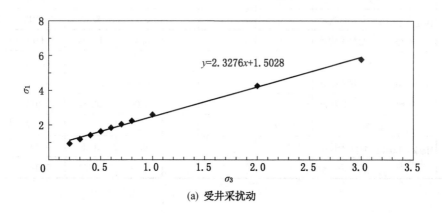

(a) 受井采扰动

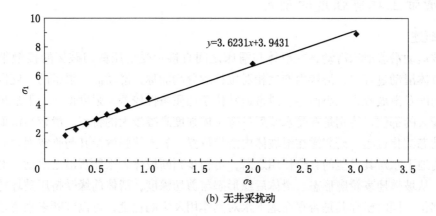

(b) 无井采扰动

图 2-11　煤矸石强度折减拟合结果

表2-9 岩土物理力学性质试验和强度折减获得平朔矿区露井协采区域岩土体物理力学性质参数

岩性	状态		天然密度/(g·cm⁻³)	弹性模量/GPa	泊松比	黏聚力/MPa	内摩擦角/(°)	单轴抗压强度/MPa	抗拉强度/MPa
表土	试验		1.64			0.13	21.43		
中粗砂岩	试验		2.41	10.8	0.25	15.26	35.45	45.54	4.28
	Hoek-Brown折减	有井采扰动				0.54	25.91	0.064	0.015
		无井采扰动				1.03	37.65	0.363	0.107
细砂岩	试验		2.61	23.29	0.25	7.29	59.19	61.43	5.62
	Hoek-Brown折减	有井采扰动				0.61	28.33	0.074	0.020
		无井采扰动				1.2	40.3	0.424	0.146
4号煤	试验		1.44					14.3	0.7
	Hoek-Brown折减	有井采扰动				0.16	8.39	0.0012	0.0001
		无井采扰动				0.3	15.3	0.0065	0.0010
9号煤	试验		1.49					16.32	0.79
	Hoek-Brown折减	有井采扰动				0.17	8.87	0.0013	0.0002
		无井采扰动				0.31	16.08	0.0070	0.0012
煤矸石	试验		2.58					62.84	3.06
	Hoek-Brown折减	有井采扰动				0.49	23.51	0.014	0.005
		无井采扰动				1.04	34.57	0.075	0.031
泥岩	试验		2.39					25.12	1.22
	Hoek-Brown折减	有井采扰动				0.2	10.6	0.009	0.002
		无井采扰动				0.37	18.72	0.048	0.012

2.5 滑带土抗剪强度的确定

2.5.1 概述

滑坡运动沿着滑床滑动，在滑体与滑床之间直接承受挤压剪切破坏的接触带称为滑带。滑坡体滑动过程中，滑带内产生相对位移的分割面称为滑动面。滑带的厚度因滑体与滑床的刚度及滑坡推力大小而异。滑带通常位于地质条件较差、强度低或上下层地质体强度差异较大的部位，特别是在受水浸后具有土体强度衰减较大的特点。滑带与滑面的形成是一个动态演化过程，研究潜在滑坡体内滑带位置、岩土体强度及其与临空面之间的关系及坡体内地下水对其可能的补给作用之后，可初步判断坡体未来能否沿之滑动。对于已滑的坡体，从坡体地表轮廓形态、滑体后缘形态与剪切深度，滑体前缘受挤压破坏特征等找出滑带部位，同时研究其是否存在地下水对其作用及影响程度，可以判断未来滑坡复活趋势及复活后潜在的滑动带部位；滑面位于滑带内，其位置随着滑带土的剪切破坏及受滑带水作用的不同而变化。

在边坡稳定性分析中，所采用的滑带岩土抗剪强度指标不能按土工试验取得的指标直接应用，而应结合滑坡所处的地质力学环境、受力状态及滑动破坏演化程度（滑动速率），在综合考虑试验数据和影响边坡稳定最不利条件等因素下，依据试验成果分析抗剪强度变化规律，并综合确定滑带土抗剪强度指标。

2.5.2 滑带土抗剪强度试验

土的抗剪强度试验随着试验方法、试验条件的不同，其试验结果差异较大，固结与不固结、快剪与慢剪的不同所获得的指标出入较大，此外，在有侧限与无侧限下的剪切值也不同；室内直剪试验与野外原位剪试验，由于试验条件不同其试验值也有差别；原状土与重塑土、首次剪与多次剪的结果彼此之间差距更大。因此，在选取滑带土的抗剪强度指标时，应结合具体滑坡的破坏机制与滑带岩土抗剪强度在滑动中的变化机理，这样才可合理选择与之相适应的试验，并取得接近实际的抗剪强度值。

2.5.2.1 土的抗剪强度

土体是由土颗粒构成的骨架以及骨架间隙组成的。孔隙中充填着水及空气，水不具有抗剪力，土的抗剪强度即土骨架的抗剪强度。土在受压后的压缩是在排走孔隙中空气及水所占的空间，压力因此传至骨架。孔隙水压承受一部分地外力，随着空气和水的排出，不断增加土骨架的抗剪强度。

土的抗剪强度为土在外力作用下单位面积剪切面上所能承受的最大剪应力。土的抗剪强度是由颗粒间的内摩擦力以及胶结物和水膜的分子引力所产生的黏聚力共同组成，遵循库仑定律，即在法向应力变化范围不大时，抗剪强度与法向应力的关系近似为一条直线。

2.5.2.2 滑带土抗剪强度变化规律

1. 土质滑坡滑带土抗剪强度变化规律

（1）土质边坡滑动破坏过程表现为，随着土体中的裂缝挤压闭合，在剪应力与土应变曲线上呈弹性变形，随后进入弹塑性变形，直至进入破坏的峰值状态，最后发生剪切破坏和结构失效。因此，在土的抗剪强度选择上应结合滑动破坏过程选择合适的抗剪强度指标，验算边坡稳定状态。对首次滑动或多次滑动边坡，应选首次抗剪强度的峰值或相应剪切次数的值分别验算其稳定性；对于间歇性滑动，边坡再次滑动时其抗剪强度应比残余强度大；对于连续性滑动的边坡，可采用残余值验算稳定性。

（2）组成滑带土的颗粒成分对内摩擦角、黏聚力有影响。通常土的粒径越小，黏聚力值越大，内摩擦角越小。

（3）滑带土的含水率对抗剪强度的影响。当滑带土含水量小于其塑限时，抗剪强度变化不大；当含水量大于塑限时其抗剪强度则有明显的降低。在滑动剪切过程中，若滑带土内的水不易排出，将产生孔隙水压，土的抗剪强度降低；若饱和土在滑动中排水不及时，将产生超孔隙水压，使滑面间的一部分应力由水与水相接触所承受，造成滑动面抗剪强度瞬间失效。

（4）松散土受压后固结，其抗剪强度增大；超固结土卸荷松弛后其强度衰减。

（5）滑带土的抗剪强度与各种作用因素有直接影响，既有固结和排水等物理作用因素，也有离子交换和淋滤盐分等破坏滑带岩土结构的作用因素，以及湿陷性黄土受水后的结构破坏，松散沙受挤后压缩挤实，实砂层在剪切过程的剪胀等均是改变滑带土结构从而影响其抗剪强度的原因。

2. 岩质边坡滑带抗剪强度变化的规律

在岩质边坡滑坡中，硬岩面与软岩组成的滑带岩土抗剪强度受滑面上下地层咬合面锯齿形状、滑面间突出岩块的抗剪强度差异以及滑面间充填物岩性不同的影响。

（1）若滑带为岩体中构造裂隙面内的充填岩土，则滑带的抗剪强度以充填物为主。

（2）若滑带在挤压剪切岩体中呈齿状咬合，则总是挤压剪切破坏强度较小一侧，并沿接近平行于滑床的两组构造裂面呈台阶状逐步破坏。

2.5.3 滑带岩土抗剪强度指标的确定

边坡稳定性计算的目的是针对具体边坡地质条件和边坡工况条件（或状态）计算边坡稳定性，为滑坡治理设计或边坡稳定性预测提供依据。不同的边坡稳定计算目的，其需要确定的滑带岩土抗剪强度指标也不同。抗剪强度指标种类如下：

（1）滑坡治理工程设计时，为验算滑坡推力，需确定当前变形状态下和在极限状态下滑带岩土的抗剪强度指标。

（2）为进行边坡稳定性预测和滑坡治理效果验证，需确定在未来使用年限内可能出现的最不利条件和治理工程竣工后滑带岩土可能变化的指标。

（3）滑坡反分析指标。确定滑带抗剪强度指标，不仅应掌握抗剪强度试验指标，而且应尽可能获取当前稳定条件下的反求指标、滑坡在极限状态下的指标以及类似地质条件下岩土的对比指标等，经过综合分析，特别是要结合对滑坡地质深度了解和稳定性验算方法，方可确定各段滑带所采用的抗剪强度指标及相应的安全系数。

3 物理模拟试验研究

物理模拟主要用来研究各类岩土工程在载荷作用下的变形、位移与破坏规律，属于这类方法的有相似材料模拟、离心模拟等，其中以相似材料模拟为主。相似材料模拟试验就是在试验室内按照一定相似比制作与研究对象相似的模型，然后在模型上进行各种开挖试验，观测位移、应力和应变等力学现象和规律。本章基于相似理论，通过相似材料模拟试验的方法再现安太堡露天煤矿露井协采边坡的变形破坏过程，对比分析了露井协采条件下井采工作面向坡开采和背坡开采、单层开采和复合开采条件下边坡岩体的变形破坏规律和应力转移特征的差异性。

3.1 相似参数确定

对露井协采过程模拟来说，主要用来再现井采工作面推进过程中，边坡附近岩体的变形破坏特征和应力分布规律。相似材料模拟试验是以相似理论、因次分析为依据的试验室研究方法，具有试验效果清楚直接、试验周期短、见效快等特点。该方法遵循的原理复杂而且非常严格，作为研究采矿工程的手段，其所遵循的原理因研究目的的不同而不同。由于是定性模拟，所以不要求严格遵守各种相似关系，只需满足主要的相似常数就可以达到试验目的。

根据相似理论，欲使模型与实体原型相似，必须满足各对应量成一定比例关系及各对应量所组成的数学物理方程相同，具体保证模型与实体在以下3个方面相似。

1. 几何相似

要求模型与实体几何形状相似，即

$$a_{\mathrm{L}} = \frac{L_{\mathrm{P}}}{L_{\mathrm{M}}} \tag{3-1}$$

式中　a_{L}——长度；
　　　L_{P}——实体原型；
　　　L_{M}——模型。

根据现场实际条件和试验目的的需要，露井协采相似材料模拟几何相似比定为1∶200。

2. 运动相似

要求模型与实体原型所有对应的运动情况相似，即要求各对应点的速度、加速度、运动时间等都成一定比例。所以，要求时间比为常数，即

$$a_{\mathrm{t}} = \frac{t_{\mathrm{P}}}{t_{\mathrm{M}}} = \sqrt{a_{\mathrm{L}}} \tag{3-2}$$

3. 动力相似

要求模型和实体原型的所有作用力相似。矿山压力要求容重比为常数，即

$$a_{\gamma} = \frac{\gamma_{\mathrm{P}}}{\gamma_{\mathrm{M}}} \tag{3-3}$$

在重力和内部应力的作用下,岩石的变形和破坏过程中的主导相似准则为

$$\frac{\sigma_M}{\gamma_M L_M} = \frac{\sigma_P}{\gamma_P L_P} \quad (3-4)$$

各相似常数间满足以下关系:

$$a_\sigma = a_\gamma a_L \quad (3-5)$$

式中 σ_P、σ_M——实体原型、模型的单向抗压强度;

a_σ——应力(强度)相似常数。

σ_P、σ_M 的关系如下:

$$\sigma_M = \frac{\gamma_M}{\gamma_P \alpha_L} \sigma_P = 0.003 \sigma_P \quad (3-6)$$

4. 相似材料模型配比

相似模拟材料通常由几种材料配制而成,组成相似材料的原材料可分为骨料和胶结材料两种。骨料在相似材料中所占比重较大,其物理力学性质对相似材料的性质有重要影响。骨料主要有砂、尾砂、黏土、铁粉、锯末、硅藻土等,试验骨料采用洁净细砂。胶结材料是决定相似材料性质的主导成分,其力学性质在很大程度上决定了相似材料的力学性质,常用的胶结材料主要有石膏、水泥、石灰、水玻璃、碳酸钙、树脂等。根据试验及地质成分,试验胶结材料采用石灰和石膏。模拟试验中选择密度和单轴抗压强度作为原型和模型的相似条件指标,间接考虑弹性模量、黏聚力、泊松比等指标。

露井协采区域岩体材料参数和相似材料配比见表3-1、表3-2。

表3-1 岩体材料参数

岩 性	抗压强度/MPa	密度/(g·cm^{-3})	黏聚力/kPa	内摩擦角/(°)	弹性模量/MPa	泊松比
表土	1.8	1.95	130	24	8.6	0.31
基岩	80	2.52	400	35	5425	0.2
风化砂岩	56	2.3	250	33	2000	0.36
4号煤	14.3	1.44	300	26.5	385	0.28
风氧化煤弱层	20	1.46	160	10	90	0.36
中粗砂岩	79.16	2.37	3780	36	4100	0.14
细砂岩	92.34	2.65	4130	38	4500	0.16
泥岩	25.12	2.39	730	27	1800	0.35
9号煤	16.32	1.49	310	26.5	385	0.28
11号煤	16.32	1.49	310	26.5	385	0.28
煤矸石	62.84	2.58	1040	21	32.6	0.31

3 物理模拟试验研究

表3-2 相似材料配比表

层号	岩性	厚度/cm	密度/(g·cm^{-3})	抗压强度/MPa 原型	抗压强度/MPa 模型	配比号	骨胶比	灰膏比
13	松散层	55	1.95	1.8	0.005	13:1:0	13:1	1:0
12	风化砂岩	6.5	2.30	56	0.168	8:7:3	8:1	7:3
11	泥岩	8	2.39	25.12	0.075	9:7:3	9:1	7:3
10	砂岩	6	2.37	79.16	0.237	7:5:5	7:1	5:5
9	风氧化煤弱层	2	1.46	20	0.060	10:1:0	10:1	1:0
8	4号煤	5	1.44	14.3	0.043	9:8:2	9:1	8:2
7	煤矸石	4.5	2.58	62.84	0.189	8:6:4	8:1	6:4
6	关键层	7	2.65	92.34	0.277	6:6:4	6:1	6:4
5	煤矸石	3.5	2.58	62.84	0.189	8:6:4	8:1	6:4
4	9号煤	7	1.49	16.32	0.049	9:8:2	9:1	8:2
3	砂岩	3	2.37	79.16	0.237	7:5:5	7:1	5:5
2	11煤	2	1.49	16.32	0.049	9:8:2	9:1	8:2
1	砂岩	10	2.37	79.16	0.237	7:5:5	7:1	5:5

注：水重 = 总重×7%。

3.2 试验目的与内容

相似材料模拟试验要解决的问题是露井平面协调开采下井采沉陷对露天煤矿边坡变形破坏的影响规律以及井采工作面向坡开采、背坡开采、复合开采条件下边坡变形破坏的差异性。主要内容包括：

（1）井采工作面向坡开采和背坡开采条件下边坡岩土体变形破坏的差异性。

（2）复合开采条件下采动边坡的变形破坏规律。

3.3 试验材料与设备

采用二维模拟试验台，试验台尺寸：4200 mm×250 mm×1600 mm（长×宽×高）。数据采集采用 7V14 数据采集系统，通过应力应变片的变形来分析顶板周期来压情况（图3-1a）；通过数码照相机拍摄试验过程中岩体变形破坏的关键阶段；通过电子经纬仪测量模型中各位移测点的水平和竖直移动情况（图3-1b）。所需其他设备和材料有磅秤、高灵敏应变片（若干）、标签纸和大头针（若干）、卷尺、粉笔等。

3.3.1 试验方案与测点布置

以现场实际地质条件和采矿条件为基础，根据研究目的和任务要求，经过调整和优化，共设计试验3架次，试验顺序和每架试验内容如下：

（1）第一架：9号煤向坡开采。

（2）第二架：9号煤背坡开采。

（3）第三架：先4号煤背坡开采，随后9号煤背坡开采。

模型四周和底部为全约束，上部为自由面，左右两侧封闭，前后两侧用若干宽

图3-1 试验数据采集设备

150 mm 的可拆卸槽钢护板进行加固。模型前部9号煤层顶板以上均匀布置位移监测线，位移监测网格按照200 mm×150 mm 布设，在边坡各平盘坡顶和坡脚位置加设位移监测点（图3-2a）。沿水平方向共布设3条应力应变监测线，分别位于9号煤层和4号煤层之间的关键层内部、4号煤层上部以及松散层底部，监测线中的应力应变片间隔200 mm，靠近边坡临空面位置区域逐渐加密成100 mm 间隔（图3-2b）。

图3-2 模型位移测点和应力测点布置图

3.3.2 露天井工协调开采过程分析

本次3架模型试验研究的主要内容：露天矿坑形成后，在端帮下部进行井工开采，即先露天后井工开采，分析井采沉陷引起露天矿边坡的移动变形规律。露天矿开挖前模型布置如图3-3a所示，井工开采前模型布置如图3-3b所示。

1. 9号煤向坡开采边坡变形破坏规律与合理终采线位置确定

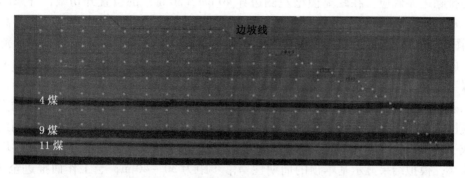

(a) 露天开采前

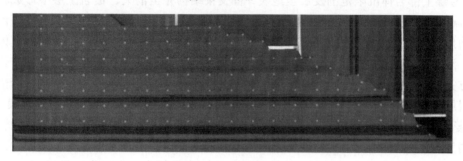

(b) 井工开采前

图 3-3 模型布置图

本架模型试验的主要目的：模拟 9 号煤层 B906 工作面向坡开采过程中，覆岩的沉陷破坏和边坡的变形移动特征，探寻 9 号煤层向坡开采情况下井采工作面的极限位置，为随后的背坡开采奠定基础，同时为边坡变形破坏机理研究提供数据支撑。9 号煤向坡开采相似材料模拟模型示意如图 3-4 所示。

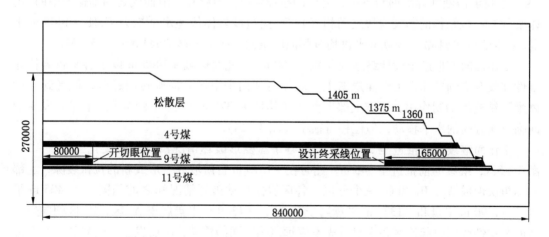

图 3-4 9 号煤向坡开采相似材料模拟模型示意图

为排除边界效应，在距离模型左侧边界 40 cm（80 m）的位置开切眼，开采厚度为 12 m，每次推进 5 cm（10 m），当工作面推进至 90 m 时，直接顶初次垮落，垮落高度为 8 m（图 3-5a）；当推进至 140 m 时，9 号煤上部基本顶（关键层）断裂，垮落范围为 120 m（图 3-5b），继续向前推进，工作面煤壁上方岩体形成悬臂梁结构，该结构上部岩体在煤壁侧和开切眼侧之间形成固支梁结构，悬臂梁结构超过极限跨距后发生破断，悬臂梁结构破断后，其上部的固支梁承受载荷超过极限值，随即发生破断，两种结构的交替破断，使围岩破坏范围逐渐向前和向上扩展（图 3-5c～图 3-5e）。悬臂梁结构的周期性破断形成了基本顶的周期性垮落，4 号煤和 9 号煤之间的关键层决定了基本顶周期性垮落步距的大小，模拟结果显示基本顶的周期性垮落步距为 30～40 m，当工作面推进至 300 m 时，9 号煤上部岩体沉陷范围发展至地表，固支梁结构完全消失，覆岩土层中形成较大范围的贯通裂隙，采空区前后两侧分别形成一条从开采边界直达地表的裂缝，开切眼侧的充分采动角已经形成，大小约为 64°（图 3-5f），由于固支梁结构破断时，上部岩土体充分垮落，涉及该结构破坏的区域岩体破碎严重，地表下沉量较大。工作面继续向前推进，煤壁上方关键层不断形成悬臂梁结构，又不断失稳，基本顶以相同步距发生周期性垮落，从上覆岩层破碎和铰接特征不难看出，采空区垮落带高度约为 40 m，裂缝带直达地表。

悬臂梁结构破断机制决定了工作面煤壁上方的垮落角小于开切眼位置的垮落角，前者大小约为 55°。这种情况下，随着工作面的不断向前推进，前方悬顶范围逐渐增大，另外露天边坡的形成使工作面煤壁到边坡临空面的法向距离较小，当工作面推进至 380 m 时，由于拉应力集中，在工作面煤壁上方到 +1405 m 台阶坡底位置之间产生贯通拉裂隙，此时根据变形破坏差异，采动边坡岩体可以划分为三个区，分别为采空区上方因失去支撑而发生垮落的 C 区（位移向下）、以煤壁上方某点为中心发生整体性翻转的 B 区（位移指向采空区）以及拉裂隙前方暂时未受到开采影响的 A 区（图 3-5g）。

工作面继续向前推进，煤壁上方悬臂梁结构的周期性剪切破断破坏了 B 区"倒三角形"岩体的完整性，该区岩体逐渐回转归位，早期拉裂隙的形成改变了覆岩的破坏机制，基本顶的周期性垮落失去了规律性（图 3-5h），推进至 460 m 时在 B 区岩层中形成了"X"形拉剪破断并逐渐回转下沉，之前的拉裂隙已不复存在，取而代之的是覆岩中的"砌体梁"结构，该结构的断裂岩块之间相互咬合，向边坡岩体传递水平推力 F，使 +1405 m 平盘、+1375 m 平盘和 +1360 m 平盘均有朝向临空面方向水平移动的趋势（图 3-5i）。

工作面向前推进至设计终采线位置（500 m），此时边坡 +1405 m 以下各平盘岩体完整性并没有遭到破坏，工作面煤壁上方岩体有朝向采空区方向旋转的趋势，但受到"砌体梁"结构的抑制作用，边坡上部平盘（尤其是 +1375 m 平盘和 +1405 m 平盘）发生朝向临空面方向的水平移动，但位移量很小（图 3-5j）。

工作面继续向前推进至 530 m，上部各平盘变形破坏情况没有明显变化（图 3-5k、图 3-5l），继续向前推进至 545 m，此时在 +1375 m 台阶坡底处形成新的拉张裂隙，上部岩体再次形成 A_1、B_1 和 C_1 三个分区，各区岩体移动破坏情况和之前相同。+1405 m 平盘、+1390 m 平盘和 +1375 m 平盘属于 B_1 区，+1360 m 平盘属于 A_1 区，B_1 区朝向采空区的整体性翻转引起该区各平盘首先发生远离临空面的移动，随后发生回转破坏，在上部岩体中形成"砌体梁"结构，推动各平盘朝向临空面方向移动，+1360 m、+1375 m 和 +1390 m 平盘的水平移动量分别为 0.4 m、1.6 m 和 1.4 m。综上所述，模拟试验结果显示

9号煤向坡开采条件下,工作面可以推进至540 m,即边界参数(工作面煤壁到临空面的水平距离)可以从原设计的185 m优化至145 m,比设计值缩小40 m。

当工作面继续推进至560 m,上部岩体发生垮落,+1405 m平盘、+1390 m平盘和+1375 m平盘受到破坏,垮落裂隙贯通至+1375 m台阶坡底处(图3-5n)。

(a) 9号煤向坡开采推进至90 m

(b) 9号煤向坡开采推进至140 m

(c) 9号煤向坡开采推进至220 m

(d) 9号煤向坡开采推进至240 m

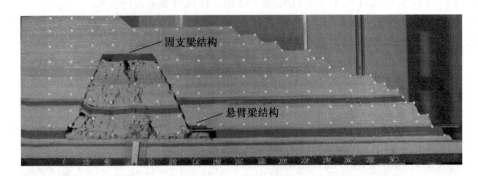

(e) 9号煤向坡开采推进至280 m

(f) 9号煤向坡开采推进至300 m

(g) 9号煤向坡开采推进至380 m

(h) 9号煤向坡开采推进至440 m

3 物理模拟试验研究   47

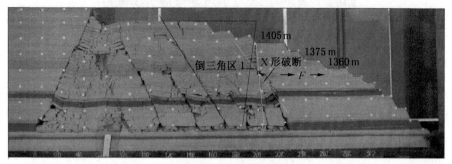

(i) 9 号煤向坡开采推进至 460 m

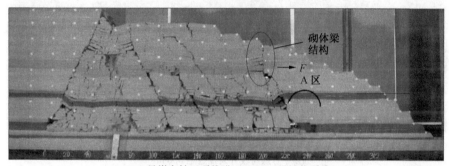

(j) 9 号煤向坡开采推进至 500 m（设计终采线）

(k) 9 号煤向坡开采推进至 520 m

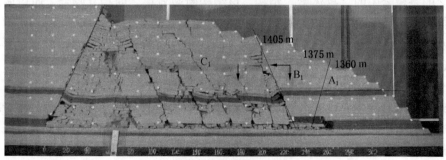

(l) 9 号煤向坡开采推进至 530 m

(m) 9号煤向坡开采过程中+1375 m台阶朝向临空面移动

(n) 9号煤向坡开采推进至560 m

图3-5 9号煤向坡开采不同推进距离裂隙变化情况

综上所述，井采工作面向坡开采，当推进至380 m时，由于拉应力集中，在工作面煤壁上方到+1405 m台阶坡底位置之间产生贯通拉裂隙，此时根据变形破坏差异采动边坡岩体可以划分为三个区，分别为采空区上方因失去支撑而发生垮落的C区（位移向下）、以煤壁上方某点为中心发生整体性翻转的B区（位移指向采空区）以及拉裂隙前方暂时未受到开采影响的A区。工作面继续向前推进，随着关键层的周期性垮落，B区岩土体内产生了"X"形拉剪破断并逐渐回转下沉，逐渐转变为C区，之前的拉裂隙已不复存在，取而代之的是覆岩中的"砌体梁"结构，该结构断裂岩块之间相互咬合，向边坡岩体传递水平推力F。工作面继续向前推进，在边坡附近岩土体中重新形成了A_1、B_1、C_1三个分区，水平推力F在A、B、C三区形成—B区转变为C区—新的A、B、C三区形成整个过程中逐渐向前传递。

2. 9号煤背坡开采边坡变形破坏规律

本架模型试验的主要目的：模拟9号煤层B906工作面背坡开采过程中，覆岩的沉陷破坏和边坡的变形移动特征，与向坡开采的相应情况进行对照，综合分析向坡开采和背坡开采条件下边坡附近岩体变形破坏的差异性。通过第一架模型试验对边界参数的优化调整，向坡开采条件下井采工作面的终采线位置到边坡临空面的水平距离缩小至145 m（比实际情况小40 m），这个参数将作为本架试验中井采工作面开切眼位置到边坡临空面的水平距离。9号煤背坡开采相似材料模拟模型示意如图3-6所示。

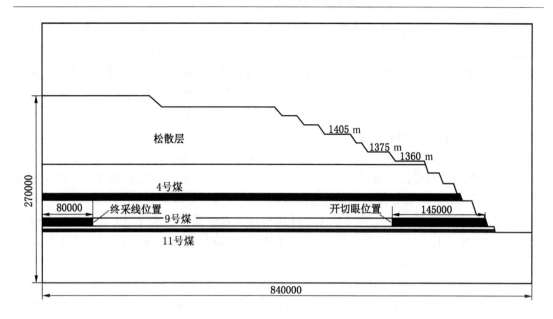

图 3-6 9号煤背坡开采相似材料模拟模型示意图

与第一架试验相同，9号煤开采厚度为 12 m，推进步距为 5 cm（10 m）。当工作面推进至 80 m 时，直接顶初次垮落，垮落高度为 8 m（图 3-7a），当推进至 130 m 时，基本顶初次断裂，垮落范围为 120 m（图 3-7b），随着工作面的不断推进，上部岩体逐渐出现离层并垮落，当推进至 260 m 时，覆垮落范围发展至地表，开切眼一侧形成一条直达地表的贯通裂缝，右侧垮落角已经形成，大小约为 63°，处于固支梁结构破断区的 +1405 m 平盘发生严重的沉降破坏，表现为朝向采空区一侧的旋转，平盘各点水平方向位移量为负值，该平盘虽然破碎严重，但发生朝向临空面方向滑动的可能性很小，此时由于岩梁铰接结构的存在，失去支承而发生下沉的岩土体对临空面附近的岩体施加水平推力 F，促使 +1330 m 台阶以上各平盘沿层理面发生朝向临空面的水平移动，由于自身重力和承受上部荷载的不同，各平盘抗滑力不同，水平移动量从 +1375 m 平盘往下逐渐减小（图 3-7c）。

工作面继续向前推进，上部关键层的存在，使基本顶不断形成悬臂梁结构又发生破断失稳，周期性垮落步距为 30~40 m。由于早期边坡的形成，导致井采过程中覆岩应力移动和重分布特征与单纯井工开采条件下的相应情况明显不同，尤其在台阶坡底处容易形成拉应力和剪应力集中区，这种情况下扩展到地表的拉裂缝或剪裂缝多集中在台阶坡底处，最终导致上覆岩体的剪切破断裂缝杂乱无序，与单纯井工开采相比缺乏规律性。同样，悬臂梁结构的破断机制决定了工作面煤壁上方的垮落角小于开切眼位置的垮落角，前者大小约为 56°（图 3-7d、图 3-7e）。

工作面推进至 330 m 时，由于基本顶内部关键层的存在，煤壁上方悬顶范围增至最大，上部岩体拉应力达到极限，在煤壁前方岩土体中产生了贯通至地表的拉裂缝，拉裂缝一端在 +1425 m 台阶坡底处，另一端在工作面煤壁正上方（图 3-7f），裂缝呈圆弧状，此时在拉裂缝和煤壁上方垮落裂缝之间形成一个朝向采空区旋转下沉且完整性较好的三角区域，因此根据岩土体的变形破坏情况，也可以将围岩划分成三个区域，即工作面煤壁前方未受井采扰动的 A 区、工作面煤壁上方完整性较好且发生整体性旋转下沉的 B 区和工作面煤壁后方失去支承而发生沉降破坏的 C 区。工作面继续推进至 380 m 时，9 号煤上部关键层再次发生破断，上部岩土体因失去支承而发生垮落，在三角区内形成与拉裂缝呈约 60°交角的剪裂缝，并逐渐发展至地表，此时在 B 区岩土体中形成了"X"形拉剪破断（图 3-7g），工作面前方拉裂缝继续增大。

工作面推进至 420 m 时，9 号煤上部关键层再次破断，同样在三角区内形成与拉裂缝呈约 60°交角的剪裂缝，并逐渐发展至地表，在上部岩土体中再一次形成"X"形拉剪破断（图 3-7h），B 区岩土体的完整性逐渐被破坏，工作面前方拉裂缝继续增大。

工作面推进至 470 m 时，9 号煤上部关键层再次发生破断，关键层上部岩体随即破碎并垮落，此时工作面后方岩体因失去支承而发生整体切落，切落高度 h 约为 5 m（图 3-7i）。

工作面继续推进，上部岩土体继续发生垮落，当工作面推进至 560 m 时，+1440 m 平盘发生破坏，此时采动边坡各平盘水平和竖直位移量均达到最大值，受井采沉陷影响破坏最严重的为 +1405 m 平盘，破坏模式主要为沉降破坏。受岩梁铰接结构产生的水平推力 F 作用，采动沉陷垮落角范围之外的 +1390 m 平盘、+1375 m 平盘、+1360 m 平盘均产生了朝向临空面的水平错动，水平移动量分别为 2 m、1.8 m、1.6 m；其他平盘水平移动量均在 0.4 m 以下，由于下部垮落带岩体与围岩没有形成铰接结构，所以与垮落边界范围之外的岩体没有力的相互作用，边坡下部各台阶基本没有发生移动，通过测量可知，工作面煤壁位置的垮落角约为 56°，开切眼位置的垮落角约为 63°（图 3-7j）。

综上所述，井采工作面背坡开采，当推进至约 260 m 时，采动裂隙发展至地表，固支梁结构消失，在开切眼侧的垮落裂缝区域形成"砌体梁"结构，该结构的断裂岩块之间相互咬合，产生推动边坡上部各平盘水平移动的力 F，与向坡开采不同的是，随着工作面继续向前推进，该结构不再移动，但各平盘水平移动量逐渐增大。

3. 4 号煤和 9 号煤逆坡复合开采边坡变形破坏规律

本架模型试验的主要目的：

（1）模拟安太堡露天矿南端帮位置区域 4 号煤 B404 工作面背坡开采过程中，覆岩的沉陷破坏和边坡的变形移动特征，与 9 号煤背坡开采下的相应情况进行对比，综合分析逆坡单采 4 号煤或单采 9 号煤条件下边坡各平盘变形破坏的差异性。

（2）模拟安太堡露天矿南端帮位置区域 4 号煤和 9 号煤逆坡复合开采过程中覆岩的沉陷破坏和边坡的变形移动特征，对先采 4 号煤后采 9 号煤条件下覆岩和边坡各平盘的变形破坏程度和强度进行综合对比分析，4 号煤和 9 号煤逆坡复合开采相似材料模拟模型示意如图 3-8 所示。

根据现场实际情况，先背坡开采 4 号煤层，开切眼位置距边坡临空面的水平距离为 270 m（图 3-9a），开采厚度为 8 m，4 号煤回采到终采线位置后接着背坡开采下部 9 号煤层，9 号煤层开切眼位置距边坡临空面的水平距离为 240 m，开采厚度为 12 m，4 号煤和 9 号煤推进步距均为 5 cm（10 m），为消除边界效应，终采线距离模型左侧边界 80 m。

先开采 4 号煤层，当工作面推进至 80 m 时，直接顶初次垮落，垮落高度为 6 m（图 3-9b）；当推进至 100 m 时，4 号煤上部基本顶发生断裂,垮落高度为 12 m（图 3-9c），

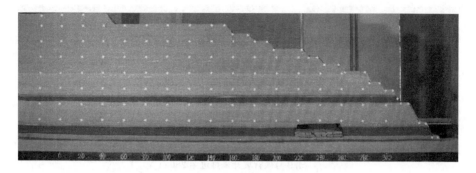

(a) 9号煤背坡开采推进至80 m

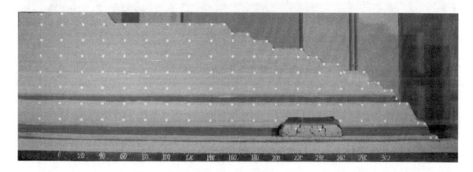

(b) 9号煤背坡开采推进至130 m

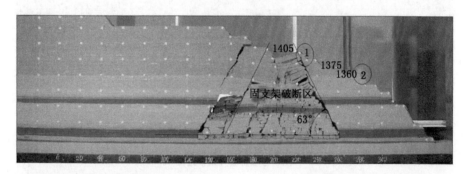

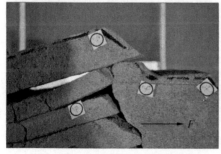

位置1放大图(岩土体梁的铰接结构)

位置2放大图

(c) 9号煤背坡开采推进至260 m

(d) 9号煤背坡开采推进至280 m

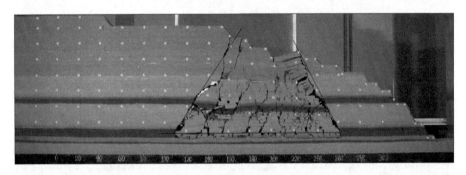

(e) 9号煤背坡开采推进至300 m

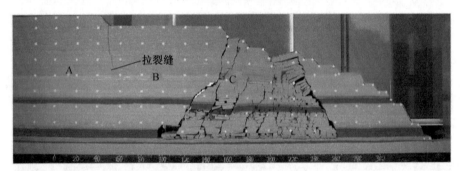

(f) 9号煤背坡开采推进至330 m

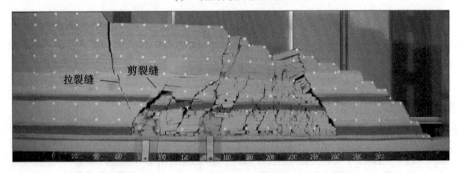

(g) 9号煤背坡开采推进至380 m

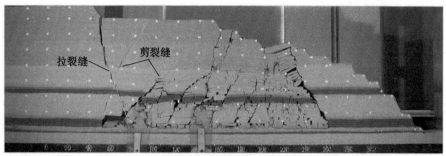

(h) 9号煤背坡开采推进至420 m

(i) 9号煤背坡开采推进至420 m

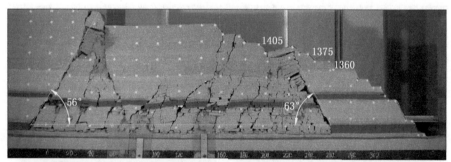

边坡部分台阶放大图

位置1放大图

(j) 9号煤背坡开采推进至560 m

图3-7 9号煤背坡开采边坡各平盘变形破坏

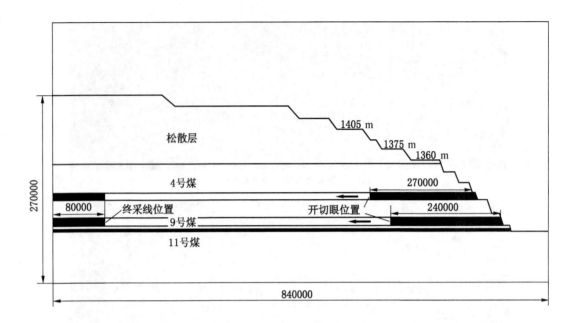

图 3-8　4 号煤和 9 号煤逆坡复合开采相似材料模拟模型示意图

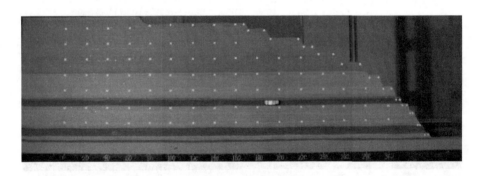

(a) 4 号煤背坡开采推进至 10 m

(b) 4 号煤背坡开采推进至 80 m

3 物理模拟试验研究

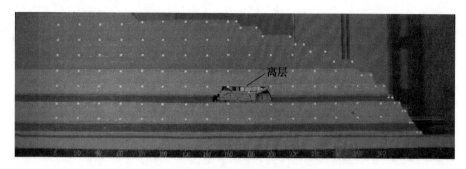

(c) 4号煤背坡开采推进至100 m

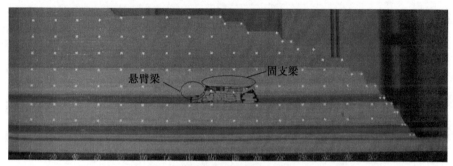

(d) 4号煤背坡开采推进至120 m

(e) 4号煤背坡开采推进至160 m

(f) 4号煤背坡开采推进至220 m

(g) 4号煤背坡开采推进至230 m

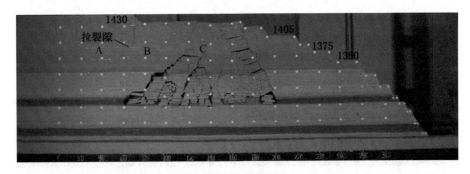

(h) 4号煤背坡开采推进至280 m

(i) 4号煤背坡开采推进至300 m

(j) 4号煤背坡开采推进至320 m

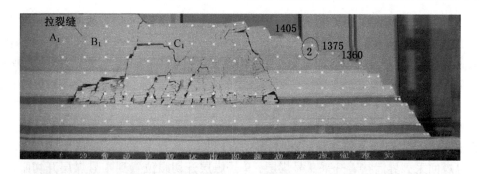

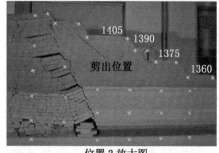

(k) 4号煤背坡开采推进至380 m

图3-9 4号煤背坡开采边坡各平盘变形破坏

工作面继续向前推进，煤壁上方形成悬臂梁结构，该结构上部岩体在煤壁侧和开切眼侧之间形成固支梁结构，悬臂梁结构超过极限跨距后发生破断，悬臂梁结构破断后，其上部的固支梁跨距和承受载荷超过极限值，随即发生离层并破断，两种结构的交替破断，使围岩破坏范围逐渐向前和向上扩展（图3-9d～图3-9f）。悬臂梁结构的周期性破断形成了基本顶的周期性垮落，但由于4号煤上覆基岩较薄且没有能够承受上部岩层载荷的关键层存在，所以基本顶周期性垮落特征并不明显。当工作面推进至230 m时，采空区裂隙发展至地表，固支梁结构完全消失，采空区前后两侧分别形成一条从开采边界直达地表的裂缝，开切眼侧的充分采动角已经确定，大小约为64°（图3-9g），与逆坡单采9号煤层的情况基本相同，由于固支梁结构破断时上部岩土体充分垮落，涉及该结构破坏的区域岩体破碎严重，地表下沉量较大。从上覆岩层破碎和铰接特征不难看出，采空区垮落带高度约为30 m，导水裂缝带直达地表。

当工作面推进至280 m时，煤壁上方悬顶范围达到最大，拉应力在+1430 m台阶坡底处集中并达到强度极限，在煤壁前方岩土体中产生了贯通至地表的拉裂缝，在拉裂缝和煤壁上方垮落裂缝之间形成一个朝向采空区旋转下沉且完整性较好的三角区域，根据岩土体的变形破坏情况，此时可将围岩划分成三个区域，即工作面煤壁前方未受开采扰动的A区、工作面煤壁上方完整性较好且发生整体性旋转下沉的B区和工作面煤壁后方失去支承而发生沉降破坏的C区（图3-9h）。

工作面继续向前推进，4号煤基本顶由于失去下部支承再次发生破断，B区岩土体发生整体切落，地表在短期内实现快速下沉，下沉过程中岩梁发生剪切破断，该区岩土体完整性遭到破坏（图3-9i、图3-9j）。工作面推进至380 m时，在上覆岩体中再次形成之前提到的三个区域，预计在试验模型足够长的情况下，上覆岩层的变形破坏始终会重复A、B、C三区形成—B区转变为C区—新的A、B、C三区形成整个过程（图3-9k）。

工作面继续向前推进至终采线位置，覆岩的变形破坏情况与推进至280 m时相比没有明显变化，由于井采工作面开切眼位置距离边坡临空面较远，边坡各平盘基本都在C区范围之外，故4号煤回采对边坡稳定影响较小，但存在岩土体梁铰接结构推动边坡上部个别台阶朝向边坡临空面方向移动的现象，其中+1390 m平盘水平移动量较大，约为0.8 m。

4号煤回采到界后接着开采9号煤层，9号煤层开切眼位置到4号煤层开切眼位置的水平距离为40 m（图3-10a），当工作面推进至100 m时，直接顶初次垮落，垮落高度为6 m（图3-10b）；工作面继续向前推进，由于4号煤开采对上覆岩层应力分布的扰动影响，9号煤推进至135 m时上部关键层仍未出现断裂迹象，当推进至140 m时，承受载荷和悬顶范围达到极限，关键层岩梁破断失稳，4号煤采空区上部已垮落岩土体因失去下部支承随即发生二次垮落（图3-10c），4号煤开采时上部岩梁形成的铰接结构迅速破坏，岩梁与边坡附近岩体之间的作用力 F 随即消失，工作面继续推进，随着关键层的周期破断，上覆岩层随采随垮，地表出现台阶下沉现象，沉降量较大，垮落边界内部岩体朝向先采空区中部翻转移动，直达地表的垮落裂缝逐渐增大，垮落角大小基本没有改变（图3-10d、图3-10e），也就是说，在模拟条件下，9号煤开采对露天矿端帮外侧地表造成了严重的沉降和破坏影响，对边坡各平盘的稳定性影响较小。由于9号煤开采后造成工作面开切眼侧上覆岩层悬顶范围增大，在运输、爆破等外部载荷的影响下容易在坡表个别台阶坡脚位置产生拉裂隙，但由于受到采空区垮落岩体的支承，破坏程度有限。

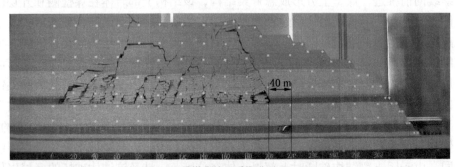

(a) 9号煤背坡开采推进至20 m

(b) 9号煤背坡开采推进至100 m

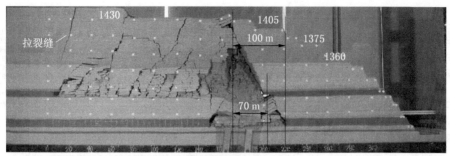

(c) 9号煤背坡开采推进至140 m

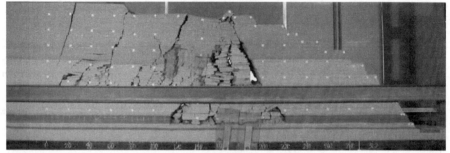

(d) 9号煤背坡开采推进至210 m

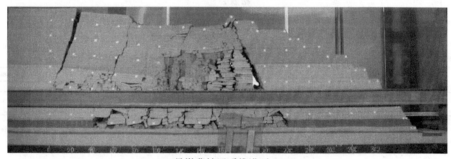

(e) 9号煤背坡开采推进至360 m

图3-10 9号煤背坡开采边坡各平盘变形破坏

为了深入分析4号煤和9号煤工作面推进过程中地表和边坡各平盘的变形移动规律，对比研究4号煤和9号煤工作面回采对地表和边坡各平盘沉陷变形影响程度的差异，特选取4号煤和9号煤逆坡复合开采过程中围岩关键变形破坏阶段的部分照片，对照片中地表和边坡的瞬时轮廓线进行素描（图3-11）。

从图3-11中不难看出，4号煤和9号煤逆坡复合开采过程中上覆岩层变形破坏具有两个明显特征：

（1）4号煤和9号煤开采总厚为20 m，地表最大下沉值为14.65 m，复合开采下沉系数为0.73（4号煤单层开采为0.64），9号煤开采对地表的变形破坏影响程度较大，地表出现台阶下沉现象。

（2）复合开采结束后，+1420 m平盘、+1405 m平盘、+1390 m平盘和+1375 m平盘的水平位移量分别为2.59 m、1.31 m、0.45 m和1.57 m。除+1420 m平盘外，4号煤

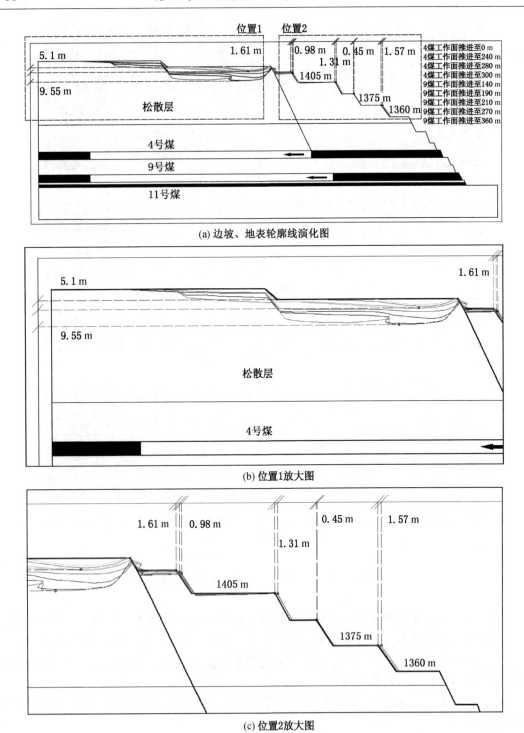

图 3-11 4号煤和9号煤逆坡复合开采过程中地表和边坡瞬时轮廓线素描

开采结束时,各平盘水平移动量已经达到最大,+1405 m 平盘、+1390 m 平盘、1375 m 平盘和 +1360 m 平盘水平移动量与9号煤开采基本无关。

4 RFPA 数值试验分析

真实破裂过程分析（Realistic Failure Process Analysis，RFPA）是基于 RFPA 方法的一个能够模拟材料渐进破坏的数值试验工具，其计算方法基于有限元理论和统计损伤理论，该方法考虑了材料性质的非均质性、缺陷分布的随机性，并把这种材料性质的统计分布假设结合到数值计算方法（有限元法）中，对满足给定强度准则的单元进行破坏处理，从而使非均质性材料破坏过程的数值模拟得以实现。本章介绍了基于 RFPA 方法对安太堡露天煤矿边坡稳定性进行数值试验的分析过程及结果。

4.1 RFPA^{2D}概述

4.1.1 RFPA^{2D}的主要特点

（1）将材料的非均质性参数引入计算单元，宏观破坏是单元破坏的积累。

（2）认为单元性质是弹—脆性或弹—塑性的，单元的弹性模量和强度等其他参数服从某种分布，如正态分布、韦伯分布、均匀分布等。

（3）认为当单元应力达到破坏准则时将发生破坏，并对破坏单元进行刚度退化处理，故可以以连续介质力学方法处理物理非线性介质问题。

（4）认为岩石的损伤量、声发射同破坏单元数成正比。

4.1.2 RFPA^{2D}系统的基本原理

RFPA^{2D}是一个以弹性力学为应力分析工具，以弹性损伤理论及其修正后的 Mohr - Coulomb 破坏准则为介质变形和破坏，分析模块岩石破裂过程的系统。该系统基本思路如下：

（1）岩石介质模型离散化成由细观基元组成的数值模型，岩石介质在细观上是各向同性的弹—脆性介质。

（2）假定离散化后的细观基元的力学性质服从某种统计分布规律，由此建立细观与宏观介质力学性能的联系。

（3）按弹性力学中的基元线弹性应力、应变求解方法，分析模型的应力、应变状态。RFPA 利用线弹性有限元方法作为应力计算器。

（4）引入适当的基元破坏准则（相变准则）和损伤规律，基元相变临界点用修正的 Coulomb 准则和拉伸截断的 Coulomb 准则。

（5）基元的力学性质随演化的发展是不可逆的。

（6）基元相变前后均为线弹性体。

（7）岩石介质中的裂纹扩展是一个准静态过程，忽略因快速扩展引起的惯性力的影响。

4.2 井工开采对边坡稳定性影响的数值试验

4.2.1 现场条件

根据研究区边坡变形和地貌特征，考虑到井采对于边坡稳定性的影响，选取位于安太堡南帮边坡的 NB3 剖面构建分析模型（图 4-1）。

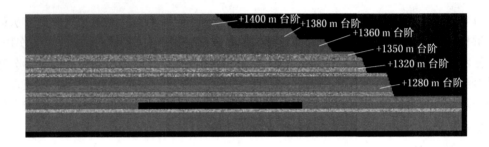

图 4-1 数值试验模型

NB3 剖面下部为安家岭 2 号井 B906 工作面，其开采方法为倾向长壁综采放顶煤开采，顶板管理为全部垮落法。工作面范围内的煤层厚度 11.75 ~ 14.04 m，平均 13.2 m，设计采高为 3.2 m，平均放煤高度为 10 m，采放比 1 : 3.13。设计工作面长 240 m，工作面煤层倾角 2° ~ 7°，平均倾角 5°。

4.2.2 数值试验模型

RFPA 数值试验模型沿水平方向取 800 m，垂直方向取 210 m，基元大小 2 m × 2 m，总基元数 42000 个。基元的弹性模量、单轴抗压强度等参数按 Weibull 函数随机分布来模拟岩石材料的非均质性和各向异性。模型边界条件为底部固定，顶部自由，左右两侧水平方向位移约束。在数值计算中，各岩层采用 Mohr – Coulomb 强度准则。为了简化计算，应用平面应变模型假设。

数值试验模拟实际井工开采中放顶煤一次采全高，开切眼位置位于模型右侧边界 294 m 处，逆坡方向推进，分步开挖，每步开挖 10 m，近似等于每天的进尺，共开挖 30 步。为真实模拟井工开采引起的岩层垮落，在不同岩层之间加入弱层进行分开。

4.2.3 模拟过程分析

1. 井工开采引起边坡围岩破坏过程分析

在 9 号煤开采过程中，当工作面推进 80 m 时，直接顶垮落，采空区上方 60 m 范围内的岩层产生大量的拉伸破坏，并出现离层。此时井工开采对边坡影响较小，边坡在自重应力的作用下产生少量拉伸破坏，如图 4-2 所示。

当工作面推进 150 m 时，4 号煤上部的关键层断裂，断裂范围约 120 m，9 号煤上部岩体垮落范围延伸至地表，松散层产生大量压剪破坏，在左侧形成一条从采空区延伸至地表的贯通裂隙，此时左侧垮落角约为 70°。边坡 +1380 m 台阶整体下沉，+1350 ~ 1360 m 台阶裂隙增多，如图 4-3 所示。

当工作面推进 210 m 时（图 4-4），9 号煤上覆岩层在自重作用下沿煤壁切落，表土层在基岩垮落沉降的影响下，出现剪切破坏，产生坐落式滑移。靠近坡面处，+1350 m

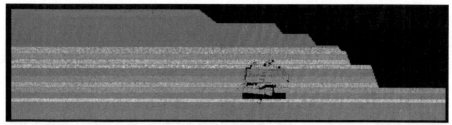

(a) 岩体垮落

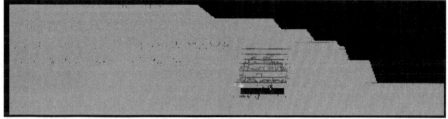

(b) 破坏场

图 4-2　B906 工作面推进 80 m

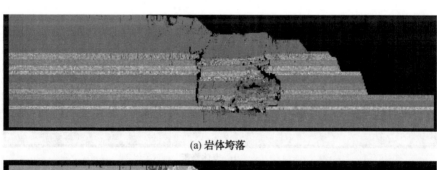

(a) 岩体垮落

(b) 破坏场

图 4-3　B906 工作面推进 150 m

台阶及以上位置，裂缝逐渐增多。

当工作面推进 260 m 时（图 4-5），采空区上部岩土层出现与之前相似的破坏现象，上覆岩层在自重作用下产生压剪破坏，沿煤壁整体切落。此时，可以明显地看出关键层断裂步距约为 60 m。随着工作面的推进，井工开采对边坡的影响越来越小，此时坡面附近岩土体破坏情况与工作面推进 210 m 时的破坏情况相比无明显恶化。

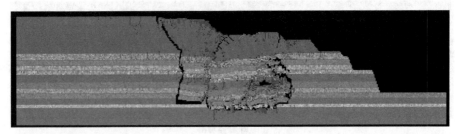

(a) 岩体垮落

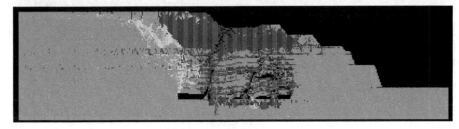

(b) 破坏场

图 4-4　B906 工作面推进 210 m

(a) 岩体垮落

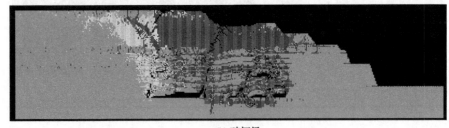

(b) 破坏场

图 4-5　B906 工作面推进 260 m

2. 井工开采对边坡岩体移动的影响

图 4-6 给出了 B906 工作面推进过程中边坡岩体位移矢量图。从图中可以看出，当工作面推进 80 m，井工开挖引起的岩层垮落未发展至地表，但受开挖的影响，+1400 m 台阶和 +1380 m 台阶表现出向着采空区的移动。+1360 m 台阶及其下部台阶受到采空区上

部岩体的挤压作用，移动方向指向临空面，位移量较小。

工作面推进150 m时，采空区上部岩体垮落发展至地表，+1400 m台阶向着采空区出现较大规模的滑移，+1380 m台阶整体下沉，+1360 m台阶也呈现出向着采空区的倾倒。由于采空区上部岩土体全部垮落，作用在+1350 m台阶及以下位置的附加应力得到部分释放，位移量有所下降，仍指向临空面方向。随着工作面的继续推进，采空区上部岩层周期性垮落，呈现出与前一周期相似的移动规律，由于工作面不断远离坡面，井工开挖导致上覆岩层的垮落对坡面附近岩体变形的影响越来越小。

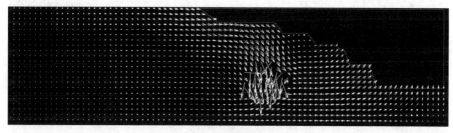

(a) 工作面推进 80 m

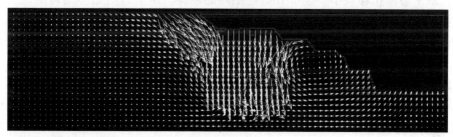

(b) 工作面推进 150 m

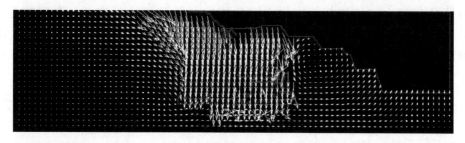

(c) 工作面推进 210 m

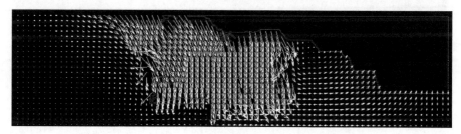

(d) 工作面推进 260 m

图 4-6　边坡岩体位移矢量

4.2.4 安太堡露天矿南帮边坡岩体变形分区

根据9号煤开采导致安太堡露天矿南帮边坡岩体变形破坏情况，可以把边坡岩体分为三个区域，如图4-7所示。

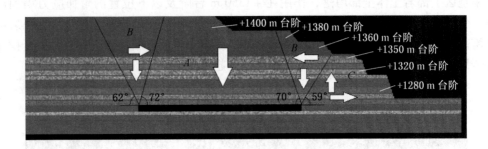

图4-7 边坡岩体变形破坏分区

位于A区范围内的岩体，随着9号煤的开采而逐渐垮落，位移主要表现为垂直方向的沉降，水平方向位移较小。位于B区范围内的岩体，由于A区岩体的垮落而失去了侧面的支撑，岩体向采空区倾斜、断裂，故位移表现为向采空区的水平位移和垂直位移。B区的岩体向采空区移动充填采空区，对C区的岩土体产生挤压作用。此外，井工开采引起上覆岩体周期性垮落，对C区岩体产生周期性的冲击载荷，从而导致位于C区的岩体向没有约束的自由面方向移动，故C区岩体主要表现为向着临空面的移动。

从图4-7中可以看出，+1400m台阶和+1380m台阶距离坡顶线40m以外范围内岩体处于A区范围内，该范围岩体沉降较大，裂隙发育，破坏严重；+1360m台阶和+1380m台阶距离坡顶线40m以内的岩体位于B区，该范围岩体有向采空区移动的趋势，但是没有发生整体破坏，故位于该区域的台阶破坏情况略好，裂隙较为发育；+1280～+1350m台阶位于C区范围内，该范围岩体没有产生明显的破坏，但是受到采空区碎胀岩体的挤压和覆岩周期性垮落引起的冲击载荷的作用，有向临空面滑移的趋势。

5 岩体结构面成因、分级、节理调查方法与网络模拟

5.1 概述

广义上讲，结构面就是岩体中的不连续面或者说是岩体中不具备有效抗拉强度的分界面，在岩体成岩、构造运动以及开挖过程中均可以形成岩体结构面。结构面的存在，使岩体不同于一般材料，其既被结构面切割成不连续体，又具有连续体的宏观特性。

岩体在形成过程中及形成后经受长期的地质活动中，形成了大量纵横交错的各种各样的强度减弱面，即岩体断裂面，统称为岩体结构面。结构面降低了边坡岩体的完整性，甚至将边坡岩体切割成不同规模和几何形态的块体，即结构体。实践证明，结构面是影响岩体边坡稳定性的最重要因素。

结构面对岩体力学性质的影响及作用效果，称为结构面的力学效应。结构面力学效应又取决于结构面的自然特性。结构面的自然特性与其成因及形成过程密切相关，因此为了便于工程评价，通常将结构面按其成因、规模进行分类。

岩体结构具有良好的统计分布特征，因此，可以用统计特征来表明岩体的结构分布、性质及规模。随着科技发展，各种数值分析方法在工程地质领域得到广泛应用，建立在统计学和概率论基础上的结构面网络模拟技术也得到了发展和应用。通过现场实地调查和室内统计分析，建立结构面几何参数的概率统计模型，进而应用蒙特卡洛随机模拟原理和方法，在计算机上求得表征结构面分布特征的节理网络图像。

5.1.1 结构面成因类型

岩体内的结构面是在不同地质作用下形成和发展的，结构面的性质与成因类型有着密切联系。按其地质成因，结构面可划分为原生结构面、构造结构面和次生结构面三大类。

1. 原生结构面

原生结构面指在岩体形成过程中形成的结构面。其特性与岩体成因密切相关，其又可以划分为火成结构面、沉积结构面和变质结构面三种。

（1）火成结构面。指岩浆侵入活动及冷凝过程中形成的原生结构面，包括岩浆岩与周围岩体的接触面，多次侵入的岩浆岩之间的接触面，以及岩浆中冷凝原生节理及侵入挤压破碎结构面等。岩浆中冷凝原生节理具有张性破裂面的特征，其产状平缓或与岩体边缘接近平行，不利于边坡稳定。

（2）沉积结构面。包括岩层结构面、层理面、原生软弱夹层、沉积间层面、古风化夹层等，其共同特点是与沉积岩的成层性有关。其中软弱夹层最不利于边坡稳定。软弱夹层是指在两个岩层间充填了一些泥质含量高、性质软弱、力学强度低、易引起滑动的薄夹层。在露天煤矿边坡中，常常是这种软弱夹层控制了边坡稳定，引起边坡大范围滑动，治

理难度大。

（3）变质结构面。可分为残留结构面和重结晶结构面。残留结构面为浅变质沉积岩所固有，如板岩、千枚岩等岩石中常具有的绢云母、绿泥石等鳞片状矿物平行排列的一些结构面。重结晶形成的结构面，主要指片理、片麻理，这是由片状或柱状矿物富集并平行排列所造成的新结构面，对岩体起主要控制作用。变质结构面中常夹有原来的泥质夹层变质而形成的薄层云母片岩、滑石片岩等。

2. 构造结构面

指由于构造应力作用，在岩体中形成的破裂面或破碎带，包括构造节理、断层及层间错动面等。其性质与力学成因、发育规模、多次活动及次生变化有密切关系，而其产状、分布则主要取决于构造应力场。

劈理和节理是构造较小的构造结构面，其特点是分布密集，比较紧闭，并多呈一定方向排列，常导致岩体的各向异性，影响岩体的局部稳定。

断层为规模较大的构造结构面，结构面两侧有显著位移。断层面的特征及破碎带内的物质状态，主要取决于断层的力学成因及岩层岩性，对边坡岩体的稳定有重大影响。

3. 次生结构面

指岩体由于卸荷、风化、地下水等次生作用所形成的结构面。例如卸荷裂隙、爆破裂隙、风化裂隙、泥化夹层及次生夹泥层等。

卸荷裂隙是指由于岩体中局部应力的释放和调整而产生的结构面，多分布在岩体表面上。露天煤矿开挖后，引起边坡表面应力释放，会产生一些卸荷裂隙。

爆破裂隙是指由于采矿生产的爆破作业而在边坡表面的一定范围内所产生的结构面。一般来说，在边坡表面岩体中会看见密集分布的裂隙，这些裂隙包含了原生裂隙、构造裂隙，也包含了卸荷裂隙、风化裂隙，但最主要的应该是爆破裂隙。

风化裂隙一般沿着岩体中原有的结构面发育，而且多限于表层风化带内。不过当含有较多易风化矿物的岩层向下延伸得比较深时，风化裂隙可能伸展到岩体内部相当深的部位，如断层带和某些岩浆岩脉中的风化裂隙。

泥化夹层及次生夹泥层多存在于黏土岩、泥质页岩、泥质板岩和泥质灰岩的顶部以及一些构造结构面中，主要是受地下水的作用而产生泥化。

5.1.2 结构面分级

结构面影响岩体力学效应的因素很多，其中以充填状况及结构面规模等具有重要意义。结构面内充填有软弱物质时，属于软弱结构面（软弱夹层）；否则属于硬性结构面。我国地质工作者按结构面的空间规模，将其分为以下五级。

（1）Ⅰ级结构面。区域性断裂破碎带，可视为地壳或区域性的巨型结构面，延展远、深度大、厚度宽，往往延展数百米及数十千米。Ⅰ级结构面对工程区域的地质构造起控制作用，因此要对其力学成因、展布规律和发展历史有正确认识，才能对一个地区的断裂系统的格局就有所掌握。Ⅰ级结构面的存在，对区域稳定、山体稳定和岩体稳定都有很大影响，在露天煤矿规划阶段应尽量避开。当边坡工程无法避开时，则应对其做全面细致的研究，提出预防措施。

（2）Ⅱ级结构面。延展性、宽度有限的区域地质界面，如中型断裂、层间错动带、不整合面、假整合面、风化夹层、原生软弱夹层以及接触和挤压破碎带等。一般延展数百米至数千米,贯穿整个矿区,宽度1~3m。对Ⅱ级结构面应注意其产状、形态、物质组成、微结构,以及在地下水等自然地质作用下的发展趋势;同时还需结合具体工程,抓住结构面组合,判断是否存在可能的变形和破坏。Ⅱ级结构面往往控制了边坡的稳定性,影响工程的布局。

(3) Ⅲ级结构面。工程岩体中的中型结构面,为延展数十米至百余米的小断层、破碎带或宽度在数厘米至1m的地质界面,如层间错动面、不整合面、原生软弱夹层等。其工作内容大体与Ⅱ级结构面相仿,并与Ⅱ级结构面共同构成岩体力学作用边界,控制边坡岩体破坏方式与运动轨迹。

(4) Ⅳ级结构面。工程岩体中的小型结构面,延展性差,无明显宽度,仅在小范围内局部地切割岩体,主要包括明显的节理、发育的劈理、层面、片理等。Ⅳ级结构面在岩体中大量存在,不仅控制了岩体的物理力学性质和应力状态,还将边坡岩体切割成明显的不连续体,而且在很大程度上制约着岩体的破坏方式。

(5) Ⅴ级结构面。延展性和连续性都很差但数量较多的细小结构面,主要包括小节理、劈理、片理等。

各级结构面相互作用、相互影响,其对边坡工程的影响应结合边坡具体情况具体分析。其中Ⅰ、Ⅱ级结构面属于软弱结构面,边坡岩体变形、破坏几乎全部受其控制;Ⅲ、Ⅳ级结构面主要属于硬性结构面,边坡岩体变形、破坏有时受其控制;Ⅴ级结构面主要使岩体在力学性质上具有方向性并对岩体力学性质具有软化作用。

5.2 节理现场调查

结构面调查要求对调查区内每个结构面的倾向、倾角、迹长、间距、充填情况及张开度等进行测量,从而获得表征结构面几何特征参数。

现场调查的本质是运用地质理论对地质体和地质现象进行观察、描述和测量,以获取实际的地质资料,研究其特征和演变过程,探讨各种地质要素的相互关系,追索空间时间上的地质变化。现场调查不仅能有效地认识岩体特征,还可应用新技术提高研究地质体的精度和深度。岩体中可目测的裂隙系统是现场调查的主要统计对象,主要运用的量测方法有:测线法、统计窗法、全迹长测量、迹长估计法和岩心裂隙测量法等。

裂隙迹长可由结构面与露头面的交线——迹长来近似表示,可测量的迹长形式有以下3种:①全迹长:当裂隙的两个端点均在测网内时,裂隙的可见迹长。②半迹长:当裂隙的一端延伸至测网外,而另一端在测网内,且与中线相交时,裂隙中测线上的交点与裂隙在测网内的端点之间的距离。③截(断)半迹长:同样是裂隙的一端在测网内,另一端延伸至测网外,裂隙在中测线上的交点至裂隙与辅助测线交点之间的距离。

5.2.1 测线法
5.2.1.1 基本原理

测线法是结构面野外测量的常用方法,是在研究区范围内沿不同方向布置大量的测线,精确测量与测线相交的每条裂隙的特征参数,主要包括了岩体结构面描述体系中的产状、迹长、间距、粗糙度、张开度及充填情况等。首先量测测线的走向和倾角,然后对比此测线相交的节理,逐条记录其桩号、倾向、倾角、半迹长与隙宽。这里,半迹长是指节理在测线一侧的那段长度。根据概率论的理论,当样本数量趋于无穷大时,这些半迹长的平均长度一定是节理迹长平均值的一半。

5.2.1.2 现场测量方法

1. 测量地点的选择

首先根据宏观地质条件，划分不同的统计分析区域，例如全风化、强风化和新鲜岩体。规模较大的断层前后，节理面的几何参数均会有大的变化，不宜将这些不同区域的资料混在一起进行统计分析。

测线量测通常是在现场露头面上进行的，因而测量成果与露头面的情况有很大的关系。测量地点选择是否合适，直接关系到测量成果的有效代表性。在实际应用中，测量地点的选择应遵循以下几个方面的原则：

（1）最理想的情况是在三个正交方向上布置测线。这样布置的测线能保证把岩体中发育的所有结构面组都量测到。但是，一般情况下垂直方向上的测线量测比较困难，即使可以量测，能量测到的距离也很短，为此可采用将几条短的垂直测线连起来的办法。

（2）测量露头面应相对平坦，因为起伏不平的露头面会给迹线长度的测量造成困难。但平坦的露头面有时对方位测量不利。

（3）为保证量测数据的可靠性，岩体露头面必须新鲜、未扰动，并且没有受到爆破、倾倒破坏以及风化剥蚀和植被生长等不利因素的影响。

（4）为保证在统计分析中有较高的置信度，沿测线方向露头面面积应尽可能大。在垂直方向上也要有足够长的延伸距离，以保证量测到尽可能多的有关结构面延伸长度的资料。

（5）为了获得某一地点有代表性的数据，量测位置应保证在同一构造区中。在构造复杂的岩体区段内，测量位置应尽可能避开大的断裂或不整合面位置。

（6）工作区应选择在安全地带，以保证现场测量人员的安全。

2. 测量设备

测线量测中所需的设备主要有 20 m 的皮尺（数量根据测量小组的数目而定）、长度 1.5 m 左右的自制木尺（用于较方便地量测迹长）、钉子（用于固定皮尺）、粉笔、地质锤、地质罗盘、测量结构面张开度（又称隙宽）用的塞尺，以及自制的简易木梯。有时根据特殊的测量要求，还需要一些其他的附属设备，如回弹锤（进行结构面的回弹试验）和纵剖面仪（测量结构面的粗糙度和起伏差）等。

3. 测量方法和内容

在现场选定的露头面上，根据实际情况布置一根 15~20 m 的皮尺。测量和记录的内容包括以下几方面内容：

（1）露头面情况。对于测线所在的露头面，要记录露头面尺寸、类型、露头面条件（如风化、剥蚀等）以及露头面上的岩石类型和有关地质构造现象，并用罗盘测出露头面的产状。

（2）测线的位置和方位。每条测线要有编号，测量位置可以用地形图上的经纬度坐标来表示。此外，对所布置的测线应作出其在露头面上的地质草图，并标出相对的测量位置，测出其方位和倾角。

（3）结构面的鉴定。在测线量测中，测量的是岩体内地质成因的、没有抗拉强度或抗拉强度很低的破裂面，诸如节理、断层、层面等。而露头面上所看到的裂隙并非都是地质成因的，有些可能是由于人工爆破、倾倒作用而形成的裂隙。因此一定要把构造和非构造成因的结构面区别开来。

(4) 结构面与测线交切位置的确定。为了推算结构面的间距，在测量过程中，必须定出每条结构面与测线的交点位置。对于光滑而平整的露头面，测量交点位置是很容易的，但对于起伏不平的露头面，由于皮尺不能与露头面直接接触，因此交点较难测定。在这种情况下，测线与露头面之间因缺掉一块而留下间隙，测量时应按那一块仍存在的情况来确定其位置。如果测线所经过的露头面一部分被盖住时，则应记录这一覆盖的范围。量测工作应该在岩石露头出现处重新开始。

(5) 结构面方位的测定。用罗盘量测与测线相交切的每一条结构面的方位。对于不规则延伸的结构面，可以测定其平均方位。

(6) 半迹线长度的测定。由于受到露头面尺寸的限制，要测出每一条结构面的全部延伸长度一般是不可能的，测线法一般测量的都是结构面的半迹线长度。在近于直立的露头面上布置水平测线时，测线以下岩面被覆盖，则半迹长只测定测线以上的那一边；在测线为垂直布置时，可约定在测线的左或右边同一侧测量半迹长。切不可在同一测线上，一会儿测量右边的半迹长，一会儿测量左边的半迹长。

(7) 删节长度的确定。如前所述，在测线量测中，即使是量测半迹长，对一部分长度很大的节理面仍可能无法做到。因此在量测时，需根据实际情况确定一个删节长度 c，该长度在可能测量的范围内应尽量大些，以保证能获得较多的半迹长的资料。当某条节理面的长度超过删节长度 c 时，该节理面即称为被删节节理面，此时仅记录被删节节理面的总数 r，该数据是估算结构面平均迹长的重要资料。

(8) 结构面类型。结构面可分为：层面(B)、节理面(J)、断层面(F_c) 和裂隙面(F_f) 等几种类型。

(9) 结构面隙宽的测量。用一组 0.04~0.63 mm 的塞尺测量结构面的隙宽。塞尺中能插入结构面中的尺的厚度即为隙宽值。但应注意，在受到风化、爆破震动等影响的露头面上，量测到的结构面隙宽不能代表真正的隙宽值。根据实际工作经验，传统的量测隙宽的方法无法量测结合比较紧密的节理。因此，目前网络模拟在水文地质方面的应用仍处于起步阶段，有待在隙宽测量技术上取得新的进展。

详细的测线法示意图如图 5-1 所示。在实际工作中除测定上述有关的几何参数外，有时根据需要还应量测结构面的粗糙度和起伏差以及岩壁的硬度，并观察和记录结构面充填物的厚度和性质。

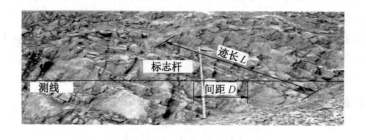

图 5-1 详细测线法示意图

5.2.1.3 测线资料的整理和分析

测线测量是一个获取样本资料的过程，这些样本资料是进行室内统计分析进而建立结构几何面参数概率模型的前提和基础。在进行统计分析之前，需对现场测得的测线资料加以整理。整理工作通常包括以下两方面。

（1）实测结构面的分组。野外测量所获得的测线资料，通常都同时包括了几组结构面的情况。在进行统计分析时，一般都是针对某一组结构面而言的，因此测线资料整理的首要工作就是将测线测到的每一个结构面，按照其产状归到相应的结构面组中。结构面分组主要是利用极点投影密度图来进行的。通过绘制极点投影密度图，确定出每一组结构面产状的优势方位和产状的变化范围。有了产状的范围，结构面的分组就十分方便了。

（2）结构面间距的计算。结构面的间距定义为同一组结构面中相邻两个结构面之间的垂直距离。在前述结构面分组的基础上，结构面间距可以根据同一组结构面中相邻两个结构面与测线的交点位置来推算。在实际测量过程中，由于受到各种条件的限制，测线方向通常都不可能是沿着结构面的法线方向的，因而，由同一组中相邻两个结构面交点位置相减得到的距离并不是结构面的真实距离，必须根据测线的方位和结构面的产状进行换算。

5.2.2 统计窗法

P. H. S. W. Kulatilate 和 T. H. Wu 于 1984 年提出了一个估算结构面平均迹长的新方法——统计窗法，又称测网法或窗口法，可作为测线法的一种补充。对一个露头面上的矩形区域中的某一组节理面，采用简单计数的方法来确定该组节理面的平均迹长比较简便。但是，这一方法仅给出了平均迹长的分析成果，得不到迹长的概率分布形式。

按照与测线法相同的要求，选定一个岩体露头面，在该露头面上确定一长为 a、宽为 b 的矩形区域，即统计窗，测量并记录统计窗的尺寸（长为 a、宽为 b 和统计窗的走向 r）以及该组结构面的倾向 α 和倾角 θ。

位于统计窗内的结构面迹线与统计窗的关系有以下几种类型：
（1）包容关系，迹线两端点均在统计窗内。
（2）相交关系，迹线的一个端点落在统计窗内。
（3）切割关系，迹线的两个端点均落在统计窗外。

迹线与统计窗存在上述关系之一时，认为该结构面为统计窗内的结构面。

在现场测量过程中，首先应分清统计窗内每个结构面所在的组号，然后对每组结构面统计出如下参数：

（1）具有切割关系的结构面数目 N_0，其占结构面总数的比例 $R_0 = N_0/N$。
（2）具有相交关系的结构面数目 N_1，其占结构面总数的比例 $R_1 = N_1/N$。
（3）具有包容关系的结构面数目 N_2，其占结构面总数的比例 $R_2 = N_2/N$。
（4）统计窗内该组结构面的总数 $N = N_0 + N_1 + N_2$。

上述参数是应用统计窗法估算结构面平均迹长的基本参数。

有了上述参数，根据概率论的理论，平均迹长可按式（5-1）计算：

$$\bar{l} = \frac{ab(1 + R_0 - R_2)}{(1 - R_0 + R_2)(aB + bA)} \tag{5-1}$$

式中 A、B——$\cos\theta$、$\sin\theta$ 的均值。

与测线法相比，利用统计窗法来估算平均迹长时不需要预先知道各类迹长的密度分布形式及其相互间的关系，这是统计窗法所具有的一个优点，但是由于在岩体中各组结构面是交错发育的，要完全准确地确定每组结构面中各个结构面与统计窗之间的关系并不是一件十分容易的事情。同时，由于对微观裂隙的取舍带有很大的主观性，可能会造成结果产生较大的差异。在实际应用中应将测线法和统计窗法两者的计算结果互相对照，选取一个较为合理的数值。

5.2.3 节理聚类分析

节理面的产状是构造地质学和岩石力学中研究最多的几何参数，节理面产状的要素主要包括节理的走向、倾向和倾角。结构面成因的复杂性决定其分布既有一定的规律，同时又具有不确定性。为了对结构面进行定量化描述和分析发育的规律性，国内外多名学者做过大量的研究，通常将具有某些共同特征的结构面归类，最为常见的是对结构面产状进行分组和确定优势方位。结构面分组的传统方法一般采用节理倾向玫瑰花图、节理极点图和等密度图，其优越性在于对主要结构面分布情况较易做出直观判断，但分组结果主要依靠经验，尤其是在各分组边界不明显的情况下，分组结果更缺乏客观性。Shanley 和 Mahtab 于 1976 年首次提出了结构面产状的聚类算法，后经 Mahtab 和 Yegulalp（1982）、Harrison 和 Curran（1998）等人的进一步开发，发展出用于结构面识别的模糊 C 均值（Fuzzy C - Means，FCM）聚类算法。模糊 C 均值聚类算法的引入较传统方法有了较大的进步，它通过优化模糊目标函数得到了每个样本点对类中心的隶属度，从而决定样本点的归属，这种模糊化的处理能较准确地反映数据的实际分布，特别适合于各类数据点在分布上有重叠的情况，并可进行有效性的检验。但是该方法本质上是一种局部搜索寻优法，较易陷入局部极小点。在解空间中，最优解附近存在着一个吸引域，只有当 FCM 算法初始化参数处于这个吸引域中，才可很快收敛到全局最优解。因此，用节理倾向玫瑰花图、节理极点图和等密度图确定模糊 C 均值聚类算法的初始参数，便可得到理想的聚类结果。

5.2.3.1 节理倾向玫瑰花图、极点图和等密度图

绘制节理倾向玫瑰花图的方法：按节理倾向方位角分组，求出各组节理的平均倾向和节理数目，用圆周方位代表节理的平均倾向，用半径长度代表节理条数。从 0°~9° 为一组（一般采用 5° 或 10° 为一个间隔）开始，在圆周上做一个记号，再从圆心向圆周上该点的半径方向，按该组节理数目和所定比例尺定出一点，此点即代表该组节理平均走向和节理数目，各组的点确定后，顺次将相邻组的点连线，如某组节理为零，则连线回到圆心，然后再从圆心引出与下一组相连。图 5-2b 和图 5-2c 为某矿 A 区和 B 区绘制的倾向玫瑰花图。

节理极点图通常是在施密特网上编制的，网的圆周方位表示倾向，由 0°~360° 半径方向表示倾角，由圆心到圆周为 0°~90°。作图时，把透明纸蒙在网上，标明北方，当确定某一节理倾向后，再转动透明纸至东西或南北向直径上，依其倾角定点，该点称极点，即代表这条节理的产状。为避免投点时转动透明纸，可用极等面积投影网（赖特网）。赖特网中放射线表示倾向（0°~360°），同心圈表示倾角（由圆心到圆周为 0°~90°）。赖特网的作图方法：假设一节理产状为 NE20°∠70°，则以北为 0°，顺时针数 20°（即倾向），再由圆心到圆周数 70°（即倾角）定点，为节理法线的投影，该点就代表这条节理的产状（图 5-3）。若产状相同的节理有数条，则在点旁注明条数。

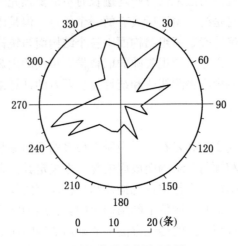

(a) 节理倾向玫瑰花图示意图

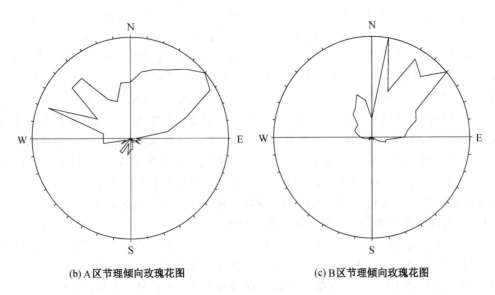

(b) A 区节理倾向玫瑰花图　　　　　　(c) B 区节理倾向玫瑰花图

图 5-2　节理倾向玫瑰花图

节理等密图是在极点图的基础上编制的，其编制步骤如下：①在透明纸极点图上作方格网（或在透明纸极点图下垫一张方格纸），平行 E-W、S-N 线，间距等于大圆半径的 1/10。②用密度计统计节理数，常用的密度计有中心密度计和边缘密度计。中心密度计是中间有一小圆的四方形胶板，小圆半径是大圆半径的十分之一；边缘密度计是两端有两个小圆的长条胶板，小圆半径也是大圆半径的 1/10，两个小圆圆心连线，其长度等于大圆直径，中间有一条纵向窄缝，便于转动和来回移动。统计时先用中心密度计从左到右，由上到下，顺次统计小圆内的节理数（极点数），并注在每一方格"十"中心及小圆中心上；边缘密度计统计圆周附近残缺小圆内的节理数，将两端加起来（正好是小圆面积内极点数），记在有"十"中心的那一个残缺小圆内，小圆圆心不能与"十"中心重合时，可沿窄缝稍作移动和转动。如果两个小圆中心均在圆周，则在圆周的两个圆心上都记上相

5 岩体结构面成因、分级、节理调查方法与网络模拟

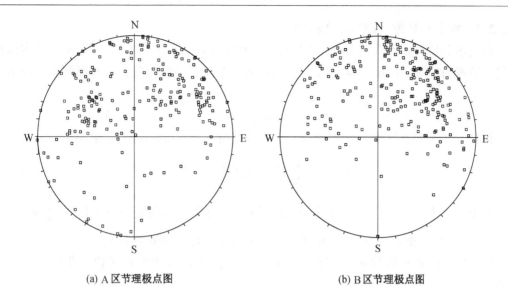

(a) A区节理极点图 (b) B区节理极点图

图5-3 节理极点图

加的节理数。有时可根据节理产状特征,只统计秘密部位极点,稀疏零散极点可不进行统计。③连线。统计后,大圆内每一小方格"十"中心上都注上了节理数目,把数目相同的点连成曲线(方法与等高线一样),即成节理等值线图。一般是用节里的百分比关系来表示,即小圆面积内的节理数,与大圆面积内的节理数换成百分比,因小圆面积是大圆面积的1%,其节理数亦成比例。如大圆内节理数为60条,某一小圆内的节理数为6条,则该小圆节理比值相当于10%。在连等值线时,应注意圆周上等值线,两端具有对称性。④装饰。为了图件醒目清晰,在相邻等值线(等密线)间着以颜色或画以线条花纹,写上图名、图例和方位。图5-4为某矿A区、B区绘制的节理极点图和等密度图。

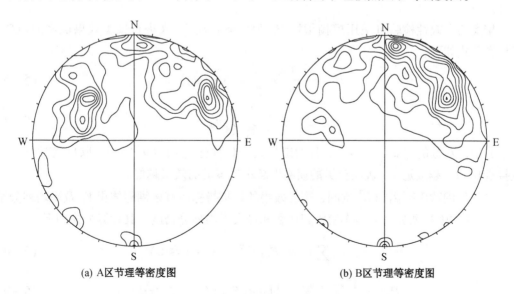

(a) A区节理等密度图 (b) B区节理等密度图

图5-4 节理等密度图

5.2.3.2 模糊 C 均值 (FCM) 聚类算法

设现场测量得到的节理产状样本集有 n 个样本 $X = \{X_1, X_2, \cdots, X_n\}$,即 n 个样本数据子集,节理面的法向向量 $X_k = (X_{k1}, X_{k2}, X_{k3})$ 为 k 个样本特征向量,节理面倾向、倾角为 α_k、β_k 时:

$$X_k = (\sin\alpha_k \sin\beta_k, \cos\alpha_k \sin\beta_k, \cos\beta_k) \quad (k = 1, 2, \cdots, n) \tag{5-2}$$

模糊 C 均值聚类算法将 X 划分为 C 类,其准则是如下目标函数 J_m 最小:

$$J_m = \frac{1}{2} \sum_{i=1}^{C} \sum_{k=1}^{n} (u_{ik})^m \|X_k - V_i\|^2 \tag{5-3}$$

其中,u_{ik} 表示第 k 个样本 X_k 隶属于聚类 C_i 的程度,且满足 $u_{ik} \in [0,1]$ 和 $\sum_{i=1}^{C} u_{ik} = 1$;$m \in [1, \infty]$ 为模糊加权指数,一般取 2;$V_i = (V_{i1}, V_{i2}, V_{i3})$ 为聚类中心。

节理面间的距离度量可采用欧氏距离或法向向量间夹角的正弦值,此处采用欧氏距离:

$$\|X_k - V_i\|^2 = \sum_{i=1}^{3} (x_{kj} - v_{ij})^2 \tag{5-4}$$

模糊 C 均值聚类算法通过对目标函数进行如下迭代来实现:

$$u_{ik} = \frac{(\|X_k - V_i\|^2)^{\frac{1}{1-m}}}{\sum_{j=1}^{C} (\|X_k - V_j\|)^{\frac{1}{1-m}}} \quad (1 \leq i \leq C, 1 \leq k \leq n)$$

$$V_i = \frac{\sum_{k=1}^{n} (u_{ik})^m X_k}{\sum_{k=1}^{n} (u_{ik})^m} \quad (1 \leq i \leq C, 1 \leq k \leq n) \tag{5-5}$$

通过上述迭代求解,目标函数最终将收敛到一个极小点,从而得到 X 的一个模糊 C 划分。

聚类的有效性检验可采用模糊指标 H_C 和分类系数 F_C 来进行聚类效果优劣的检验,其计算公式如下:

$$H_C = -\frac{1}{n} \sum_{k=1}^{n} \sum_{i=1}^{C} u_{ik} \log_a(u_{ik}) \tag{5-6}$$

$$F_C = \frac{1}{n} \sum_{k=1}^{n} \sum_{i=1}^{C} u_{ik}^2 \tag{5-7}$$

其中,对数的底 $a \in (1, \infty)$,且约定当 $u_{ik} = 0$ 时有 $u_{ik} \log_a(u_{ik}) = 0$,取自然对数;$H_C$ 越接近 0,F_C 越接近 1,表明分类的模糊性越小,聚类的效果越好。

对于采用欧氏距离的 R^3 空间,聚类效果的评价指标还有模糊超体积 F_{hv} 及平均划分密度 P_{da},最优模糊划分对应最小模糊超体积和最大平均划分密度。其计算公式如下:

$$F_{hv} = \sum_{i=1}^{C} [\det(F_i)]^{1/2} \quad (1 \leq i \leq C) \tag{5-8}$$

$$P_{da} = \frac{1}{C} \sum_{i=1}^{C} \left(\sum_{j=1}^{n} u_{ij} \right) [\det(F_i)]^{1/2} \quad (1 \leq i \leq C) \tag{5-9}$$

5 岩体结构面成因、分级、节理调查方法与网络模拟

$$F_i = \frac{\sum_{j=1}^{n}(u_{ij})^m(X_j - V_i)(X_j - V)^T}{\sum_{j=1}^{n}(u_{ij})^m} \quad (1 \leq i \leq C) \quad (5-10)$$

从 A、B 区的节理极点图和等密度图可以看出,节理分组的边界不明显,离散性较大,大致可分为 2~4 组,为此采用模糊 C 均值聚类算法进行了 2~4 组的划分试算,计算结果列于表 5-1 和表 5-2。

表 5-1 A 区节理模糊 C 均值聚类分析结果

节理聚类组数	$C=2$	$C=3$	$C=4$
模糊熵指标 H_C	0.3933	0.6484	0.7346
分类系数 F_C	0.7542	0.6340	0.6199
模糊超体积 F_{hv}	1.1410	1.4712	1.7522
平均划分密度 P_{da}	66.4652	38.1465	23.8346
优势节理组方位及数目	298.8°/49.9°(109)	58.6°/62.8°(83)	57.3°/64.4°(82)
	43.3°/63.7°(125)	289.3°/48.3°(91)	207.7°/70.0°(21)
		1.6°/73.1°(60)	301.6°/49.3°(78)
			5.5°/75.6°(53)

表 5-2 B 区节理模糊 C 均值聚类分析结果表

节理聚类组数	$C=2$	$C=3$	$C=4$
模糊熵指标 H_C	0.4315	0.6667	0.8468
分类系数 F_C	0.7243	0.6221	0.5585
模糊超体积 F_{hv}	1.0652	1.3259	1.5987
平均划分密度 P_{da}	63.4101	34.9716	23.6301
优势节理组方位及数目	52.9°/61.3°(143)	67.9°/57.5°(90)	69.1°/62.6°(75)
	336.0°/62.1°(99)	315.8°/58.6°(63)	26.6°/31.1°(39)
		21.1°/72.8°(89)	317.4°/66.5°(51)
			20.3°/76.4°(77)

分析模糊熵指标 H_C、分类系数 F_C、模糊超体积 F_{hv} 和平均划分密度 P_{da} 等四个聚类效果检验指标,均可发现 A、B 区节理划分为两组较为合理。A 区第一组节理优势方位为倾向 298.8°,倾角 49.9°,节理数目占 46.6%;第二组节理优势方位为倾向 43.3°,倾角 63.7°,节理数目占 53.4%。B 区第一组节理优势方位为倾向 52.9°,倾角 61.3°,节理数目占 59.1%;第二组节理优势方位为倾向 336.0°,倾角 62.1°,节理数目占 40.9%。A、B 区优势节理与总体边坡面、台阶边坡面组合关系的赤平投影如图 5-5 所示。

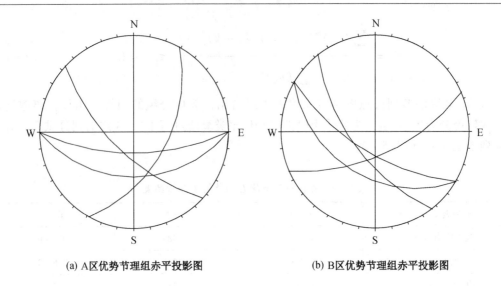

(a) A区优势节理组赤平投影图　　　　　(b) B区优势节理组赤平投影图

图 5-5　A、B 区优势节理与总体边坡面、台阶边坡面组合关系

5.2.4 节理分布的概化模型研究

1. 节理方位

根据 A、B 区的节理聚类分组结果，对各组节理倾向和倾角数据进行统计分析。倾向数据统计时做如下调整：当节理组聚类中心的倾向为 0°～90°时，对 270°～360°的节理倾向减 360°进行调整；当节理组聚类中心的倾向为 270°～360°时，对于 0°～90°的节理倾向加 360°进行调整。经拟合检验，在 95%的置信度下接受正态分布的假设，南帮节理组倾向、倾角的概率分布参数见表 5-3。

表 5-3　南帮节理方位统计结果

节 理 组	节理数目	倾向/(°)			倾角/(°)		
		均 值	标准差	分布类型	均 值	标准差	分布类型
A 区 2-1 组	46.6%	291.1	48.6	正态分布	57.3	22.1	正态分布
A 区 2-2 组	53.4%	42.2	28.9	正态分布	67.5	16.2	正态分布
B 区 2-1 组	59.1%	55.9	29.3	正态分布	63.8	16.8	正态分布
B 区 2-2 组	40.9%	331.2	36.6	正态分布	64.8	21.2	正态分布

2. 节理迹长

迹长统计结果见表 5-4。

表 5-4　南帮节理迹长统计结果表

分 区	统计节理数目	均值/mm	标准差/mm	最小值/mm	最大值/mm	分布类型
A	529	1354.8	1245.2	131.6	11111.1	对数正态
B	379	1316.7	1258.5	157.5	7142.9	对数正态

A 区节理迹长服从对数正态分布,概率密度函数为

$$f(x) = \frac{1}{0.7598\sqrt{2\pi x}} e^{-\frac{(\ln x - 6.9076)^2}{2 \times 0.7598^2}} \tag{5-11}$$

B 区节理迹长服从对数正态分布,概率密度函数为

$$f(x) = \frac{1}{0.8091\sqrt{2\pi x}} e^{-\frac{(\ln x - 6.8346)^2}{2 \times 0.8091^2}} \tag{5-12}$$

3. 节理间距

间距统计结果见表 5-5。

表 5-5 南帮节理间距统计结果表

分区	样本容量	均值/mm	标准差/mm	最小值/mm	最大值/mm	分布类型
A	3097	385.8	426.8	32.9	6338.0	对数正态
B	2304	355.4	446.2	32.5	5222.2	对数正态

A 区节理间距服从对数正态分布,概率密度函数为

$$f(x) = \frac{1}{0.9213\sqrt{2\pi x}} e^{-\frac{(\ln x - 5.5294)^2}{2 \times 0.9213^2}} \tag{5-13}$$

B 区节理间距服从对数正态分布,概率密度函数为

$$f(x) = \frac{1}{0.9990\sqrt{2\pi x}} e^{-\frac{(\ln x - 5.3693)^2}{2 \times 0.9990^2}} \tag{5-14}$$

5.3 岩体三维节理网络模拟

岩体是经过漫长的地质演化过程而形成的耗散结构体,具有明显的结构特征。岩石内部自然存在大量具有统计分布意义的微裂纹和微孔洞等缺陷,岩体在各种地质作用下产生永久变形和构造地质变形,产生断裂、节理、层理、劈理等结构弱面。岩体中的结构弱面削弱了岩体的力学强度,控制着岩体的变形破坏机制和力学法则,从损伤力学的角度看,岩体属于一种具有初始损伤的介质,岩体内部的大量断续节理裂隙,构成了岩体的初始几何损伤,由于节理损伤的影响以及在露天煤矿开挖卸荷作用下的损伤演化,导致岩体力学性质呈现不连续性、非均质性和各向异性。岩体的强度和内部裂隙分布等在空间上均具有随机性,其损伤是一种概率损伤。岩体节理网络计算机模拟是近代计算机技术在岩石力学领域应用的一个重要方面,是研究岩体内大量节理裂隙随机分布规律的有效手段。

岩体三维节理网络的计算机模拟,实质为根据实测统计分析建立的关于结构面各几何特征参数的概率密度函数,应用 Monte-Carlo 法,按已知密度函数进行"采样",得出与实际分布函数相"平行"或相"对应"的人工随机变量。这些随机变量包括结构面的倾向、倾角、长度以及结构面位于模拟区域内的中点坐标等,进而可以推算出每一个结构面在模拟区域中的中心坐标。所有这些结构面组合起来即构成了岩体节理面的三维网络图像。

5.3.1 节理圆盘的中心

节理空间形态的描述通常采用 Beacher 圆盘节理模型（图 5-6）。统计结果表明，节理圆盘中心位置的分布在统计区域内为均匀分布。

5.3.2 节理圆盘的半径

由圆盘假设可知，假定节理圆盘的直径为 D，迹长实际上是节理圆盘上的一条弦，弦长 L 在距圆盘中心任意距离通过的概率均相等，亦即弦长中心在区间 $[0, D]$ 上为均匀分布，其概率密度为 $1/D$。因此，迹长与节理直径的比值（L/D）的连续性随机变量的分布函数为

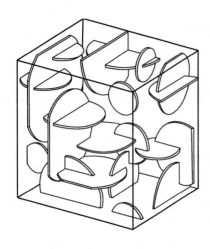

图 5-6 Beacher 圆盘节理模型

$$F\left(\frac{L}{D}\right) = 1 - \sqrt{1 - \left(\frac{L}{D}\right)^2} \quad (5-15)$$

概率密度函数为

$$f\left(\frac{L}{D}\right) = F'\left(\frac{L}{D}\right) = \frac{\dfrac{L}{D}}{\sqrt{1 - (L/D)^2}} \quad (5-16)$$

随机变量 L/D 的数学期望为

$$E\left(\frac{L}{D}\right) = \int_{-\infty}^{+\infty} \left(\frac{L}{D}\right) f\left(\frac{L}{D}\right) d\left(\frac{L}{D}\right) = \frac{\pi}{4} = 0.786 \quad (5-17)$$

即平均迹长是实际节理圆盘直径的 0.786 倍。节理圆盘半径为

$$r = D/2 = (L/0.786)/2 = L/1.572 \quad (5-18)$$

5.3.3 节理密度

模拟区域内节理的总体数量取决于该区域内节理的体密度，节理的体密度即单位体积岩体内含有的节理的数量。节理的调查统计可直接得出节理的线密度或面密度，为此常用节理的面密度控制模拟区内节理的数目。

节理的面密度为单位面积内节理迹线中点的数量，可用统计窗法获得。由前述可知，在一个观测面统计窗内，节理迹线一般有 3 种类型：两端均能观测到；只能观测到一端；两端均不能观测到。后两种迹线的中点不一定在观测面内，所以节理面密度 λ 一般不等于观测到的裂隙数量除以观测面的面积。Kulatilate 主张用迹线中点位于观测面内的概率来计算 λ 值：

$$\lambda = \frac{K + \sum_{i=1}^{L} [P_1(W)]_i + \sum_{i=1}^{M} [P_0(W)]_i}{A} \quad (5-19)$$

式中 K、L、M——三种迹线在观测面上的数量；

A——观测面的面积；

$P_1(W)$——节理一端出露的迹线中心位于观测面内的概率，$P_1(W) = 1 - e^{-ua}$；

$P_0(W)$——节理两端均不出露的迹线中心位于观测面内的概率，$P_0(W) =$

$$ue^{ua}\int_{2a}^{\infty}\frac{a}{x-a}e^{-ua}\mathrm{d}x+1-e^{-ua};$$

a——迹线出露的长度；

u——平均迹长 $\bar{l}$ 的倒数。

对于某一区域内岩体，由节理密度可以求得在该区域内节理的总体数目，再由各组节理占总体的百分比和其抽样函数，可以得到该区域内岩体节理裂隙的真实分布情况。节理裂隙在岩体中的真实分布状况是节理网络生成的基础。

5.3.4 程序说明及框图

通常结构面网络模拟程序采用 C++ 语言编写，以 visual C++6.0 为编译环境。

同时程序编制时，选用如下假设条件：①在给定的模拟区域内，结构面迹线中心的空间分布服从于泊松分布，即区内出现的概率是相等的。②结构面网络图中的直线段代表结构面迹线，其产状由方向角 θ 唯一确定。θ 定义为自 X 轴逆时针旋转至迹线的角度。方向角 θ 的大小取决于节理产状、模拟剖面的方向及其相互关系。③研究区内结构面迹线的长度，服从下面四种密度分布的任一种：均匀分布、负指数分布、正态分布、对数正态分布。④在给定的模拟区域，结构面条数由单位面积的结构面中心数目定义。

程序录入的参数包括模拟区的范围、节理组数、每一组节理的结构面的几何特征（包括倾角、倾向、迹长、间距的分布形式和分布参数）。对每一组不连续面，拟合分布形式和分布参数，分别产生各几何参数的随机变量，计算出不连续面的中心坐标。然后判断节理与采样区是否相交，如果在计算交点画交线，如不在放弃该不连续面。当取样区第一组不连续面生成完毕，生成第二组，至所有不连续面生成完毕。判断模拟面密度是否大于控制面密度，如果不是放弃数据重新读取不连续面数据，如果是显示并输出不连续面网络图形。图 5-7 为三维节理网络模拟程序框图。

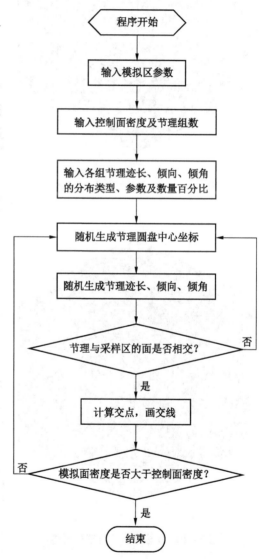

图 5-7 三维节理网络模拟程序框图

5.3.5 安太堡露天煤矿边坡岩体三维节理网络模拟

根据安太堡露天煤矿边坡岩体节理分布参数，计算程序生成了 A、B 区三维节理网络立体图和剖面图，如图 5-8～图 5-11 所示。

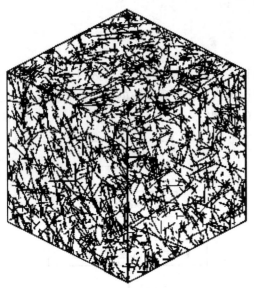

图 5-8 A区岩体三维节理网络

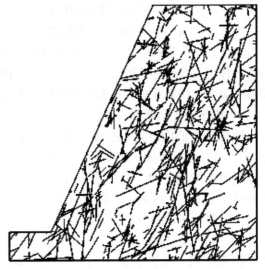

图 5-9 A区边坡剖面岩体节理网络

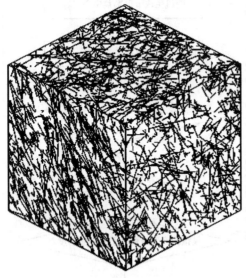

图 5-10 B区岩体三维节理网络

图 5-11 B区边坡剖面岩体节理网络

5.4 节理化岩体稳定性分析及案例

在边坡开挖工程中，岩体稳定性分析是一项极为重要的内容，其目的就是要通过各种手段和途径，正确认识受力岩体的变形和破坏规律，判定岩体的稳定状况。目前岩体稳定性分析方法有极限平衡法、差分法、有限元、离散元、边界元、块体理论、非连续变形分析和数值流形法等。此处以块体理论实践应用而展开。结构面的模拟和块体系统模型的构建是块体稳定性分析的核心。

5.4.1 块体理论综述

块体理论研究的主要内容有三个：块体识别问题，块体运动学可移动性问题，块体力学稳定性分析问题。

岩体块度特征是岩体完整性评价的重要指标，通常用岩石质量指标 RQD 来表征：RQD 越大，岩体质量越好，岩体结构的完整性越高。大量工程实践表明，影响岩体结构的主要因素是其内部分布的大量裂隙，岩体块体化程度如何也由裂隙各几何参数及裂隙相互切割状态决定。在裂隙的各几何参数中，裂隙间距能最直接地体现岩体结构，例如岩体块度的计算，从某种程度上讲总是与裂隙间距有着一定的联系。那么，无论从裂隙间距来估计岩体块度，还是用 RQD 等指数来表征岩体块度，以及本书中提出的岩体块体化程度，其都有一个共性，就是可以表征岩体结构的完整性。裂隙间距、RQD 测试简便、直观明了而且计算快捷，但其都是从一维角度对岩体结构进行的分析，作为一个存在一定的缺陷：钻孔方向与结构面方向之间的夹角不同时，会显著影响 RQD 取值；由于钻孔布钻方向的局限，传统的 RQD 不具有任意方向性的属性；靠钻孔的办法来获取 RQD 要耗费大量的资金和时间；有限的钻孔所获取的 RQD 值也是有限的。岩体块体化程度，是从三维空间角度讨论岩体结构完整性，不会出现上述由布钻方向等对岩体结构的认识造成巨大影响的问题。

自从岩体结构的概念建立以来，学者们一直很重视岩体整体性问题的研究，裂隙作为影响岩体整体性的决定性因素，其不同的几何特征也被单独进行统计学上的分析，包括结构面的方位、迹长、间距、隙宽等。对于结构面的各几何参数的经验概率分布形式，各国学者得到的结果不尽相同：方位的分布形式以均匀分布和正态分布为主，迹长的分布形式以负指数、对数正态分布为主，间距以负指数和对数正态分布为主等。结构面的形态及其在岩体内部的分布导致了岩体的不同结构，因此也有很多学者致力于建立结构面在岩体内分布的模型，先后提出了正交结构模型、圆盘模型等。正交结构模型中，裂隙无限大，将岩体完全切割，类似于 DDA 等方法将岩体视为离散块体的组合。而裂隙的圆盘模型中的不同参数则对岩体结构产生很大的影响。

5.4.2 块体化程度与裂隙几何参数的基本关系

裂隙是决定岩体块体化程度的主导因素，裂隙的几何参数对岩体块体化程度将产生不同影响。裂隙的几何参数包括其形态、方位、间距和密度、规模、隙宽等。

1. 裂隙面形态模型

裂隙面形态是单个结构面自身的几何特征。这里首先有裂隙为平面的假设，即将野外结构面的波动和扭曲忽略不计，将其假设为平面。裂隙的形成机制是一个复杂的力学问题，由于地质体破裂的复杂性、多样性以及有限的岩石露头，难以展现三维形态的全貌，该问题至今没有得到解决。因此，通过有限的结构面野外露头数据对三维岩体结构进行计算机模拟有重要的意义，可以用模拟展现裂隙的三维形态。裂隙的平面假设为其进行几何表示提供了可能性，而对其具体形状，不同学者提出了不同的类型，大致可以分为四种（图 5-12）：

（1）正交裂隙面模型（图 5-12a）。正交裂隙面模型是最早建立起来的，它假定所有

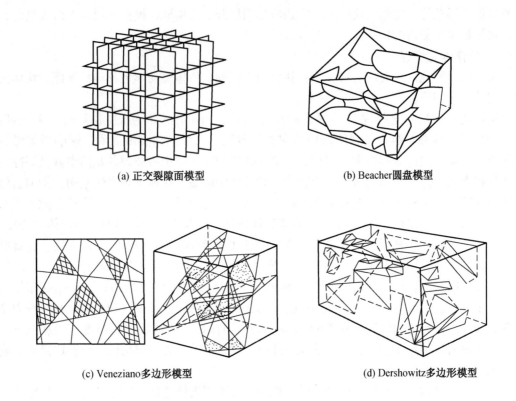

图 5-12 裂隙面形态、模型

结构面可由平行的、无限的、相互正交的三组裂隙面构成。这个模型非常简单，用裂隙面间距一个几何参数即可以刻画。但是这样的模型与裂隙面的实际形态相差比较大。

在正交裂隙面模型的假设下，岩体被完全切割成小正方体，正方体的边长与裂隙的间距相等。DEM、DDA 等方法与此模型相似的地方在于都将裂隙视为无限延展的平面，岩体呈完全被裂隙切割成小块体组合的碎裂结构。

（2）Beacher 圆盘模型（图 5-12b）。Beacher 圆盘模型是由 Beacher、Lanney 和 Einstein 建立起来的，并得到了广泛的应用。Beacher 圆盘模型可以考虑任意裂隙面的方位、规模和位置的结合。其特点是裂隙面呈圆盘形或椭圆形，因此裂隙面可以由圆盘的直径或椭圆的长、短轴来刻画，表示裂隙面为有限的圆盘，几何参数相对较少。

在这种裂隙形态下，岩体结构不固定，裂隙圆盘的间距、产状、延展性都将影响岩体结构的完整性。Beacher 圆盘模型在对岩体进行应力应变分析、稳定性分析上应用广泛，无论是在理论上还是在实际工程应用上，目前绝大多数情况下都把裂隙看作是圆盘形，这样描述裂隙的大小只需要一个参数，即它的直径或半径。

本书提出的裂隙岩体块体化程度，也将裂隙假设为圆盘面，在这样的条件下，裂隙的延展性就可以用直径这一个参数衡量。在裂隙面为有限大小平面的前提下，各种裂隙形状对岩体结构完整性的影响都有其共性：即无论裂隙为圆面、椭圆面还是多边形面都是其延展面积越大，岩体结构完整性也越差，块体数量增加的概率也相应增大。

（3）Veneziano 多边形模型（图 5-12c）。此模型由 Veneziano 所建立，建立在泊松平面或泊松线过程的基础上,二维、三维模型分别由泊松线和泊松面来表示裂隙面。其特点是裂隙面为相互独立的多边形,但不能考虑裂隙面交切端点。

(4) Dershowitz 多边形模型(图 5-12d)。Dershowitz 多边形模型弥补了 Veneziano 多边形模型的不足,可以考虑裂隙面的交切端点。Veneziano 多边形模型和 Dershowitz 多边形模型裂隙形态模型应用很少,虽然其多参数对于描述裂隙的空间几何形状更有优势,但一个模型含有的参数越多,对野外数据的要求也就越高。即使在目前多数情况下使用的裂隙圆盘模型,露头面的有限也将带来实测数据的局限性,这也导致了很多学者致力于寻找裂隙迹线与其在空间中真实直径分布之间的关系,力求通过有限的裂隙迹线实测数据得到对岩体结构的认识的最大信息量。

2. 裂隙形状对岩体块体化程度的影响

裂隙的形状对岩体块体化程度的影响可以大致分为两类:在假设裂隙为无限大延展的平面时,岩体呈小块体的集合状态;而在裂隙为有限大小延展的平面时,岩体块体化程度受裂隙其他几何参数的主要影响,裂隙的方位、裂隙面间距和密度、延展大小不同,会使岩体内块体的数量、多数块体的形状呈现巨大差异。

以下就从裂隙方位、间距和密度、延展大小等几方面来讨论其对岩体块体化程度的影响。

(1) 裂隙的方位对块体的空间几何形状产生直接影响,而对于岩体块体化程度没有直接地影响。例如在正交裂隙面模型中,裂隙切割岩体所产生的所有小块体都为正方体;而在平行的、无限的、相互正交的三组裂隙面间距不同时,产生的小块体则为长方体。

(2) 裂隙面间距定义为同一组裂隙面两相邻结构面之间的垂直距离,在统计分析中常用平均间距来表示。裂隙面间距和密度都是表示岩体中裂隙面发育的密集程度的指标,裂隙密度越大、间距越小,则裂隙面越发育,岩体中裂隙越密集。

(3) 裂隙面密度的计算通常要用到裂隙间距。裂隙的密度常用线密度、裂隙面间距等指标表示,定义主要分为以下几种:

一维密度 d_1 与裂隙面间距 S 两者互为倒数关系,即

$$d_1 = \frac{1}{S} \tag{5-20}$$

按以上定义,则要求测线沿裂隙面法线方向布置,但在实际裂隙面量测中,常常水平布置测线,达不到上述要求,这时 d_1 可用式(5-21)计算:

$$d_1 = \frac{n}{L\sin\beta\cos\alpha} \tag{5-21}$$

式中 L——测线长度;

n——裂隙条数;

α——裂隙面法线在出露面上投影与测线的夹角;

β——裂隙的倾角。

当裂隙一维密度 d_1 由钻孔现场数据求得时,d_1 为沿裂隙平均单位法线方向上的钻孔中单位长度上的裂隙数。

二维密度 d_2 为单位面积上迹线中点数。

三维密度 d_3 为单位体积岩体中裂隙的中点数。

这三种密度中，一般一维密度和二维密度可以由实测数据得到，三维密度却是不可以实际测量得到的参数，因此要由一维或二维密度推导计算得来。美国岩石学会提出了一个简单的关系式：

$$N_L = N_V A \cos\theta \tag{5-22}$$

式中　N_L——沿测线（或钻孔）方向的裂隙频率，即为一维密度；

　　　N_V——三维密度；

　　　A——平均裂隙面面积；

　　　θ——裂隙面与测线间的夹角。

如果采用 Beacher 圆盘模型，假设裂隙为圆盘状，则依据式（5-22），d_1 和 d_3 的关系可以表示为如下的简单关系式：

$$d_3 = \frac{4d_1}{\pi E(D^2)} \tag{5-23}$$

式中　$E(D^2)$——裂隙直径平方的平均值。

要解决的问题不同，选取的裂隙密度可能也不同，针对二维问题，一般只用到裂隙的一维及二维密度，而工程现场量测一般只能获得裂隙的一维密度。

裂隙间距和密度对块体的大小及规模都有一定的影响。首先，裂隙间距越小，其一维密度越大，进而计算得到裂隙的三维密度也越大，那么裂隙切割岩体产生的小块体的体积也就越小；其次，裂隙间距越小，其直径大于裂隙间距的概率越大，即岩体被裂隙切割可以产生小块体的概率越大，岩体结构越趋向于碎裂结构。

（4）裂隙的延展性同样对岩体块体化程度产生影响。裂隙的延展性是指裂隙面平面面积的大小或者在空间上的延展程度，也称为裂隙的连续性或规模，是裂隙面几何参数中最重要的参数之一，也是裂隙最难量化的参数。它的大小可由裂隙面与露头面的交线，即迹长来近似地表示。裂隙的延展性对其切割岩体能否形成封闭的小块体有直接影响；裂隙的延展性越大，其切穿裂隙间距的可能性越大，形成小块体的概率越大，岩体块体化程度也越高。

对所有裂隙进行分组时，不同的研究者会有不同的结果。此外在自然岩体中同一组裂隙其方位也不会完全相同，而是有一定的分布形式。前人对于裂隙面方位分布形式得出的结论包括均匀分布、正态分布、Fisher 分布、双正态分布等几种。然而无论其方位分布形式如何，同一组裂隙方位的方差越大，必然会导致裂隙切割岩体产生小块体的形状越复杂，数量增加的概率增大，岩体块体化程度越大。因此，假设同一组裂隙间距相同可以大大简化裂隙各几何参数对于岩体块体化程度的影响。

5.4.3　裂隙切割岩体能形成块体的基本条件

经过分析裂隙各几何参数对于岩体块体化程度的不同影响，本书主要讨论裂隙直径及间距对其产生的影响。在岩体中裂隙直径及间距要满足一定的关系，其才可能裂隙切割圈闭岩体形成小块体。

简单地讲，在二维情况下，裂隙间距相同、规模等大时，两组相互正交的裂隙能交切形成块体的基本条件是裂隙直径大于裂隙间距，即 $D > S$；两组裂隙以角度 θ 相交时，其形成块体的基本条件变为 $D\sin\theta > S$，如图 5-13 所示。

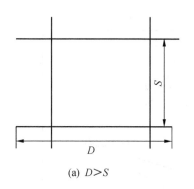 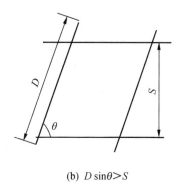

(a) $D>S$　　　　　　(b) $D\sin\theta>S$

图 5-13　二维条件下，裂隙切割形成岩体时裂隙直径 D 与裂隙间距 S 的关系

在三维条件下，条件要复杂得多，在空间分布三组相互正交的裂隙圆盘面时，其可以形成块体的临界情况如图 5-14 所示。

从图 5-14 中也可以清楚地看到，在这种最简单的三组裂隙相互正交的情况下，裂隙圆盘直径至少要达到裂隙间距的 $\sqrt{2}$ 倍，裂隙才可能相交，切割岩体圈闭形成正六面体块体。因此，在岩体内分布三组相互正交且间距为常数的裂隙圆盘的情况下，可以形成块体的临界条件为 $D>\sqrt{2}S$。当三组裂隙不是相互正交时，根据不同的情况，条件还要复杂很多，本书中不做进行详细的推导。

5.4.4　块体分类

关键块体理论中，块体被划分为无限块体和有限块体。如图 5-15、图 5-16 所示，块体在开挖面上的截面较小，越向岩体内部

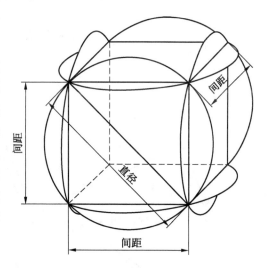

图 5-14　三组相互正交裂隙圆盘面切割形成块体时裂隙直径与裂隙间距关系

结构面彼此之间的距离越大，这种情况下结构面实际上不能在岩体内部完全圈闭形成真正的块体，关键块体理论将这种假想的块体视为无限块体。有限块体被进一步划分为（几何）不可移动块体和（几何）可移动块体。

在关键块体理论中，第Ⅰ类块体被称为关键块体，第Ⅱ类块体被称为潜在关键块体。因此，关键块体是块体中稳定性最差的一类块体，是工程中若没有人工支护则会失稳的块体。但不能说关键块体是在岩体稳定性中起到关键作用的块体，因为它们的失稳垮落一定会引起周围块体的连锁反应。某个块体的失稳会使周围块体的稳定性变差，是因为块体失稳后给周围块体提供了新的自由面。

关键块体理论经常用于实际工程指导裂隙岩体稳定性分析和支护设计，但关键块体方法存在的问题是把岩体结构面或裂隙面假设为无限大，这往往与工程实际产生比较大的矛盾。于青春经过对关键块体理论的改进，提出了一般块体理论，来解决有限延展裂隙、任

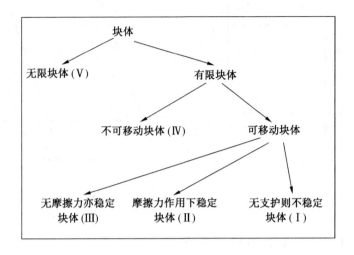

图 5-15 关键块体理论块体分类

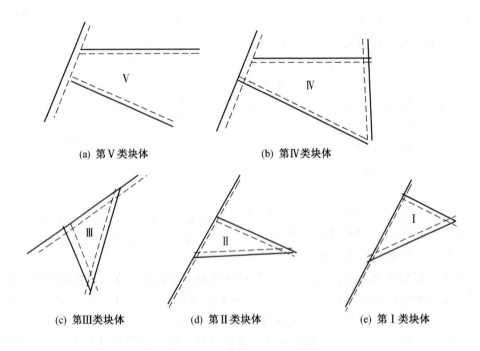

图 5-16 不同类型块体示意

意形状非均质工程岩体的岩石块体识别的算法问题，工程岩体可以是任意由多面体组合成的形状，而且岩体和裂隙面也可以是非均质的。

5.4.5 三维裂隙网络模拟实例

某露天矿南帮岩体由于受到边坡开挖、井工开采、爆破震动等的影响，岩体内形成了大量的裂隙，当岩体被裂隙包围形成了无支护条件下不稳定块体时，则出现块体垮落，常常在施工及其后的工程运营过程中造成灾害。根据现场地质写实也可发现,南帮块体垮落现象较多。由于南帮形成的裂隙数量众多,无法弄清每个裂隙个体的几何特征,对裂隙所切割出来的每个单块体也无法确定,而是从整体上确定这些裂隙在一定范围内的密度、平均大小、总体方向等,这时把裂隙的几何参数看作是随机变量,定量描述时做成的模型是随机模型,建立随机的裂隙网络模型,再根据一般块体理论对随机模型的块体进行识别,为下一步的工程施工提供依据。

1. 裂隙分组

为了研究南帮岩体块体化程度,在现场采用测线法进行了裂隙测量,共编录了186条裂隙(图5-17)。

图5-17 南帮破碎岩体裂隙编录区

要分析边坡岩体块体化,首先必须确定描述裂隙的几何参数,同时裂隙的三维形状及空间延展性也是不可回避的问题。裂隙个体曾被前人假设为圆盘形、椭圆形和多边形。哪种形状更接近实际的岩体情况目前尚无定论。单从建立随机模型的角度来讲,椭圆形和多边形由于含有更多的参数,在"拟合"野外岩体裂隙时更具灵活性。但从工程应用的角度考虑,很难利用野外数据确定这些参数,因此宜采用圆盘模型。当裂隙为圆盘形,则可用半径、圆心坐标、裂隙倾向和倾角来确定一个裂隙。

岩体中裂隙的方向,既不会很有规律也不会纯粹地杂乱无章。通常在一个露头上观察到的裂隙会近似平行3~5个平面。那些方向比较接近的裂隙被划分为一组,即裂隙的分组是按其方向性进行的。如图5-18所示,一个裂隙的方向可用其平面的单位法线矢量OP代表,设θ为Z坐标与OP沿逆时针方向的夹角,φ为X轴与ON沿逆时针方向的夹角(N为P点在XOY平面上的投影)。

对某组裂隙,若设其平均单位矢量的坐标为$(\bar{\theta}, \bar{\varphi})$,在$Z$坐标轴旋转到$(\bar{\theta}, \bar{\varphi})$后,新坐标系$(\theta^*, \varphi^*)$下描述这组裂隙单位矢量分布的Fisher分布函数有如下简单形式:

$$f_\kappa(\theta^*) = \frac{\kappa \sin\theta^*}{2\sinh\kappa} e^{\kappa\cos\theta^*}, \ 0 \leq \theta^* \leq \pi, \ \kappa \geq 0 \qquad (5-24)$$

$$f(\varphi^*) = \frac{1}{2\pi}, \ 0 \leq \varphi^* \leq 2\pi \qquad (5-25)$$

裂隙方向一般用倾向和倾角(α, β)表示,而非(θ, φ)。在图5-18中如果令X

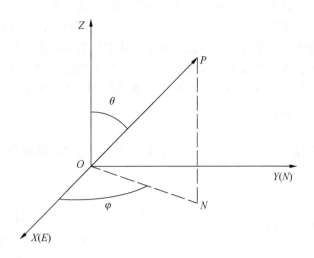

图 5-18 裂隙面单位矢量坐标

轴向东，Y 轴向北，则 (θ, φ) 与 (α, β) 有如下关系：

$$\varphi = 2\pi - \left(\alpha - \frac{\pi}{2}\right) \quad (\theta = \beta) \tag{5-26}$$

Fisher 分布只由一个参数 κ 控制。κ 为一集中程度参数，若 $\kappa = 0$，裂隙在极点投影图上均匀分布。κ 的值越大，裂隙在极点图上越集中于平均方向。产生（或随机模拟）一组具有 Fisher 分布的裂隙，包括以下步骤：根据一组裂隙的倾向和倾角，计算平均倾向和倾角 $(\bar{\theta}, \bar{\varphi})$；用蒙特卡洛法产生服从 Fisher 分布的数据对 $(\theta_i^*, \varphi_i^*)$，$i = 1, 2, 3, \cdots, N$（$N$ 为裂隙个数）。θ_i^* 和 φ_i^* 两个随机数分别独立产生。

把坐标系旋转回旧坐标系，计算 (θ_i, φ_i)。在旧坐标系中，X 轴向东，Y 轴向北，Z 轴向上。利用式（5-26）把极点坐标 (θ_i, φ_i) 转换成倾向和倾角 (α, β)。

裂隙分组通常首先整理露头和钻孔上的裂隙方向数据，做出吴氏网或施密特网极点图，然后用手工或自动方法将裂隙分组，同时确定各组裂隙的平均方向，再选择一个适当的分布函数去拟合极点分布以确定分布函数中的未知参数。

对南帮编录面的 186 条裂隙进行分组，得到三组裂隙，第一组有 62 条裂隙，κ 值是 12.1，平均产状为 220°∠82°；第二组有 80 条裂隙，κ 值是 16.4，平均产状为 129°∠84°；第三组有 44 条裂隙，κ 值是 35.3，平均产状为 91°∠9°。裂隙分组流程如图 5-19 所示。

2. 裂隙迹长

为了研究实测裂隙迹线长度的概率分布类型，此处利用实测裂隙迹线长度的直方图法来进行研究。直方图是密度函数的近似，从直方图上可以大致看出分布形式。具体作法为：以合适的长度为一个长度单位区间，求出各长度单位区间内所占裂隙的平均密度；做出各区各组的裂隙迹线长度直方图。对南帮裂隙岩体上实测的三组裂隙，分别作它们的直方图，如图 5-20～图 5-22 所示，对每组裂隙迹长进行统计，得出第一组裂隙迹长的均值是 2.26 m，标准差是 0.82；第二组迹长的均值是 2.23 m，标准差是 1.01；第三组迹长的均值是 2.72 m，标准差是 4.16。

5 岩体结构面成因、分级、节理调查方法与网络模拟

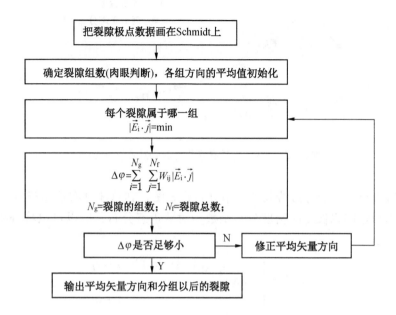

图 5-19 裂隙分组流程

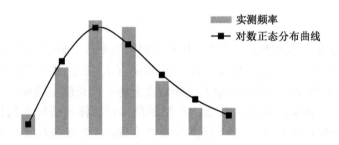

图 5-20 第一组裂隙迹长实测与对数正态拟合

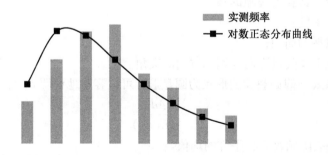

图 5-21 第二组裂隙迹长实测与对数正态拟合

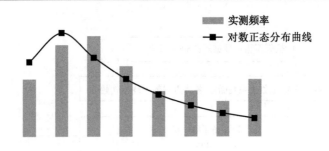

图 5-22　第三组裂隙迹长实测与对数正态拟合

观察各区各组实测裂隙迹线长的概率分布直方图，其总体分布形似于对数正态分布。不妨假设实测裂隙迹线长度的密度分布函数为对数正态分布，所以可以将迹线长度（L）的密度函数表示为

$$f(L) = \begin{cases} \dfrac{1}{\sqrt{2\pi}\sigma L}\exp\left[-\dfrac{1}{2}\left(\dfrac{\ln L - \mu}{\sigma}\right)^2\right] & L > 0 \\ 0 & L = 0 \end{cases} \quad (5-27)$$

其中，$\mu = E(\ln L)$，$\sigma^2 = D(\ln L)$，即分别是 $\ln L$ 的均值和方差。

由图 5-20 至图 5-22 可见，各区各组的实测裂隙迹线长的概率分布直方图与其估计的密度函数曲线拟合得相当好，可认为实测裂隙迹线长度的分布满足对数正态的密度函数分布。

3. 裂隙密度

南帮模型的建立，要求确定一定岩体体积中裂隙的个数。裂隙密度是一个必不可少的参数。本书所述中有 3 个密度参数，即一维密度（d_1）、二维密度（d_2）、三维密度（d_3）。其中 d_1 指沿裂隙平均单位矢量方向的钻孔上的单位长度上裂隙的个数；d_2 指二维露头上单位面积范围内裂隙迹线的条数；d_3 指单位体积岩体内裂隙面的枚数（对圆盘形裂隙而言即裂隙面中心的个数）。3 个密度参数中 d_1 和 d_2 为现场观测数据，d_3 必须由 d_1 和 d_2 推出。由于岩体中裂隙数量直接由 d_3 决定，因此 d_3 具有特殊的意义。

美国岩石力学委员会曾建议一个简单地估算公式：

$$N_1 = N_v A\cos\theta \quad (5-28)$$

式中　N_1——测线或钻孔上裂隙的频度；

N_v——三维密度；

A——裂隙平均面积；

θ——裂隙平均矢量方向与测线方向的夹角。

基于这一关系式，假如裂隙的形状为圆盘形，可以容易地证明 d_1 与 d_3 的关系式为

$$d_3 = \dfrac{4d_1}{\pi E(D^2)} \quad (5-29)$$

式中　$E(D^2)$——裂隙圆盘直径平方的均值。

在模型中，如果模拟范围内岩体体积为 V，第 N 组裂隙的三维密度为 d_3^i，则模拟产生的裂隙数量 N 为

$$N = V\sum d_3^i \quad (5-30)$$

在对上游编录面的一维密度的测定上,用测绳测定一定长度的距离上裂隙的条数;而对于每一条裂隙,可根据分组的情况确定每一条裂隙属于第几组,这样就可以得到一维密度。

4. 裂隙网络模拟

裂隙网络模拟研究过程一般包括以下三个环节:在野外采样的基础上对裂隙样本进行统计分析,包括对样本进行分组和各组样本随机变量(如走向、倾向、倾角、间距、迹长等)的统计;对样本分布形式进行拟合检验,判断各随机变量的统计分布形式及分布参数;根据裂隙各随机变量的统计分布形式,生成符合裂隙分布规律的随机数,并以此生成裂隙网络图。

为使模型能够产生与野外统计相一致的结果,再现野外实际所观察到的现象,建模采用前人提出的逆建模方法。也就是先通过解析式算出(也可根据经验猜测出)直径分布参数的初始值,然后把模型的结果与实际的露头及钻孔裂隙数据进行对比,循环改进模型参数,直到模型的结果与实际观测数据一致为止。关于对裂隙数的推算,对式(5-30)进行修正,增加一个无量纲修正参数 C_i,即计算裂隙的数量使用式(5-31):

$$N = \sum \frac{4VC_i d_1^i}{\pi E(D_i^2)} \tag{5-31}$$

在逆建模过程中,将通过对 C_i 和裂隙直径参数的优化,使模型产生的裂隙网络具有与观测相一致的裂隙迹线长度和一维裂隙密度。

裂隙网络由某些确定性的大裂隙和大量的随机小裂隙组成。确定性裂隙的位置、方向、大小等可进行直接测量,不需要进行随机模拟,直接作为输入读入即可。图5-23所

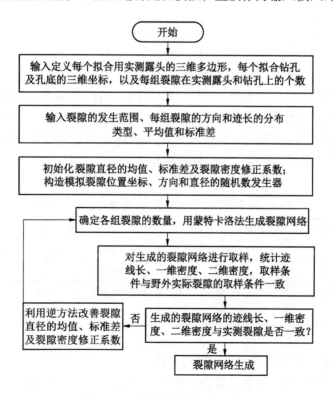

图 5-23 裂隙网络模拟过程流程

示为随机裂隙的模拟过程流程图。

逆方法采用了下山法，目标函数如下（若不拟合实测钻孔，令目标函数中 $d_1^{i,c} = d_1^{i,m}$）：

$$f = \sum_{i=1}^{n} \left[\left(\frac{u_i^c - u_i^m}{u_i^m} \right)^2 + \left(\frac{\sigma_i^c - \sigma_i^m}{\sigma_i^m} \right)^2 + \left(\frac{d_1^{i,c} - d_1^{i,m}}{d_1^{i,m}} \right)^2 + \left(\frac{d_2^{i,c} - d_2^{i,m}}{d_2^{i,m}} \right)^2 \right] \quad (5-32)$$

式中　　n——裂隙的组数；

u_i^c、u_i^m——第 i 组模拟和实测裂隙的迹线长的平均值；

σ_i^c、σ_i^m——第 i 组模拟和实测裂隙的迹线长的标准差；

$d_1^{i,c}$、$d_1^{i,m}$——第 i 组模拟和实测裂隙的迹线长的一维视密度；

$d_2^{i,c}$、$d_2^{i,m}$——第 i 组模拟和实测裂隙的迹线长的二维密度。

选取 1330 平盘至 1375 平盘西部 200 m 范围进行模拟，模型示意图如图 5-24 所示。

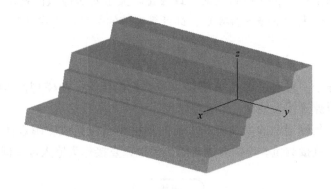

图 5-24　裂隙模拟模型范围

建立裂隙网络模型的第一步是确立裂隙网络中裂隙的几何参数。根据南帮编录面数据得到如下参数：裂隙的组数、各组裂隙方向的分布形式和分布参数、各组裂隙的一维密度及各组裂隙迹线长度的分布形式、均值和方差。表 5-6 为实测裂隙参数的整理结果，图 5-25 所示为南帮三维裂隙模拟产生的裂隙网络。

表 5-6　编录面上实测裂隙数、裂隙方向、裂隙迹线长

组别	裂隙条数/条	裂隙方向（Fisher 分布）			迹　　线			一维密度/m^{-1}
		倾向/(°)	倾角/(°)	K 值	分布形式	均值/m	方差	
1	62	220	82	12.1	对数正态	2.26	0.82	1.29
2	80	129	84	16.4	对数正态	2.23	1.01	1.67
3	44	91	9	35.3	对数正态	2.72	4.16	0.9

5.4.6　安太堡露天矿南帮岩体块体稳定性分析

对于露天矿边坡问题，不仅端帮边坡整体的稳定性研究十分重要，而且岩体局部稳定性问题也一直是工程技术人员非常关心的问题。岩体中的结构面与开挖面组合切割总能形

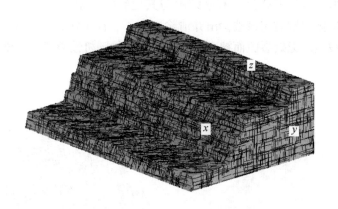

图 5-25 南帮三维裂隙网络模型

成一定不同类型、不同规模的块体。这些块体的失稳或垮落会破坏岩体的完整性和整体的稳定性，在施工及运营中常常引发灾害。如何根据裂隙快速准确地识别不稳定块体，确定其空间位置、几何形状和规模，从而进行及时合理的支护，对露天矿的安全生产意义重大。

本次南帮岩体块体稳定性分析，采用一般块体理论方法进行南端帮块体的搜索。该方法能及时有效地解决坡体中局部块体不稳定问题，强大的计算机系统也实现了快速、准确、三维可视化和自动化等特点。一般块体理论，其研究建立在如下的假设之上：

（1）南帮岩体可以划分为有限个凸形多面体子区。子区的形状及划分与有限单元法的单元及剖分的概念几乎完全相同。

（2）裂隙个体的形状为平面圆盘形，每个裂隙的中心点的空间坐标、倾向、倾角、半径、摩擦角和黏滞系数是已知的。这些系数可以是野外实测的，也可以通过蒙特卡洛随机模拟方法生成，但在进行块体分析时每个裂隙的这些参数必须是已知的。

（3）岩体可以是非均质的（包括岩石和裂隙）。

（4）岩石块体被假设为刚体，在分析块体的稳定性时不考虑其变形。

基于一般块体理论，采用 GeneralBlock 软件能实现在"有限延展裂隙，复杂开挖面形状"条件下识别出所有的块体，裂隙可以是实测裂隙，也可以是通过随机模拟生成的随机裂隙，工程岩体可以是任意的由多面体组合成的形状，如复杂边坡、隧洞、地下硐室等，而且岩体和裂隙面可以是非均质的。图像能真实、客观地体现开挖面所揭露的岩石块体，资料便于永久保存和综合利用。

由于南帮岩体裂隙众多，无法弄清每条裂隙的性质，因此，对南帮块体的研究可从宏观上把握块体的特征。根据 5.4.5 中的裂隙应用随机网络模型生成的裂隙来分析南帮块体特征。在裂隙网络的生成过程中，每条裂隙的圆心坐标、产状、长度等参数都可以保存下来，然后将这些裂隙视为确定性裂隙，进一步进行块体识别。

由于裂隙模型中裂隙数量太多，整个模型的块体计算还受到一定的限制，本次计算选取两个安全平盘及 1360 平盘中 50 m 的范围进行计算，计算模型如图 5-26 所示。

在裂隙网络中（包括实际观测的确定性网络或随机模拟得到的随机网络），并非所有的裂隙都对形成岩石块体有作用。有些裂隙与其他裂隙不相交，或者只与很少的裂隙相交，这些裂隙在块体识别前应该被检出并清除。为了节省计算量，规模小于某一人为规定的阈值的裂隙也被当作无效裂隙而被去除。模拟出来的随机性裂隙在该模型中的迹线如图5-27所示。

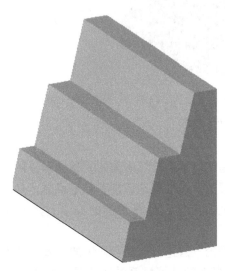

图5-26　计算模型　　　　　　　　　　图5-27　裂隙分布

块体识别是块体理论解决实际问题的第一步，简单地说就是在已知研究范围岩体、露头面、岩体裂隙几何参数的条件下找出每一个独立的岩石块体，确定其空间位置、规模、几何形状等，为进一步分析块体以及岩体的稳定性做好准备。在块体识别的过程中，首先用裂隙把每个子区分割为有限个凸形块体。这一阶段，裂隙暂时被当作无限大平面，分割子区形成的凸形块体被称为单元块体。然后把裂隙恢复为有限的圆盘，并把子区进行拼装，重新构建研究领域。形成的块体模型如图5-28所示，块体模拟数据见表5-7。

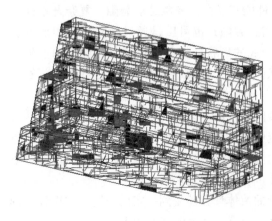 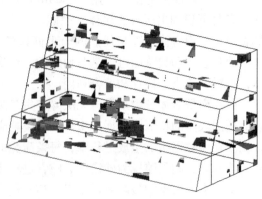

图5-28　块体模拟结果

表5-7 块体模拟数据统计

块体体积/m³	块体数目	所占比例/%
$V \geqslant 5$	8	0.7
$5 > V \geqslant 3$	9	0.7
$3 > V \geqslant 1$	57	4.7
$1 > V \geqslant 0.5$	71	5.8
$0.5 > V \geqslant 0.1$	230	18.9
$V < 0.1$	844	69.2
总计	1219	100
其中，$V_{MAX}=5.79$	1	0.08

由表5-7分析可知，南帮岩体极其破碎，岩体中的裂隙将岩体严重切割而形成规模不一、性质不同的块体。本次模拟段中，共有1219块可移动的块体，然而块体体积大于1 m³的可移动块体仅74块，占块体总数的6%，其中最大块体体积为5.79 m³；而块体体积小于0.1 m³的块体占块体总数的69.2%。虽然南帮块体众多，掉块现象明显，但通过模拟可知，端帮掉块多为小体积块体，对边坡稳定性影响不大，需要注意的是，南帮作为运输平盘，为了防止掉块对坑内施工人员安全造成危害，建议矿方对端帮边坡面进行处理，可采用挡土墙等措施，最大限度地消除安全隐患。

6 边坡变形破坏模式分析

边坡变形破坏的模式决定于岩性以及岩体内地质断裂面的分布及组合。典型的破坏模式有崩塌、流动、倾倒和滑动。本章从岩体边坡、斜坡变形、层状岩体、顺层滑移四个方面结合实例进行讨论。

6.1 岩体边坡的变形破坏

岩体承受应力会在体积、形状或宏观连续性方面发生变化,宏观连续性无显著变化的称为变形,有显著变化称为破坏。岩体在变形破坏过程中,一方面内部结构和外形不断发生变化;另一方面其应力状态也随之不断调整,引起弹性能的积存和释放等效应。

6.1.1 岩体变形破坏的基本过程和阶段

岩体变形破坏的基本过程和阶段(图6-1)主要有:

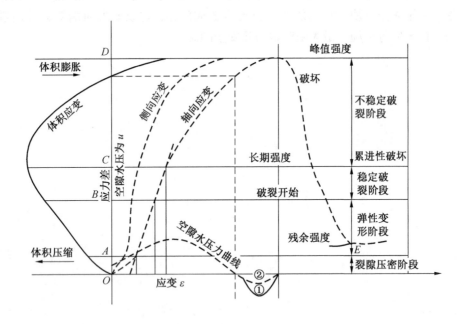

图6-1 岩体变形破坏的基本过程和阶段

(1)压密阶段:岩体中原有张开的结构面逐渐闭合,充填物被压密,压缩变形具非线性特征,应力-应变曲线呈缓坡下凹形(OA段)。

(2)弹性变形阶段:经压密后,岩体可由不连续介质转化为似连续介质,进入弹性变形阶段,过程的长短主要视岩性的坚硬程度而定(AB段)。

(3)稳定破裂发展阶段:超过弹性极限以后,岩体进入塑性变形阶段,体内开始出现微破裂，且随应力差的增大而发展，当应力保持不变时，破裂也停止发展，由于微破裂出现，岩体体积压缩速率减缓，而轴向应变速率和侧向应变速率均有所增高（BC段）。

（4）不稳定的破裂发展阶段：进入本阶段以后，微破裂的发展出现了质的变化，由于破裂过程中所造成的应力集中效应显著，即使工作应力保持不变，破裂仍会不断累进性发展，通常某些最薄弱环节首先破坏，应力重分布的结果又引起薄弱环节破坏，依次进行下去直至整体破坏，体积应变转为膨胀，轴应变速率和侧向应变速率加速地增大（CD段）。

（5）强度丧失和完全破坏阶段：岩体内部的微破裂面发展为贯通性破坏面，体积强度迅速减弱，变形继续发展，直至岩体被分成相互脱离的块体而完全破坏（DE段）。

上述各阶段的具体特点会因岩体的特征和所受应力的不同而有所差异，但其共性可作为分析岩体变形破坏过程的一般模式。

岩体变形破坏的基本过程说明：①岩体最终是以形成贯通性破坏面，并被分裂成互相脱离的块体为标志的，但在达到最终破坏以前所经历的整个变形过程，不仅弹性变形和塑性变形，实际还包含有局部的破坏（破裂），这种局部破坏的出现将使岩体内的应力分布复杂化，对岩体变形破坏的发展起着十分重要的作用。②变形过程所具有的阶段性特征具有十分重要的意义，是判定岩体或地质体演变阶段、预测其发展趋势的重要依据。同时，分析和研究岩体的稳定性，不能只注意瞬时的稳定状态，必须了解岩体变形破坏的全过程。③变形过程中还包括恒定应力长期作用下的蠕变（或流变）。岩体或地质体变形发展为破坏有时要经历一个相当长的时期，过程中蠕变效应有十分重要的意义。岩体的不稳定破裂发展阶段即相当于加速蠕变阶段，进入此阶段的岩体达到最终破坏是必然的。因而在分析岩体稳定问题时，判定进入蠕变阶段的标志和临界应力状态是一个重要课题。

6.1.2 岩体变形破坏的分类
6.1.2.1 影响岩体边坡变形破坏的因素

影响岩体边坡变形破坏的因素主要有：岩性、岩体结构、水的作用、风化作用、地震、天然应力、地形地貌及人为因素等。

（1）岩性：决定岩质边坡稳定性的物质基础。一般来说，构成边坡的岩体越坚硬，又不存在产生块体滑移的几何边界条件时，边坡不易破坏，反之则容易破坏，稳定性差。

（2）岩体结构：岩体机构及结构面的发育特征是岩体边坡破坏的控制因素。首先，岩体边坡控制边坡的破坏形式及其稳定程度，如坚硬块状岩体，不仅稳定性好，而且其破坏形式往往是沿某些特定的结构面产生的块体滑移，而散体状结构岩体（如剧风化和强烈破碎岩体）则往往产生圆弧形破坏，且其边坡稳定性较差。其次，结构面发育程度及其组合关系往往是边坡块体滑移破坏的几何边界条件，如平面滑动及楔形体滑动都是被结构面切割的岩体沿某个或某几个结构面产生滑动的形式。

（3）水的作用：水的渗入使岩土的质量增大，进而增大滑动力；在水的作用下，岩土被软化而抗剪强度降低；地下水的渗流对岩体产生动水压力和静水压力，这些都对岩体边坡的稳定性产生不利影响。

（4）风化作用：使岩体内裂痕增多、扩大，透水性增强，抗剪强度降低。

（5）地形地貌：因地震波的传播而产生的地震惯性力直接作用于边坡岩体，加速边坡破坏。

（6）地震：因地震波的传播而产生的地震惯性力直接作用于边坡岩体，加速边坡破坏。

(7) 天然应力：边坡岩体中的天然应力特别是水平天然应力的大小，直接影响边坡拉应力及剪应力的分布范围与大小。在水平天然应力大的地区开挖边坡时，由于拉应力及剪应力的作用，常直接引起边坡变形破坏。

(8) 人为因素：边坡的不合理设计、爆破、开挖或加载，大量生产、生活用水的渗入等都能造成边坡变形破坏，甚至整体失稳。

6.1.2.2 岩体边坡破坏的类型

岩体的破坏方式不仅与其荷载条件、岩性和结构以及所处环境特征有关，也要视两者相互配合的情况而定。依据其破坏机理可分为：剪切破坏和张性破坏。按剪切面的特征又可将剪切破坏分为：切断岩石的剪切破坏，沿已有结构面发展的剪切滑动破坏，沿密集交错的面发生错移的塑性破坏。

当岩层倾角较小时，边坡的主要破坏形式为沿边坡底层台阶面滑出，但滑出位置并不在坡脚，而是在距坡脚一定距离的台阶面上，坡顶和坡体岩层倾倒变形较小。随着岩层倾角的增大，层状岩体产生向坡外弯折变形，局部崩塌滑动伴随坡面局部开裂，出现重力褶皱及重力错动带，最终主应力、剪切力超过结构面抗拉和抗折强度，发生折断破坏，引起边坡倾倒失稳。岩体边坡破坏的类型见表6-1。

表6-1 岩体边坡破坏类型

类型	亚类	示意图	主要特征	
平面滑动	单平面滑动		滑动面倾向与边坡面基本一致，并存在走向与边坡垂直或近垂直的切割面，滑动面的倾角小于边坡角且大于其摩擦角	一个滑动面，常见于倾斜层状岩体边坡中
				一个滑动面和一个近铅直的张裂缝，常见于倾斜层状岩体边坡中
	同向双平面滑动			两个倾向相同的滑动面，下面一个为主滑动
	多平面滑动			三个或三个以上滑动面，常可分为两组，其中一组为主滑动面

表6-1（续）

类型	亚类	示意图	主要特征
楔形滑动		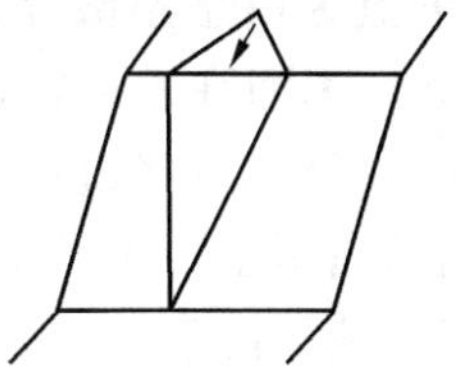	两个倾向相反的滑动面，其角线倾向与坡向相同，倾角小于坡角且大于滑动面的摩擦角，常见于坚硬块状岩体边坡中
圆弧形滑动		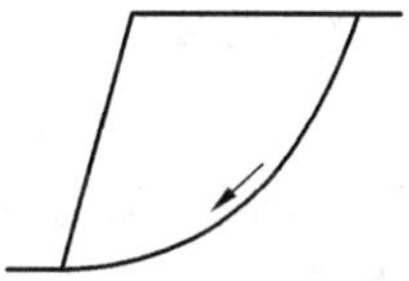	滑动面近似圆弧形，常见于强烈破碎、剧烈风化岩体或软弱岩体边坡中
倾倒破坏		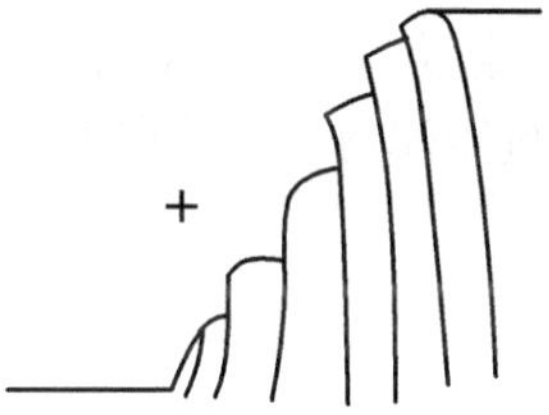	岩体被结构面切割成一系列倾向与坡向相反的陡立柱状或板状体，为软岩时，岩柱向坡面产生弯曲；为硬岩时，岩柱被横向结构面切割成岩块，并向坡面翻倒

1. 圆弧形滑动

圆弧形滑动是在土坡和人工堆置的矿山排土场、尾矿坝等松散体中，容易发生滑动面为圆弧形的滑坡。该类型边坡具有多组产状各异的节理及风化破碎岩体，如第四系冲积层土壤、黏土、砂质页岩、沙砾、强风化的破碎岩层等。滑动面出口多在坡脚处，但也有深入坡脚底部的；在滑坡体的上缘有的还存在张应力引发的裂缝。由于松散体为均质体，各个颗粒在各个方向上的抵抗能力均相同，当受到外力作用或其平衡条件受到破坏时，诸如暴雨作用、人工破坏坡脚、爆破引起的展动等因素的影响，滑动就沿着力矩相同的轨迹滑出，形成了圆弧滑动面。

滑动面界定一般分三种情况：①均质黏性土，滑动面的形状在空间上呈圆柱状，剖面上呈曲线（圆弧）状，在坡顶处接近垂直，坡脚处趋于水平；②均质无黏性土，滑动面在空间上为一斜面，剖面上近于斜直线；③在土坡坡底夹有软层时，可能出现曲线。

2. 倾倒破坏

边坡在发生倾倒破坏的过程中常常伴随着岩层的转动。刚性倾倒常常意味着块体发生自由转动，而柔性倾倒则意味着岩层的弯曲变形。如果边坡由反倾岩层组成，层理密集且倾角较陡，其中不含顺层倾向的结构面，此时边坡易产生柔性倾倒变形。抚顺西露天矿和小龙潭矿均发生了此类边坡的变形破坏。

现以抚顺西露天矿北帮西区W200—W600区段边坡倾倒滑移变形破坏为例。

（1）地质构造特征。抚顺西露天矿边坡工程地质条件比较复杂，在边坡上部有两条深大逆断层赋存，为压扭性逆断层。F_1断层走向NE80°，倾向西北，倾角47°~52°，上盘为白垩系岩层，下盘为第三系绿色泥岩岩层，断层破碎带宽度 2~30 m，破碎带内发育有断层泥、断层角砾岩等。F_{1A} 断层的走向 NE80°~85°，倾角为 70°~75°，破碎带宽度 30 m 左右，上盘为太古界鞍山群的花岗片麻岩，下盘为白垩系破碎岩层。两断层之间的水平距离约 200~250 m，走向近似平行但倾角不同，因而在地层深部形成一个由白垩系岩层组成的倒三棱岩体，其边界由断层泥和角砾岩所组成。在断裂构造作用下，边坡地层产状和岩体结构受到剧烈影响，使位于两断层之间的白垩系岩体严重受剪，岩体表现出破碎、裂隙发育、呈碎裂结构。位于断层南侧的第三系地层被牵引形成褶皱，形成不对称主向斜及多套复式褶曲构造，主向斜北翼岩层倒转，南翼岩层倾角平缓，加之绿色泥岩岩层中夹有多层软弱褐色页岩泥化夹层，形成软硬相间的互层岩组，对边坡稳定和地面工业厂址变形破坏带来极为不利的影响。

（2）水文地质特征。抚顺西露天矿边坡上部的冲积层，渗透性强，降雨和河流呈稳流条件补给，地面多家工厂企业及周围宅群的污水大量流入冲积层，成为外来充水源。地表水系北有浑河由东向西横贯抚顺，水力坡度 1.2% 左右，地面区段内地下水位值通常为 +68~+69 m，洪峰季节水位可达 +75 m，最大流量 2700 m³/s，最小流量 350 m³/s，一般冲积层底板低于浑河常年水位约 3~10 m，矿坑距浑河最近距离 1 km，边坡于浑河之间的冲积层中，地下水位随季节波动幅度不超过 1 m。

6.2 斜坡变形破坏机制及特征

斜坡的形成过程中，由于应力状态的变化，斜坡岩体将发生不同方式、不同规模和不同程度的变形，并在一定条件下发生破坏。斜坡变形的主要方式有卸荷回弹和蠕变。卸荷回弹是斜坡岩体内积存的弹性应变能释放而产生的。成坡过程中斜坡岩体向临空方向回弹膨胀，使原有结构松弛；同时又在集中应力和剩余应力作用下，产生一系列新的表生结构面，或改造一些原有结构面。斜坡的蠕变是在以自重应力为主的坡体应力长期作用下发生的一种缓慢而长期的变形，这种变形包含某些局部破裂，并产生一些新的表面破裂面。坡体随蠕变的发展而不断松弛。斜坡破坏基本类型分类，国际上建议采用瓦恩斯的滑坡分类作为国际标准方案。

瓦恩斯的分类实际上是将斜坡变形、破坏和破坏后的继续运动三者结合在一起。如分类中的流动包括了斜坡岩体的蠕变，又包括了碎屑流和泥流等，前者属斜坡变形，实际上是斜坡发生滑坡、崩塌等破坏之前，都可能经历过蠕变；后者作为一种与斜坡破坏相联系的现象，则大多是由崩塌或滑坡体在继续运动过程中发展而成的运动方式。又如分类中的倾倒，实际上也是一种变形方式，其最终破坏可表现为崩塌或滑坡。将崩塌、滑坡和侧向扩离作为三种基本破坏方式，就岩体破坏机制而言，崩塌以拉断破坏为主，滑坡以剪切破坏为主，扩离主要是由塑性流动破坏所致。

斜坡变形破坏的地质力学模式可分为：蠕滑 - 拉裂，滑移 - 压致拉裂，弯曲 - 拉裂，塑流 - 拉裂，滑移 - 弯曲。在同一斜坡变形中，可包含两种或多种变形模式，通过不同方式复合形成，也可由一种变形模式演化为另一种模式。

6.2.1 蠕滑 - 拉裂破坏

蠕滑 - 拉裂破坏模式可发生在开挖坡角大于岩层倾角的缓倾角和中等倾角的各类岩性组合顺层边坡中，但更多发生在中等倾角的软硬岩互层、厚层硬岩夹薄层软岩、页岩和板岩类的顺层岩质边坡中。边坡开挖后，斜坡岩体在自重应力的作用下沿下伏软弱层面向临空面方向蠕动滑移，随着位移量的不断增加，滑移体逐渐被拉裂解体。边坡破坏进程取决于岩质边坡顺层结构面的产状和特性。当滑移面向临空面方向的倾角足以使上覆岩体的下滑力超过该面的实际抗剪阻力时，则该面一经揭露临空后，边坡岩体随即产生蠕滑变形，后缘拉裂面一旦出现即迅速滑落。经过广泛的地质调查可知，后缘拉裂缝多是沿高角度的走向和斜交断层或节理拉开形成的。

6.2.2 滑移－压致拉裂破坏

滑移－压致拉裂破坏模式主要发生在开挖坡角大于岩层倾角的缓倾角软硬岩互层类顺层边坡中。当边坡开挖形成有效临空面后，在上覆岩体压力作用下，坡体沿平缓软弱结构面向坡前临空面方向产生缓慢的蠕变性滑移。在滑移面的锁固点附近，因拉应力集中而生成与滑移面近于垂直的拉张裂隙。向上（个别情况向下）扩展且其方向逐渐与最大主应力方向趋于一致（大体平行于坡面），并伴有局部滑移。滑移和拉裂变形是由斜坡内软弱结构面处自下而上发展起来的。

6.2.3 弯曲－拉裂坡坏

弯曲－拉裂坡坏模式主要发生在倾角很陡的顺层岩质边坡中。边坡岩体结构多为硬质岩边坡，如砂岩或石灰岩边坡等。在边坡的前缘，陡倾的板状岩体在自重弯矩作用下，于前缘开始向临空方向使悬臂梁发生弯曲，并逐渐向坡内发展。弯曲的板梁之间互相错动并伴有拉裂，弯曲体后缘出现拉裂缝，形成平行于走向的反坡台阶和槽沟。板梁弯曲剧烈的部位往往产生横切板梁的折裂。

6.2.4 塑流－拉裂破坏

塑流－拉裂破坏模式主要发生在开挖坡角大于岩层倾角的"双层结构"上硬下软岩体的水平或缓倾角顺层岩质边坡中。坡体开挖后，下伏软岩在上覆岩层压力作用下，产生塑性流动并向开挖面方向挤出，导致上覆较坚硬的岩层拉裂、解体和不均匀沉陷。同时，风化作用以及地下水对软弱基座的软化或溶蚀、潜蚀作用，也是促进这类变形发生的主要因素。

6.2.5 滑移－弯曲破坏

滑移－弯曲破坏模式是坡面与层面一致（顺层清方边坡），在重力作用下，边坡较高或较陡的中薄岩层的中下部弯曲隆起，边坡产生溃屈或弯折破坏。这类破坏模式主要发生在中等倾角或陡倾角软硬岩互层和板岩、片岩、页岩以及泥岩类顺层岩质边坡中。此时开挖边坡坡角一般等于岩层倾角，发生这类破坏的岩体结构一般表层为较薄的具有柔性的硬岩层，其下为软弱夹层。当边坡的滑移控制面倾角明显大于该面的综合内摩擦角时，上覆岩体就具备了沿滑移面下滑的条件。但由于滑移面未临空，故使岩体下滑受阻，造成坡角附近顺层岩板承受纵向压应力，在一定条件下可使之发生弯曲变形，甚至导致溃屈破坏。这类变形一般可分为三个阶段：轻微弯曲阶段，强烈弯曲和隆起阶段，裂面贯通后边坡溃屈阶段。

6.3 层状岩体边坡变形

岩体变形是岩体在受力条件改变时，产生体积变化、形状改变及结构体间位置移动的总和。根据边坡形态及岩体结构特征的调查，层状岩体边坡变形破坏主要有四种模式：弯折－倾倒－滑移型、弯曲－溃曲型、直立边坡弯折－崩塌型、楔形体破坏型。

6.3.1 弯折－倾倒－滑移变形破坏

弯折－倾倒－滑移变形破坏是指反倾向层状、板裂结构或板裂化岩体边坡，在重力作用下，层状岩体产生向坡外的弯折变形，岩体沿片理面产生层间错动、板间拉裂、出现重力褶皱及重力错动带，直至坡体发生倾倒失稳破坏，然后发生滑移。

6.3.2 弯曲－溃曲变形破坏

弯曲－溃曲变形破坏是指顺层斜坡在岩层面不具备临空条件，长期重力作用下，使岩层在斜坡中下部位沿片理面产生弯曲隆起，岩体沿片理面滑动、折断形成剪切口，挤出岩体产状变平或稍向上翘起的一种变形破坏模式。这种变形破坏的边坡主要是顺层边坡，且岩层片理面倾角与坡角大致相当。

6.3.3 直立边坡弯折－崩塌变形破坏

直立边坡弯折－崩塌变形破坏是指发生由系列陡倾裂隙或节理切割成板状或块状岩体构成的斜坡，在重力作用下，板状岩层产生向坡外的弯曲变形，板间拉裂，逐渐塌落的变形破坏。

6.3.4 楔形体变形破坏

楔形体变形破坏是指受两组结构面切割的岩体，在重力作用下向下部蠕变，引起岩体结构面开裂，被切割分离岩体沿两组结构面交线滑动，直至失稳的变形破坏模式。

层状岩体的变形破坏模式主要为剪断与拉断，在考察其强度时，采用结构面的抗剪强度与岩石的抗剪断强度为宜。据岩石力学性质测试结果分析，层状片理化岩体有强烈的各向异性，且平行片理方向的拉压比小于垂直片理方向的拉压比。由于河流下切，高陡坡的形成，层状片岩发生层间错动，在重力作用下岩层发生弯曲变形，形成重力褶皱带、张裂带及 X 剪裂隙，随着变形的发展，褶皱带拱破、各类裂隙扩展与贯通，与片理化带相连贯通，形成贯通的分离面，进一步发生滑坡及崩塌破坏。当滑坡形成后，其势能逐渐降低，直至达到稳定状态，但在水文地质条件或其他条件改变时，滑坡会复活，这时评价其稳定性时，需充分考虑水的影响及强度参数的选择。

6.4 顺层滑移破坏

主滑段滑面沿岩层面或堆积界面滑动者称为顺层滑移。工程实践表明，当开挖坡面和岩层面两者的走向互相垂直或呈大角度相交时，坡体一般不会发生顺层滑移破坏；但呈小角度相交时则可能会发生滑移破坏。

6.4.1 顺层滑移破坏的地质特征

顺层滑坡灾害有滞后性，在顺层坡体自身的岩性、岩层走向与线路间夹角、岩层倾角、结构面对坡体稳定性、地下水、层间充填物类型与厚度等诸多影响因素中，岩层倾角、结构面两个因素对坡体稳定性的影响较大。

（1）岩层倾角。与其他类型的边坡相比，岩层倾角是顺层岩质边坡的一个明显特征，对坡体稳定性及其变形破坏模式有着极其重要的影响。倾角较大的顺层岩体，开挖坡面的倾角可以与岩层倾角相同，此时如果开挖高度较大、岩层强度较低，可能会因岩体重力挤压而使岩层发生压溃破坏。倾角较小的岩体，一般开挖坡面的倾角都大于岩层倾角，岩层被切断后形成有效临空面。同时由于其中的软弱夹层在坡面出露，故易于形成沿软弱夹层的滑动破坏。

(2) 结构面。结构面是顺层岩体中诸如断层面、节理面、夹层及沉积面等的统称。顺层坡体被这些结构面切割成不连续体,使坡体成为非连续介质,给力学分析造成了很大困难。其中抗剪强度很低的软弱结构面是影响坡体稳定的重要因素。对于结构面而言,重要的是其连续性和充填物特征。当边坡岩体结构面连续、完全贯通时,边坡稳定性较差;而当结构面为非贯通,如被一些陡坎错开时,则对边坡的稳定有利。结构面的充填特征主要是指结构面的充填物和充填厚度等。结构面内的充填物分为胶结和非胶结两种。胶结充填结构面的强度通常不低于岩体的强度,因此它不属于软弱面。非胶结充填节理内的充填物主要是泥质材料,当非胶结充填物中含膨胀性的不良矿物较多时,其力学性质最差;当含非润滑性质的矿物较多时,其力学性质较好。

6.4.2 顺层边坡失稳模式

依据不同的分类指标,顺层边坡的破坏有多种模式,常见的分类依据主要有边坡滑动面(带)破坏的几何形态。依据滑动面(带)的几何形态,结合岩层组合特征,结构面形态、数目、产状等,顺层滑坡破坏可分为五种形式,即平面滑动、折线形滑动、曲面滑移破坏、楔形体破坏、溃屈破坏。

前四种破坏形式主要沿层面或层面与其他结构面的组合方向滑动,当为土质边坡或岩层风化严重或岩体非常破碎时,可能出现曲面滑移破坏,大多属于蠕滑 - 拉裂破坏模式;溃屈破坏形式的边坡倾向与地层倾向通常一致,在重力作用下,边坡较高或较陡的中薄岩层的中下部弯曲隆起,边坡产生溃屈或弯折破坏,属滑移 - 弯曲破坏模式。实践中遇到的顺层边坡失稳按不同规模和倾角主要有以下四类:

(1) 由较软弱的薄岩层组成的单一岩体或互层岩体,岩层倾角为 20°~40°,所产生的顺层滑坡规模较小,滑体厚度一般不大于 1~2 m,且有多层滑动现象。

(2) 中厚层或厚层软、硬相间互层岩体,岩层倾角为 10°~35°,一般沿软、硬岩层接触带形成滑体厚度小于 20 m 的中厚层顺层滑坡,该类顺层滑坡具有多层滑动特点。

(3) 厚层或巨厚层硬质岩夹薄层软弱夹层,岩层倾角为 15°~40°,沿软弱夹层形成不同规模的顺层滑坡,该类顺层滑坡也具有多层滑动特点。

(4) "双层"结构岩体,岩层倾角为 10°~35°,往往可能沿两大层组间错动带产生较大规模的顺层滑坡。

当下伏软岩倾角较缓、岩性较差;而上覆硬岩较厚时,坡体开挖后,下伏软岩在风化作用与地下水的软化作用以及上覆岩层压力作用下,常产生塑性流动并向开挖面方向挤出,导致上覆较坚硬的岩层拉裂、解体和不均匀沉陷。

6.5 抚顺西露天矿北帮沉陷滑移破坏案例

沉陷滑移变形的边坡处于井工开采的岩移范围内,且赋存与坡面顺倾向的软弱夹层,当边坡角加陡到一定限度后,在井工开采岩移过程中,有可能发生沿弱层的沉陷滑移,使井工开采岩移范围扩大,甚至会导致滑坡。本节以抚顺西露天矿 E800、E800 - E1400 滑坡为例。抚顺西露天矿北帮 E800 - E1400 区段在 1993 年和 1994 年汛期发生了大规模沉陷滑移变形,导致 14 段站场被埋,7 段 28 干线运输中断,地面兴平公路沉陷断裂,局矿客货电铁停运。

6.5.1 工程地质条件

抚顺西露天矿北帮西区工程地质条件比较复杂,在北帮上部和厂区南部有 F_{1a} 和 F_1 逆断层通过,均为压扭性逆断层。F_1 断层上盘为白垩系岩层,下盘为第三系岩层。F_{1a} 断层上盘为太古界鞍山群的花岗片麻岩,下盘为白垩系破碎砂岩。F_{1a} 和 F_1 之间形成了一个由白垩系岩层组成的倒三角岩体,其边界均有软弱的断层泥和断层角砾岩。

在 F_{1a} 和 F_1 断裂构造作用下,北帮地层产状和岩体结构受到剧烈影响:使位于 F_{1a} 和 F_1 之间的白垩系岩层严重受剪,岩体破碎、裂隙发育、呈碎裂结构;使位于 F_1 南侧的第三系地层被牵引形成不对称向斜及复式褶曲构造,向斜北翼岩层倒转,南翼岩层倾角平缓,加之绿色泥岩中夹有多层软弱褐色页岩,有的已形成泥化夹层。该区地质构造复杂,由于被 F_{1a} 和 F_1 断裂构造切割,其岩体赋存形态为不稳定岩体,具有倾倒变形特性,第三系岩层处于顺层滑移状态,而绿色泥岩中夹有软弱褐色页岩呈塑性状态,易于产生顺层滑移变形,滑移造成 F_{1a} 断层空化,从而引起断层带沉陷变形。

6.5.2 水文地质条件

1. 北帮边坡水文地质单元划分

(1) F_{1a} 断裂以北片麻岩构造裂隙水单元:南以 F_{1a} 为隔水边界,北部不详,东西随 F_{1a} 走向延展。水力压头较高,赋水性较强。

(2) F_{1a} 和 F_1 断裂间的白垩系构造裂隙水单元:南北分别以 F_{1a} 和 F_1 为隔水边界,东西随 F_1 走向延展。

(3) 绿泥岩上部构造裂隙水单元:上至边坡面,下至导水裂隙带,北到 F_1 断裂,东、西界与导水裂隙单元相同。该单元绿泥岩中的多层褐色页岩中发育隔水的泥化及鳞片化夹层,形成分层含水体,又由于褐色页岩的不连续及泥化夹层的间断,产生分层含水体间的局部联系,加上构造裂隙和井工采动影响,使其离层裂隙和切层裂隙虽不似下部导水裂隙带那样连通、发育,但也形成了导水裂隙带与该单元的过度联系,造成该单元含水的复杂性。

2. 北帮边坡地下水补给径排条件

(1) 补给条件。

冲积层越流补给:第四系冲积层孔隙潜水含水层受地表水系(主要为浑河)常年定水位补给,加上工业企业废水及居民生活污水补给,水量丰富,冲积层下伏的片麻岩构造裂隙含水单元及白垩系构造裂隙含水单元,均由该两单元顶部风化裂隙接受冲积层的越流补给。

冲积层溢流补给:第四系冲积层孔隙潜水沿基岩接触面溢出,流入坑内直接补给已揭露的白垩系构造裂隙含水单元,并沿坡面下流补给下部的绿泥岩构造裂隙水单元。

沿 F_{1a} 和 F_1 断裂越流补给:F_{1a} 和 F_1 断裂中均存在构造角砾破碎带,在断层泥厚度不大或泥质物胶结、充填差的部位,即可产生片麻岩向白垩系及白垩系向第三系的越流补给。穿过 F_{1a} 和 F_1 的钻孔多为简易封孔,也可产生越流补给。

绿泥岩上部构造裂隙含水单元的下渗补给:绿泥岩上部含水单元裂隙发育,离层和垂向裂隙虽不似下部导水裂隙那样贯通,局部地段也切穿岩层或顺层流动形成向下部导水裂隙含水单元的渗流补给。

大气降水补给:抚顺地区年降水量为 460~1135 mm,日最大降雨 185.9 mm,已揭露的基岩边坡接受降水补给。

（2）径流、排泄条件。北帮基岩边坡地下水总径流方向是自北向南，通过边坡临空面蒸发和排泄。片麻岩和白垩系含水单元除通过 F_{1a} 和 F_1 断裂越流排泄外，部分水平放水孔穿入该两单元也成为其排泄通道。导水裂隙含水单元因与采空区连通，其径流、排泄均指向采空区。

6.5.3 滑坡特征

在变形区共布设四条观测线：兴平公路、7 段、12 段、14 段。通过分析坡表变形、地貌特征和这四条观测线测点的位移、下沉速度等运动变化，来研究该地区的边坡变形规律。

（1）地表地貌形态特征。变形区内地表形态主要以沉陷洼地、贯通裂隙和弱层错动形成的伞檐为其主要特征。

E800－E1400 兴平公路形成大规模沉陷洼地，地面 E800－E1300 区间，北至 37 号疏干井等，形成一个近似弧形展布的后缘裂缝。

在 E900－E1200 区间，7 段和 12 段平盘上，发育多条近东西展布的拉张裂缝。在 7 段干线的 E850 和 E1280 附近各发育有羽状排列的一组剪切裂缝。在 13 段工作面上明显可见边坡岩层沿褐色页岩泥化夹层挤出形成伞檐，并有水涌出。

（2）累计位移。不同测线对比，自 1993 年 8 月以来兴平公路累计位移 7938～8884 mm，7 段累计位移 10776～12517 mm，12 段累计位移 7359 mm，14 段仅为 670 mm，这表明兴平公路至 12 段为一个沉陷滑移体。

（3）累计下沉。不同测线对比，兴平公路累计下沉最大，达 3946～4924 mm，7 段累计下沉值为 3762～3975 mm，12 段明显上升，上升值已达 1850 mm。这表明该滑体为上部兴平公路座落沉陷。

（4）位移速度。对比各测点水平位移和下沉速度，法线平时的速度只有 1～2 mm/d，而在沉陷滑移期的量值却显著增大。如 7 段的位移速度可达 630.7～703.5 mm/d，兴平公路的下沉速度可达 -165～313.0 mm/d，进一步显现了沉陷滑移的动态特征。

6.5.4 滑带位置与边坡破坏形态

在沉陷座落段 F_1 断层上盘白垩纪岩体自重压力作用下，产生法向正应力和沿层面的剪切应力，这将引起上盘岩体越来越大的相对下降，而断层下盘的绿色泥岩岩体处于揉皱带内，此处岩体强度最薄弱，在上盘岩体的重压下沿结构面的组合交线首先形成滑动面。

在滑移枢纽段，直接承受来自沉陷座落的推移和反倾滑移段的阻抗，应力的作用方式十分复杂，可概括为以剪切为主，伴有啃断、张裂、压扭等诸多方式的复合机制，层间错动剧烈，终于开辟形成一个最薄弱的剪切带和上部滑动面相贯通。

6.5.5 滑坡的性质及成因分析

此区段边坡体产生沉陷滑移变形的原因是多方面的，主要有以下两点：

（1）该边坡岩体构造为 F_1 断层以及下盘的复式舟曲构造。这样使背斜北翼岩层构成潜在滑体后缘，而断层附近揉皱带内岩体十分破碎，有限元数值模拟表明，F_1 断层带附近单元呈拉裂破坏，从而解除了潜在滑体与后部的联系。次向南翼岩层顺层反倾，且褐色页岩泥化夹层发育，有限元数值模拟表示，该区域部分单元呈现剪切应力集中，极易形成顺层滑动面，从而形成这种座落沉陷式滑移的破坏类型。

(2) 该区段边坡上覆第四系冲积层，且刘山旧河道位于 E900 附近，经地下水数值模拟计算，汛期冲积层补给量高达 4200 m³/d，而 14 段放水孔的疏放水能力仅有 1000 m³/d 左右，3000 m³/d 的水量差导致边坡地下水位急剧上升，位于 E1000 的 10 段监 3 孔的水位埋深上升从 -30 m 一度至 -15 m，终于触发了边坡体发生大规模沉陷滑移。

7 极限平衡理论及方法

7.1 概述

边坡稳定性分析的核心问题是边坡安全系数的计算。边坡稳定性分析的方法较多,极限平衡分析计算方法简便,且能定量地给出边坡安全系数的大小,方法本身已臻成熟,广为工程界接受,仍然是当今解决工程问题的基本方法。

边坡稳定性的判定方法可概括为三种:自然历史分析法、力学分析法、工程地质比拟法。力学分析法多以岩土力学理论为基础,运用弹塑性理论或刚体力学的有关概念,对边坡的稳定性进行分析。现行众多任意滑面边坡稳定性计算方法均建立在条分极限平衡法基础上。极限平衡理论是经典的确定性分析方法,许多派生的边坡稳定分析方法都是建立在极限平衡理论之上,而且大都采用刚体极限平衡法。极限平衡法的最基本原理如图 7-1 所示,其主要原理是:将滑体划分为若干条块,条块看作是刚性的,滑面认为达到极限平衡状态且抗剪强度的发挥状态一致,通过力平衡和力矩平衡或两者都平衡来建立边坡安全系数表达式:

安全系数 $F_s = \dfrac{\text{能够提供的抗滑力(或矩)}}{\text{驱使滑塌的致滑力(或矩)}}$,$F_s$ 为 1 时出现临界或极限状态。

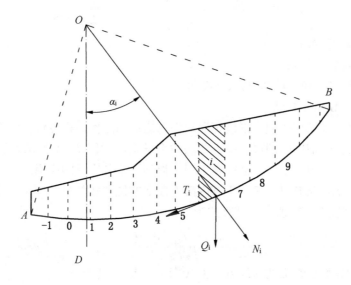

图 7-1 边坡极限平衡分析

7.2 边坡极限稳定分析方法

基于极限平衡理论的边坡稳定计算方法主要有瑞典条分法、毕肖普（Bishop）法、简布（Janbu）法、萨尔玛（Sarma）法等。各种方法都是基于一定的假定条件，采用何种方法主要看其假定条件是否与待研究边坡的实际情况相吻合。

7.2.1 瑞典条分法

瑞典条分法是极限平衡分析的最基本方法，于1912年由瑞典人彼得森提出，具有模型简单、计算公式简捷、可以解决各种复杂剖面形状、能考虑各种加载形式的优点，因此得到广泛的应用。

假设条件：

（1）假设边坡由均匀介质构成，抗剪强度服从库仑准则：

$$\tau_f = c + \sigma \tan\varphi \tag{7-1}$$

式中 c——介质的黏结力；

φ——介质的内摩擦角；

σ——剪切面的法向应力。

（2）假设可能发生的滑动破坏面为圆弧形，对每个圆弧所对应的安全系数进行计算，其中最小的为最危险滑动面。

（3）将滑动体分为 N 个垂直条块，假设每条块间不存在相互作用力。

（4）根据圆弧面上水平力平衡或者力矩平衡确定稳定系数（以下是力平衡）：

$$F = \frac{\text{剪切面上的抗滑力矩}}{\text{滑移力矩}} = \frac{M_r}{M_o} = \frac{cL + \tan\varphi_i \sum_{i=1}^{n} w_i \cos\alpha_i}{\sum_{i=1}^{n} w_i \sin\alpha_i} \tag{7-2}$$

式中 L——剪切面弧长；

w_i——每条块质量；

α_i——第 i 条块的剪切面与水平夹角。

7.2.2 毕肖普（Bishop）法

毕肖普法是一种适用于圆弧形破坏滑动面的边坡稳定性分析方法，它不要求滑动面为严格的圆弧，只是近似圆弧即可。毕肖普法的力学模型如图7-1所示。简化毕肖普法的假设较为合理，计算也不复杂，因而在工程中得到了十分广泛的应用。

当土坡处于稳定状态时，任一土条内滑弧面上的抗剪强度只发挥了一部分，并与切向力 T_i 相平衡，如图7-2a所示，其算式为

$$T_i = \frac{c_i l_i}{F_s} + \frac{N_i \tan\varphi_i}{F_s} \tag{7-3}$$

将所有的力投影到弧面的法线方向上（图7-2b），则得

$$N_i = [W_i + (H_{i+1} - H_i)]\cos\alpha_i - (P_{i+1} - P_i)\sin\alpha_i \tag{7-4}$$

当整个滑动体处于平衡状态时（图7-2c），各土条对圆心的力矩之和应为零，此时，条间推力为内力，将相互抵消，因此得

$$\sum W_i x_i - \sum T_i R = 0 \tag{7-5}$$

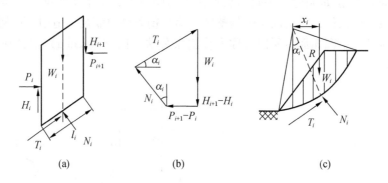

图 7-2 毕肖普法计算图

将式 (7-4) 代入式 (7-5)，且 $x_i = R\sin\alpha_i$，最后代入式 (7-3) 得到土坡的安全系数为

$$F_s = \frac{\sum\{c_i l_i + [(W_i + H_i - H_{i+1})\cos\alpha_i - (P_{i+1} - P_i)\sin\alpha_i]\tan\varphi_i\}}{\sum W_i \sin\alpha_i} \quad (7-6)$$

实用上，毕肖普建议不计分条间的摩擦力之差，即 $H_{i+1} - H_i = 0$，式 (7-6) 将简化为

$$F_s = \frac{\sum\{c_i l_i + [W_i\cos\alpha_i - (P_{i+1} - P_i)\sin\alpha_i]\tan\varphi_i\}}{\sum W_i \sin\alpha_i} \quad (7-7)$$

所有作用力在竖直方向和水平方向的总和都应为零，即 $\sum F_x = 0$，$\sum F_y = 0$，并结合摩擦力之差为零，得出

$$P_{i+1} - P_i = \frac{\dfrac{1}{F_s}W_i\cos\alpha_i\tan\varphi_i + \dfrac{c_i l_i}{F_s} - W_i\sin\alpha_i}{\dfrac{\tan\varphi_i}{F_s}\sin\alpha_i + \cos\alpha_i} \quad (7-8)$$

代入式 (7-7)，简化后得

$$F_s = \frac{\sum(c_i l_i\cos\alpha_i + W_i\tan\varphi_i)\dfrac{1}{\tan\varphi_i\sin\alpha_i/F_s + \cos\alpha_i}}{\sum W_i\sin\alpha_i} \quad (7-9)$$

当采用有效应力法分析时，重力项 W_i 将减去孔隙水压力 $u_i l_i$，并采用有效应力强度指标 c_i'、φ_i' 有

$$F_s = \frac{\sum(c_i' l_i\cos\alpha_i + W_i\tan\varphi_i')\dfrac{1}{\tan\varphi_i'\sin\alpha_i/F_s + \cos\alpha_i}}{\sum W_i\sin\alpha_i} \quad (7-10)$$

在计算时，一般可先给 F_s 假定一值，采用迭代法即可求出。根据经验，通常只要迭代 3~4 次就可满足精度要求，而且迭代通常总是收敛的。

7.2.3 简布 (janbu) 法

简布（janbu）法是假定条块间的水平作用力的位置，每个条块都满足全部的静力平衡条件和极限平衡条件，且滑动土体的整体力矩平衡条件也满足，适用于任何滑动面而不必规定滑动面是一个圆弧面，所以又称为普遍条分法。简布（janbu）法条块作用力分析如图7-3所示。

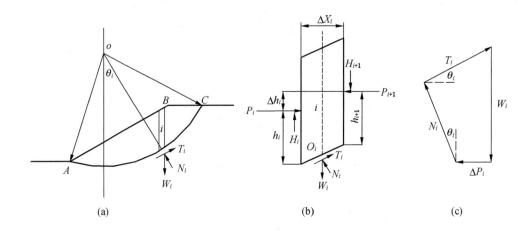

图7-3 简布法计算图

其中：

$$T_i = \frac{1}{F_s}(c_i l_i + N_i \tan\varphi_i) \tag{7-11}$$

$$\Delta P_i = P_{i+1} - P_i \tag{7-12}$$

$$\Delta H_i = H_{i+1} - H_i \tag{7-13}$$

第 i 条块力平衡条件：

$$\sum F_Z = 0, 得 \quad W_i + \Delta H_i = N_i\cos\theta_i + T_i\sin\theta_i \tag{7-14}$$

$$\sum F_X = 0, 得 \quad \Delta P_i = T_i\cos\theta_i - N_i\sin\theta_i \tag{7-15}$$

将式（7-11）、式（7-12）、式（7-13）和式（7-15）代入到式（7-14）中，得

$$\Delta P_i = \frac{1}{F_s}\frac{\sec^2\theta_i}{1+\dfrac{\tan\theta_i \cdot \tan\varphi_i}{F_a}}[c_i l_i\cos\theta_i + (W_i + \Delta H_i)\tan\theta_i] - (W + \Delta H_{ii})\tan\theta_i = 0 \tag{7-16}$$

条块侧面的法向力 P，显然有 $P_1 = \Delta P_1$，$P_2 = P_1 + \Delta P_2 = \Delta P_1 + \Delta P_2$，依次类推，有 $P_i = \sum_{j=i}^{i}\Delta P_i$。

若全部条块的总数为 n，则有

$$P_n = \sum_{i=1}^{n}\Delta P_i = 0 \tag{7-17}$$

将式（7-16）代入式（7-17），得

$$F_s = \frac{\sum \left[c_i l_i + (W_i + \Delta H_i) \tan\theta_i \right] \dfrac{\sec^2\theta_i}{1 + \tan\theta_i \tan\varphi_i / F_s}}{\sum (W_i + \Delta H_i) \tan\theta_i} \qquad (7-18)$$

由式 (7-11) ~ 式 (7-18)，利用迭代法可以求得普遍条分法的边坡稳定性安全系数。其步骤如下：

(1) 假定 $\Delta H_i = 0$，利用式 (7-18) 求得第一次近似的安全系数 F_{s1}。

(2) 将 F_{s1} 和 $\Delta H_i = 0$ 代入式 (7-16)，求相应得 ΔP_i（对每一条块，从 1 到 n）。

(3) 用式 (7-17)，求条块的法向力（对每一条块，从 1 到 n）。

(4) 将 P_i 和 ΔP_i 代入式 (7-12) 和式 (7-13) 中，求得条块间的切向作用力 H_i（对每一条块，从 1 到 n）和 ΔH_i。

(5) 将 ΔH_i 重新代入式 (7-18) 中，迭代求新的稳定安全系数 F_{s2}。

如果 $F_{s2} - F_{s1} > \Delta$，Δ 为规定的安全系数计算精度，重新按照上述步骤进行新的一轮计算。如此反复进行，直到 $F_{s(k)} - F_{s(k-1)} \leqslant \Delta$ 为止。此时 $F_{s(k)}$ 就是假定滑面的安全系数。

7.2.4 萨尔玛（Sarma）法

Sarma 法是 20 世纪 70 年代初由 Sarma 本人发展起来的一种折线性滑动面及倾斜（任意角度）分条的极限分析方法。其基本思想是，边坡岩体除非是沿一个理想的平面或圆弧面滑动，才可以作为一个完整的刚体运动，否则只有滑体内部先发生剪切，即岩体先破裂成多块可相对滑动的块体后才可能发生滑动。

Sarma 在 1979 年推导出计算公式，后来，Hoek 对 Sarma 法进行了改进、完善和发展。改进后的方法允许对各个条块的边和基底采取不同的抗剪强度。条块体各边的倾角可自由改变，使其可同时反映诸如断层和层面等特定的结构特征。该分析法可对各个条块体引入外力，并能自动反映边坡任何部分浸水时引起的各种效应。

Sarma 法属于刚体极限平衡分析法，其基于如下 6 条假设：

(1) 将边坡稳定性问题视为平面应变问题。

(2) 滑动力以平行于滑动面的剪应力和垂直于滑动面的正应力集中作用于滑动面上。

(3) 视边坡为理想刚塑性材料，认为整个加荷过程中滑体不会发生任何变形，一旦沿滑动面剪应力达到其剪切强度，则滑体即开始沿滑动面产生剪切变形。

(4) 滑动面的破坏服从 Mohr-Coulomb 破坏准则，即滑动面强度主要受黏聚力和摩擦力控制。

(5) 条块间的作用力合力（剩余下滑力）方向与滑动面倾角一致，剩余下滑力为负值时则传递的剩余下滑力为零。

(6) 沿着滑动面满足静力的平衡条件，但不满足力矩平衡条件。

典型的滑动条块体的几何形状为如图 7-4 所示的四边形单元，计算中以角点坐标 XT_i、YT_i、XB_i、YB_i、XT_{i+1}、YT_{i+1}、XB_{i+1}、YB_{i+1} 等描述。地下水位面由其与条块体各边交点的坐标 XW_i，YW_i，XW_{i+1}，YW_{i+1} 来表示。用封闭解表示临界水平加速度 K_c，以简化对滑动体所处的极限平衡状态的描述。将抗剪强度值 $\tan\varphi$ 和 C 减少为 $\tan\varphi/F$ 和 C/F，并使临界水平加速度 K_c 由此减少为零，即为静力安全系数。

7.2.5 广义极限平衡法（General Limit Equilibrium Method）

广义极限平衡法考虑了其他各种方法涉及的关键因素，它是基于两个平衡方程得出的

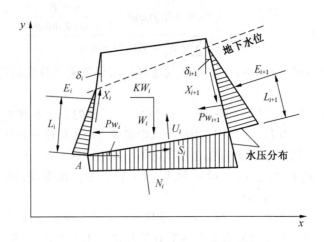

图7-4 滑体破坏的力学模型

安全系数。一个安全系数是由力矩平衡给出，另一个是由水平方向力平衡给出，并且允许条带间法向力和切向力的变化。广义极限平衡法采用 Morgenstern 和 Price 在 1965 年提出的式（7-27）来处理条带间的剪力假定问题：

$$X = E\lambda f(x) \tag{7-19}$$

式中　$f(x)$——任意函数；

　　　E——条带间法向应力；

　　　λ——函数使用百分比。

7.2.6 Spencer 法

Spencer 法是根据极限平衡发展起来的一种通用条分法。它需要同时满足作用在各条块上的力和力矩的平衡条件。通过土条间接触面将滑面以上的土体划分为若干条块。作用在各条块上的力如图 7-5 所示。

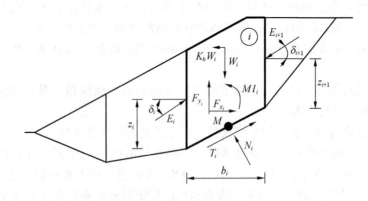

图 7-5 Spencer 法静力图

其中，W_i 为条块重力，包括具有重量的实体超载并考虑了竖向地震加速度系数 K_v；$K_h W_i$ 为反应地震作用的水平惯性力，K_h 是地震时的水平加速度系数；N_i 为滑面上的法向力；T_i 为滑面上的剪切力；E_i、E_{i+1} 为条块间的作用力，与水平面的夹角为 δ；F_{x_i}、F_{y_i} 为其他作用在条块上的水平或竖向力；Ml_i 为 F_{x_i}、F_{y_i} 对点 M 作用的力矩，点 M 为第 i 块条块对应滑面段的中心点；U_i 为第 i 块条块对应滑面段上的孔隙水压力合力值。

为了求解各条块的极限作用力和力矩平衡方程组，在 Spencer 法中做出了如下假设：

（1）各条块间的土条间接触面是垂直的。

（2）条块重量 W_i 的作用线穿过第 i 块条块对应滑面段的中心点，即 M 点。

（3）法向力 N_i 作用在第 i 块条块对应滑面段的中心点处，即 M 点处。

（4）所有条块受到的条块间作用力 E_i 的倾斜角度，都为常量 δ，只有在滑面两个端点处 $\delta = 0$。

8 采动损伤岩体稳定性评价

岩体的变形实质上是岩块的弹性变形、岩块的塑性变形、节理裂隙的延展和产生塑性变形三者之和。节理岩体的强度特征和节理裂隙的发育与延展密切相关,根据损伤力学与断裂力学理论,通过模拟岩体节理裂隙在不同开挖条件下的延展规律和引起损伤张量的变化特征,探讨岩体强度与损伤张量之间的关系以表征其岩体强度的时空变化与各向异性,对合理评价岩体强度具有一定的理论价值和实际意义。引入节理岩体的损伤张量,建立三维节理岩体损伤演化的耦合分析模型及应用程序,使节理岩体损伤断裂分析与岩体边坡开挖数值模拟相结合,考虑了岩体强度的时空变化特征,提出了采动边坡稳定的动态评价方法。

8.1 节理岩体的损伤张量

岩体中存在的不同尺度的节理和断层等不连续面在一定程度上决定着岩体的变形和破坏特征。对于数量有限、规模较大的不连续面可采用确定性理论方法进行分析研究,而对于岩石中较小微观尺度的裂纹可由连续损伤介质力学的方法来解决,大量中等尺度随机分布的节理裂隙对岩体力学性质的影响可引入损伤力学中几何损伤张量的概念,表示这种不连续面的几何特征。

几何损伤理论是 Murakami 等人于 20 世纪 80 年代中期提出来的。日本的 Kawamoto T. 等(1988)首先将损伤理论用于岩体工程。几何损伤理论对研究节理组引起岩体的各向异性和应变软化等力学特性是十分有效的工具。

节理岩体试验结果表明其强度和变形特性受裂隙方位角、裂隙长度、连通率以及间距的影响很大。设 V_1 和 V 分别表示岩块和岩体的体积,假定岩体为正方体(图 8-1),为定义岩体中的损伤张量,需对节理裂隙的空间展布作如下假定:

(1) 岩体中的节理都是平面延伸的。
(2) 损伤沿节理界面扩展,且不延伸到岩块的内部,岩块的尺寸由节理平均间距决定。

假定有一组垂直于其中某一坐标轴的裂隙,定义岩体的总有效表面积为

$$A = V^{2/3} \left(\frac{V}{V_1} \right)^{1/3} = \frac{V}{l} \qquad (8-1)$$

式中 l ——裂隙面平均间距。

设在体积 V 中有 N 条节理,其中第 k 条节理的面积为 a^k,其法向矢量为 n^k。对于第 k 条节理而言,节理的损伤张量可定义为

$$\Omega_{ij}^k = \frac{l}{V} a^k (n^k \otimes n^k) \qquad (8-2)$$

则岩体的损伤张量为

8 采动损伤岩体稳定性评价

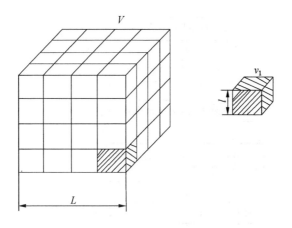

图 8-1 岩块和有效表面积

$$\Omega_{ij} = \frac{l}{V} \sum_{k=1}^{N} a^k (n^k \otimes n^k) \quad (i,j = 1,2,3) \tag{8-3}$$

表示成矩阵的形式为

$$\begin{bmatrix} \Omega_{11} & \Omega_{12} & \Omega_{13} \\ \Omega_{21} & \Omega_{22} & \Omega_{23} \\ \Omega_{31} & \Omega_{32} & \Omega_{33} \end{bmatrix}$$

损伤张量矩阵为对称矩阵,其中 $\Omega_{12} = \Omega_{21}$, $\Omega_{23} = \Omega_{32}$, $\Omega_{31} = \Omega_{13}$。

节理岩体的损伤张量可通过三维节理网络模拟技术来实现。通过现场的节理调查测量和室内统计分析,可获得节理密度、优势节理的组数及每组节理的数量百分比、产状(倾向、倾角)和迹长的分布类型与参数。岩体三维节理网络的计算机模拟,实质为根据实测统计分析建立的关于结构面各几何特征参数的概率密度函数,应用 Monte-Carlo 法,按已知密度函数进行"采样",得出与实际分布函数相"平行"或相"对应"的人工随机变量。这些随机变量包括结构面的倾向、倾角、结构面的长度,以及结构面位于模拟区域内的中点坐标等,进而可以推算出每一条结构面在模拟区域中的中心坐标,所有这些结构面组合起来即构成了岩体节理面的三维网络图像,完成岩体节理裂隙的虚拟重构。

在三维节理网络模拟过程中,对于完全落入采样区的节理,其节理面积可由圆盘半径计算得出;而与采样区的面相交的节理圆盘,亦较容易由节理圆盘的中心坐标、半径及交点坐标计算出采样区内的节理面积,由节理的倾向、倾角计算出节理面的法向矢量 n 后,根据式(8-1)即可得出采样区内每条节理的损伤张量,通过累加便可获得岩体损伤张量。

采用三维节理网络模拟技术来计算节理岩体的损伤张量(图 8-2),易于程序化,并且可方便地考虑节理延展的影响问题,以分析岩体损伤的演化。

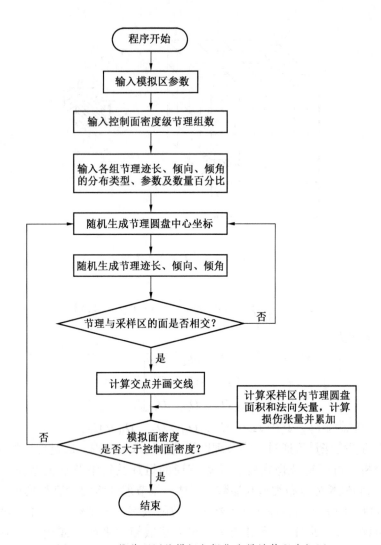

图 8-2 三维节理网络模拟与损伤张量计算程序框图

8.2 节理岩体损伤断裂分析与岩体边坡数值模拟

8.2.1 节理岩体损伤力学的分析模型

损伤力学是研究材料的损伤和损伤发展过程的一门学科，宏观的损伤理论把包含各种缺陷的材料笼统地看成是一种含有"微损伤场"的连续介质，并把这种微损伤的形成、发展和聚结看成是"损伤演变"的过程，引入"损伤变量"来表达这种既连续又带损伤的介质，把"损伤"作为物质微观结构的一部分，并引入连续介质的模型来研究。Lemaitre 于 1985 年采用等效应变概念提出了一个应力应变关系，认为将常规本构关系中的应力用有效应力替换，这个本构关系即能描述其应变性能，Kyoya、Ichikawa 和 Kawarnoto 将损伤张量引入节理岩体研究中，用一个二阶对称张量表示岩体中节理裂隙的几何特征，较好地解决了大量随机分布的节理对岩体变形的影响问题。

考虑由于损伤使有效承载面积减小而定义的应力张量,称为有效应力张量(σ^*):

$$\sigma^* = \sigma\Phi, \quad \Phi = (I-\Omega)^{-1} \qquad (8-4)$$

其中,Φ 为计及损伤效果,将 Cauchy 应力张量 σ 扩大为 σ^* 的变换张量,称为损伤效果张量。

式(8-4)定义的有效应力张量对拉应力和压应力同样有效,但对岩体而言,一部分裂缝是闭合的,裂缝表面只能部分地抵抗压应力,而拉应力不能通过裂缝表面传递,因此对岩体而言,损伤效应与应力状态有关。

设 T 是使损伤张量 Ω 正交对角化的变换矩阵:

$$\Omega' = T\Omega T^T \qquad (8-5)$$

式中 Ω'——损伤张量 Ω 的对角张量。

利用变换矩阵 T 将 Cauchy 应力张量变换到损伤张量 Ω 的主轴方向:

$$\sigma' = T\sigma T^T \qquad (8-6)$$

将应力 σ' 分解成正应力部分 σ'_n 和剪应力部分 σ'_t,即

$$\sigma' = \sigma'_n + \sigma'_t \qquad (8-7)$$

如果裂缝表面是完全光滑的,则裂缝不能抵抗剪应力,在这种情况下抵抗剪应力的有效面积为 $(I-\Omega')$。然而,岩体的裂缝表面常常是粗糙的或填充了一些其他材料,剪应力不是直接传递,有效面积应修正为 $(I-C_t\Omega')$,其中 C_t 是 0~1 之间变化的系数。另一方面,垂直于裂缝的拉应力不能被传递,故有效面积为 $(I-\Omega')$,对于垂直于裂缝的压应力,有效面积应修正为 $(I-C_n\Omega')$,其中 C_n 也是 0~1 之间变化的系数。于是,沿损伤张量 Ω 的主轴,岩体的有效应力张量定义为

$$\sigma^{*\prime} = \sigma'_t(I-C_t\Omega')^{-1} + H<\sigma'_n>(I-\Omega')^{-1} + H<-\sigma'_n>(I-C_n\Omega')^{-1} \qquad (8-8)$$

其中

$$(\sigma'_n)_{ij} = \begin{cases} \sigma'_{ij} & (若\ i=j) \\ 0 & (若\ i\neq j) \end{cases} \qquad (8-9)$$

$$(H<\sigma>)_{ij} = \begin{cases} \sigma_{ij} & (若\ \sigma_{ij}>0) \\ 0 & (若\ \sigma_{ij}<0) \end{cases} \qquad (8-10)$$

式中 Ω'——损伤张量 Ω 的对角张量;

C_t、C_n——剪切、压缩条件下的损伤效应系数,取 0~1 之间的值;

$\sigma^{*\prime}$——有效应力张量。

通过式(8-11)换算,将 $\sigma^{*\prime}$ 变换回原坐标系:

$$\sigma^* = T^T \sigma^{*\prime} T \qquad (8-11)$$

以上定义的有效应力张量一般是非对称张量,由非对称张量 σ^* 构成受损材料的本构方程和演化方程是不恰当的。常用的对称化方法是取张量 σ^* 的笛卡儿分量的对称部分,即

$$\tilde{\sigma} = \frac{1}{2}[\sigma^* + (\sigma^*)^T] \qquad (8-12)$$

根据应变等效假设得到节理岩体的本构方程,仿照有限元离散化如下:

$$[K]\{U\} = \{F\} + \{F^*\} \qquad (8-13)$$

$$[K] = \iiint [B]^T[D][B]\mathrm{d}v \quad (8-14)$$

$$\{F\} = \iiint [N]^T[f]\mathrm{d}v + \iint [N]^T[q]\mathrm{d}s \quad (8-15)$$

$$\{F^*\} = \iiint [B]^T[\Psi]\mathrm{d}v \quad (8-16)$$

$$\Psi = T^T[\sigma'_t(\Phi_t - I) + \sigma'_n(H<\sigma'_n>\Phi + H<-\sigma'_n>\Phi_n - I)]^T$$

$$\Phi = (I - \Omega')^{-1}$$

$$\Phi_t = (I - C_t\Omega')^{-1}$$

$$\Phi_n = (I - C_n\Omega')^{-1} \quad (8-17)$$

式中　　$\{U\}$——节点位移矢量；

　　　　$[K]$——单元刚度矩阵；

　　　　$\{F\}$——由体积力、表面力引起的单元节点力矢量；

　　　　$\{F^*\}$——由损伤的力学效应引起的单元额外节点力矢量；

　　　　$[N]$——形函数矩阵；

　　　　$[B]$——几何矩阵；

　　　　$[f]$——体积力矢量；

　　　　$[q]$——作用在边界S上的表面力矢量；

　　　　$[\Psi]$——二阶张量。

单元刚度矩阵$[K]$仅与完整的岩石材料性质有关，损伤的力学效应由$\{F^*\}$这一项反映，从而实现了由于节理裂隙的存在和受力延展而引起的节理岩体塑性变形的模拟分析。

8.2.2　节理岩体损伤演化的断裂力学模型

含断续节理的岩体实质上是含有初始损伤的介质，节理使岩体强度削弱，岩桥则对强度作出贡献。当岩体开挖卸荷时，某些部位的节理其端部高度的应力集中，将导致脆性断裂破坏，结果是其力学性能进一步劣化，即损伤进一步积累。岩体在开挖前通常处于多向受压的力学环境中，由于开挖卸荷等原因应力会重新分布，局部可能出现拉剪状态。大量资料表明，拉剪裂纹起裂扩展较压剪裂纹更具破坏性。根据断裂力学理论，从压剪、拉剪两种受力状态出发，研究岩体中裂纹的起裂及扩展长度，即可建立节理断裂力学模型，实现节理岩体损伤演化分析。

1. 节理裂隙起裂准则

节理裂隙在空间的形态一般假设为圆盘状，在外部压应力作用下，空间裂隙首先从其边界某一点起裂，随着分支裂纹长度的增加，分支裂纹进一步沿裂隙的边界扩展，最后在空间形成形态复杂的裂纹。为建立损伤断裂力学模型，许多人对该问题进行了假设，Kachanov认为，三维问题可看作一系列二维问题的叠加，这样一方面便于数学上的处理分析，另一方面计算所得结果也便于跟大量已获得的试验结果相对比。大量实践证明，这种处理方法是有效可行的。

(1) 压剪应力状态下分支裂纹起裂准则。受压剪作用的节理裂隙，随着外加荷载的增加而经历压紧滑动摩擦、分支裂纹起裂，最终可能导致裂纹贯通，岩体失稳。

大量试验结果和理论计算表明，压剪裂纹开始起裂是垂直于最大拉应力方向开裂，即按Ⅰ型扩展的，下面按垂直于最大拉应力方向开裂来建立压剪状态下裂纹起裂准则。

8 采动损伤岩体稳定性评价

在受双向压缩的无限大平板内（图 8-3），有一倾斜裂纹长度为 2 cm，其方位可用 φ 来表示，φ 为 σ_1 与节理面夹角（应力正负号采用岩石力学中的规定），σ_1 为最大压应力，σ_3 为最小压应力。

根据 Ashby M. F. 和 Hallam S. D. 研究结果，裂纹尖端应力强度因子为

$$K_\mathrm{I} = \frac{3}{2}\tau'\sqrt{\pi C}\sin\theta\cos\frac{\theta}{2}, \quad \tau' = \tau - f_\mathrm{s}\sigma - C_\mathrm{s} \qquad (8-18)$$

其中，τ、σ 分别为应力张量在节理面切向及法向的投影，f_s、C_s 分别为节理面的摩擦系数和黏结力。

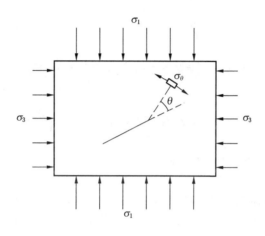

图 8-3 压剪状态下裂纹尖端应力场示意图

分支裂纹将沿着使 K_I 最大的方向扩展，因此开裂角 θ 可用式（8-19）求得

$$\frac{\partial K_\mathrm{I}}{\partial \theta} = 0 \qquad (8-19)$$

由式（8-19）求得 $\theta = 70.5$，因此可得分支裂纹起裂时的应力强度因子为

$$K_\mathrm{I} = \frac{2}{\sqrt{3}}\tau'\sqrt{\pi C} \qquad (8-20)$$

当 $K_\mathrm{I} > K_\mathrm{Ic}$ 时，分支裂纹开始起裂。

（2）拉剪应力状态下分支裂纹起裂准则。如图 8-4 所示，当 σ_3 为拉应力且裂纹面方向与最大主压应力方向夹角 θ 满足一定条件时，裂纹面将受到拉剪应力作用，这里仍假定 $|\sigma_3| < |\sigma_1|$。

当 σ_3 是拉应力时，裂纹面分开且滑动摩擦力消失，裂纹尖端应力强度因子为

$$K_\mathrm{I} = \frac{3}{2}\sqrt{\pi C}\cos\frac{\theta}{2}\left\{\tau\sin\theta - \sigma\cos^2\left(\frac{\theta}{2}\right)\right\} \qquad (8-21)$$

将式（8-21）对 θ 求偏导数并等于零，即可得到计算裂纹开裂角 θ_0 的关系式：

$$\sigma\tan\left(\frac{\theta}{2}\right) - 2\tau\tan^2\left(\frac{\theta}{2}\right) + \tau = 0 \qquad (8-22)$$

将由式（8-22）得到的 θ_0 代入式（8-21）中，即可得到拉剪应力状态下支裂纹开始起裂时的应力强度因子，即

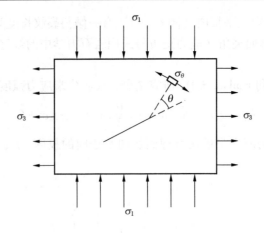

图 8-4 拉剪状态下裂纹尖端应力场示意图

$$K_{\text{I}} = \frac{3}{2}\sqrt{\pi C}\cos\frac{\theta_0}{2}\left\{\tau\sin\theta_0 - \sigma\cos^2\left(\frac{\theta_0}{2}\right)\right\} \quad (8-23)$$

当 $K_{\text{I}} > K_{\text{Ic}}$ 时，分支裂纹开始起裂。

2. 裂纹扩展方向

压剪应力状态下的原生裂纹起裂后的扩展方向问题，大量试验和理论计算表明，在压缩条件下，尤其是当围压较小时，脆性岩石的微观破坏机制呈轴向劈裂，即微裂纹沿最大压应力的方向扩展。

拉剪应力状态下的原生裂纹起裂后的扩展方向问题，试验研究表明，当试件一个方向的拉应力小于另一个方向的压应力值时，支裂纹起裂后仍趋于最大压应力方向，即裂纹最终与拉应力方向基本垂直，即当分支裂纹形成后，逐渐向垂直于拉应力的方向发展。

3. 分支裂纹扩展长度

（1）压剪应力状态下分支裂纹扩展长度。当外力 σ_1、σ_3 达到一定值时，原生裂纹面压紧滑动，并在尖端形成分支裂纹，其过程如图 8-5 所示，扩展支裂纹理想化为直线型并且平行于最大压应力方向。

节理面上的驱动力 $T_{\text{s}}^{(\text{原})}$ 和法向力 $T_{\text{n}}^{(\text{原})}$ 为

$$\left.\begin{aligned} T_{\text{s}}^{(\text{原})} &= \tau - \sigma f_{\text{s}} - C_{\text{s}} \\ T_{\text{n}}^{(\text{原})} &= \sigma \end{aligned}\right\} \quad (8-24)$$

支裂纹上的牵引力为

$$\left.\begin{aligned} T_{\text{s}}^{(\text{支})} &= 0 \\ T_{\text{n}}^{(\text{支})} &= \sigma_3 \end{aligned}\right\} \quad (8-25)$$

根据 Ashby M. F. 和 Hallam S. D. 研究结果，可求得分支裂纹增长过程中的应力强度因子为

$$K_{\text{I}} = \frac{\sqrt{\pi C}}{\sqrt{(1+L)^3}}\left(\frac{2}{\sqrt{3}}T_{\text{s}}^{(\text{原})} - \frac{\sigma_3 L}{B_{\text{n}}}\right)\left(B_{\text{n}}L + \frac{1}{\sqrt{1+L}}\right) \quad (8-26)$$

式中，$L = l/c$，l 为分支裂纹长度。

8 采动损伤岩体稳定性评价

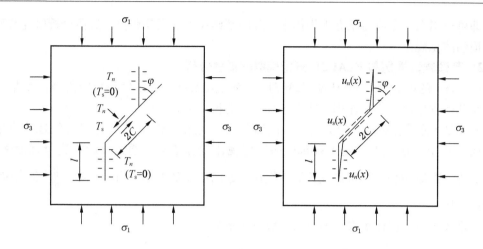

图 8-5 压剪应力状态下分支裂纹扩展示意图

当 K_I 降至 K_{Ic} 时,裂纹便停止扩展。这样即可求得分支裂纹长度 l。

(2) 拉剪应力状态下分支裂纹扩展长度。当节理面受到图 8-6 所示的外力时,裂纹容易起裂扩展,分支裂纹会沿着 σ_1 方向延伸扩展,扩展模式如图 8-6 所示。

假设节理面与 σ_3 方向成 γ 角(图 8-6),根据 Kemeny J. 和 Cook N. G. W. 研究结果,分支裂纹尖端的应力强度因子可近似为

$$K_I = \frac{5.18C(T_s^{\text{原}}\cos\gamma + \sigma_3\sin\gamma)}{\sqrt{\pi l}} + 1.12\sigma_3\sqrt{\pi l}$$

(8-27)

当裂纹稳定扩展时,令 K_I 满足

$$K_I = K_{Ic} \quad (8-28)$$

则可求得分支裂纹长度 l。

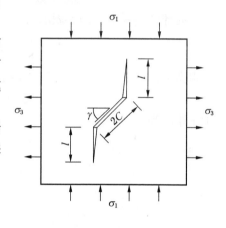

图 8-6 拉剪应力状态下分支裂纹扩展示意图

4. 延展后节理的等效模型

翼形分支裂纹随荷载的增加逐渐沿平行最大主应力的方向稳定扩展,依据线弹性断裂力学理论而得到的式(8-26)和式(8-27)可分别计算出节理在二维压剪应力状态下、拉剪应力状态下的分支裂纹扩展长度 l,根据原生节理面的倾向、倾角及三维应力状态,即可建立原生节理延展后的节理等效模型。

当翼形分支裂纹扩展长度 l 较长时($l \geqslant c$,c 为节理半长),节理延展后的长度,即节理圆盘直径可近似为 $D = 2l$;延展后节理的倾向与倾角按分支裂纹确定。

当翼形分支裂纹扩展长度 l 较小时($l < c$,c 为节理半长),节理延展后的长度,即节理圆盘直径可近似为 $D = 2(c+l)$;延展后的节理倾向及倾角与原生节理相同。

根据原生节理延展后的节理圆盘直径、倾向和倾角,利用三维节理网络计算机模拟技

术，即可得出在一定应力状态下岩体中节理断裂延展后的损伤张量，进而分析研究节理岩体的损伤演化规律。

8.2.3 节理岩体损伤与 FLAC3D 开挖模拟的耦合分析

FLAC3D 的内嵌语言 FISH 使 FLAC3D 成为开放系统，可以使用户定义新的变量和函数，与其他程序进行交互作用，实现各种复杂的扩展运算功能。

FLAC3D 将计算区域划分为若干六面体单元，利用 FISH 语言程序可方便地读出单元的几何信息及应力信息。采用 Visual Basic 可视化编程语言，通过重新构造单元形函数、应变矩阵、高斯积分，即可形成计算由损伤引起的单元额外节点力 $\{F^*\} = \iiint [B]^T[\Psi]\mathrm{d}v$ 的程序模块。

三维 8 节点六面体等参元的位移函数可表示为

$$u = \sum_{i=1}^{8} N_i u_i \quad v = \sum_{i=1}^{8} N_i v_i \quad w = \sum_{i=1}^{8} N_i w_i \tag{8-29}$$

式中 u_i、v_i、w_i——单元第 i 节点的 x、y、z 向位移；

N_i——单元形函数。

在局部坐标系中形函数表示为

$$N_i = \frac{1}{8}(1+\xi_i\xi)(1+\eta_i\eta)(1+\zeta_i\zeta) \tag{8-30}$$

根据弹性力学理论，应变 - 位移矩阵为

$$[B] = [B_1 \quad B_2 \quad \cdots \quad B_8] \tag{8-31}$$

其中子矩阵为

$$[B_i] = \begin{bmatrix} \frac{\partial N_i}{\partial x_i} & 0 & 0 \\ 0 & \frac{\partial N_i}{\partial y_i} & 0 \\ 0 & 0 & \frac{\partial N_i}{\partial z_i} \\ \frac{\partial N_i}{\partial y_i} & \frac{\partial N_i}{\partial x_i} & 0 \\ 0 & \frac{\partial N_i}{\partial z_i} & \frac{\partial N_i}{\partial y_i} \\ \frac{\partial N_i}{\partial z_i} & 0 & \frac{\partial N_i}{\partial x_i} \end{bmatrix} \tag{8-32}$$

式（8-30）中形函数 N_i 是用局部坐标表示的，根据偏微分法则，可以得到

$$\begin{Bmatrix} \frac{\partial N_i}{\partial \xi} \\ \frac{\partial N_i}{\partial \eta} \\ \frac{\partial N_i}{\partial \zeta} \end{Bmatrix} = \begin{bmatrix} \frac{\partial x}{\partial \xi} & \frac{\partial y}{\partial \xi} & \frac{\partial z}{\partial \xi} \\ \frac{\partial x}{\partial \eta} & \frac{\partial y}{\partial \eta} & \frac{\partial z}{\partial \eta} \\ \frac{\partial x}{\partial \zeta} & \frac{\partial y}{\partial \zeta} & \frac{\partial z}{\partial \zeta} \end{bmatrix} \begin{Bmatrix} \frac{\partial N_i}{\partial x} \\ \frac{\partial N_i}{\partial y} \\ \frac{\partial N_i}{\partial z} \end{Bmatrix} = [J] \begin{Bmatrix} \frac{\partial N_i}{\partial x} \\ \frac{\partial N_i}{\partial y} \\ \frac{\partial N_i}{\partial z} \end{Bmatrix} \tag{8-33}$$

式(8-33)中[J]称为雅可比矩阵,根据坐标变换关系,可得

$$[J] = \begin{bmatrix} \frac{\partial x}{\partial \xi} & \frac{\partial y}{\partial \xi} & \frac{\partial z}{\partial \xi} \\ \frac{\partial x}{\partial \eta} & \frac{\partial y}{\partial \eta} & \frac{\partial z}{\partial \eta} \\ \frac{\partial x}{\partial \zeta} & \frac{\partial y}{\partial \zeta} & \frac{\partial z}{\partial \zeta} \end{bmatrix} = \begin{bmatrix} \sum \frac{\partial N_i}{\partial \xi} x_i & \sum \frac{\partial N_i}{\partial \xi} y_i & \sum \frac{\partial N_i}{\partial \xi} z_i \\ \sum \frac{\partial N_i}{\partial \eta} x_i & \sum \frac{\partial N_i}{\partial \eta} y_i & \sum \frac{\partial N_i}{\partial \eta} z_i \\ \sum \frac{\partial N_i}{\partial \zeta} x_i & \sum \frac{\partial N_i}{\partial \zeta} y_i & \sum \frac{\partial N_i}{\partial \zeta} z_i \end{bmatrix} \quad (8-34)$$

对[J]求逆后,可得到形函数在整体坐标中的导数为

$$\begin{Bmatrix} \frac{\partial N_i}{\partial x} \\ \frac{\partial N_i}{\partial y} \\ \frac{\partial N_i}{\partial z} \end{Bmatrix} = [J]^{-1} \begin{Bmatrix} \frac{\partial N_i}{\partial \xi} \\ \frac{\partial N_i}{\partial \eta} \\ \frac{\partial N_i}{\partial \zeta} \end{Bmatrix} \quad (8-35)$$

采用高斯积分,即可求得单元由损伤引起的额外节点力为

$$\begin{aligned} F^* &= \int_{-1}^{1}\int_{-1}^{1}\int_{-1}^{1} f(\xi,\eta,\zeta) \mathrm{d}\xi \mathrm{d}\eta \mathrm{d}\zeta \\ &= \sum_{m=1}^{n}\sum_{j=1}^{n}\sum_{i=1}^{n} H_i H_j H_m f(\xi_i,\eta_j,\zeta_m) \\ f(\xi,\eta,\zeta) &= [B]^T \psi \end{aligned} \quad (8-36)$$

式中 n——高斯积分点数。

对于待分析的节理岩体开挖工程,首先进行划分单元的离散化处理,建立FLAC3D分析模型,采用线弹性本构关系(岩石)。FLAC3D每步模拟开挖后,调用FISH语言程序读出单元应力,形成数据文件,供采用Visual Basic编制的单元有效应力、损伤引起的额外节点力程序模块调用;计算出单元额外节点力后,形成数据文件,调用FISH语言程序将损伤引起的额外节点力施加至单元各节点上,重新利用FLAC3D计算至平衡,从而构成FLAC3D开挖模拟与损伤计算的耦合分析过程。

8.2.4 节理岩体损伤演化模拟的方法及步骤

以FLAC3D软件为基础平台,综合应用损伤力学的有效应力理论、断裂力学理论、有限单元法分析技术和三维节理网络模拟技术,采用Visual BASIC语言编制计算程序,两者耦合分析,即可建立模拟节理岩体开挖卸荷条件下损伤演化的分析模型和程序。其模拟方法及步骤如下:

(1)根据岩体的几何形态、岩性赋存条件建立FLAC3D的三维计算模型,单元为六面体,本构模型为线弹性,参数取岩石试验指标。

(2)利用FLAC3D计算未开挖条件下的岩体初始应力场。

(3)应用FISH语言程序读出每个单元的三维应力,形成数据文件。

(4)根据单元应力、初始损伤张量计算单元有效应力,进而计算由损伤引起的单元额外节点力并形成数据文件。

(5)从数据文件读出由损伤引起的单元额外节点力,利用FISH语言程序施加于

FLAC3D 计算模拟的每个单元节点上。

（6）应用 FLAC3D 计算至平衡从而得出考虑初始损伤的节理岩体初始应力场。

（7）利用 FLAC3D 进行开挖模拟，对于每一步开挖完成以下（8）~（12）的各步计算模拟，直至模拟开挖结束。

（8）应用 FISH 语言程序读出每个单元的三维应力，形成数据文件。

（9）若考虑节理岩体损伤的开裂扩展，对每一单元应用三维节理网络模拟技术进行相应损伤状态子样的节理抽样模拟，每一节理圆盘依据单元应力状态、节理面强度及断裂韧度计算延展后的节理圆盘参数及损伤张量，经累计得出节理延展后的单元的损伤张量；若不考虑节理岩体损伤的扩展，单元的损伤张量为初始损伤张量。

（10）根据单元应力、损伤张量计算单元有效应力，进而计算由损伤引起的单元额外节点力并形成数据文件。

（11）从数据文件读出由损伤引起的单元额外节点力，利用 FISH 语言程序施加于每个单元的节点上。

（12）应用 FLAC3D 计算至不平衡力满足精度要求，若模拟开挖结束则终止计算，否则重复（8）~（12）步。

8.3 节理岩体损伤与强度时空演化和各向异性的关联模型研究

岩体属于一种具有初始损伤的介质，内部的大量节理裂隙构成了岩体的初始几何损伤工程，常称为从完整岩石到裂隙岩体的强度弱化。露天开采和井工开采都是对原岩应力场的扰动，岩体开挖导致应力场的改变和节理裂隙的产生与开裂延展，使岩体强度成为空间和时间的函数，且具有明显的各向异性特征，研究探讨考虑岩体强度时空效应的表述方法，无疑对合理评价分析岩体稳定性具有重要的意义，而节理岩体损伤演化的模拟分析使之成为可能。

8.3.1 岩体常用的破坏准则

1. Mohr – Coulumb 准则

假设材料的破坏取决于剪应力和正应力的联合作用，破坏准则可表示为

$$\tau = C + \sigma \tan\varphi \tag{8-37}$$

式中　C——岩石（体）的黏聚力；

　　　φ——岩石（体）的内摩擦角；

　　　τ——剪应力；

　　　σ——正应力。

当用正应力 σ_1 和 σ_3 表示时，其破坏准则为

$$\frac{\sigma_1 - \sigma_3}{\sigma_1 + \sigma_3 + 2C\cot\varphi} = \sin\varphi \tag{8-38}$$

2. Drucker – Prager 准则

假设材料的破坏取决于第一应力不变量和第二应力不变量，即破坏准则为

$$\alpha I_1 + \sqrt{J_2} = k \tag{8-39}$$

式中　I_1——第一应力不变量；

　　　J_2——第二应力不变量；

α、k——材料常数。

3. Hoek – Brown 准则

Hoek 和 Brown 在参考格里菲斯经典强度理论的基础上,通过大量试验并总结多年在岩体性态方面的理论和实践经验,提出了岩体非线性破坏的经验准则,其主应力之间的关系式为

$$\sigma_1 = \sigma_3 + \sqrt{m\sigma_c\sigma_3 + s\sigma_c^2} \tag{8-40}$$

式中 σ_1——岩体破坏时的最大主应力;

σ_3——作用在岩体上的最小主应力;

σ_c——完整岩石的单轴抗压强度;

m——岩体的 Hoek – Brown 常数,取值范围 0~25;

s——与岩体质量有关的常数,反映岩体破碎程度,取值范围 0~1。

Hoek 指出 m、s 的确定非常关键,指出 m 和 s 取值对岩体强度的影响,认为 m 和 s 在 Hoek – Brown 经验准则中的意义与 Mohr – Coulumb 准则中的黏聚力和内摩擦角类似,实质上是反映岩体特征的宏观力学参数,总结了 m 和 s 通过三轴试验、大型剪切试验等试验方法和野外估算方法,在没有试验数据时,Hoek – Brown 建议采用 RMR 分类指标值或地质强度指标(GSI)来确定常数 m、s。

8.3.2 节理岩体损伤与强度关联模型研究

Hoek、Brown 将 m、s 的确定和 Bieniawski 提出的岩体分类指标值 *RMR* 或地质强度指标 *GSI* 联系起来,考虑了完整岩石强度、*RQD* 指标、节理间距、节理条件、地下水条件和工程影响等诸多因素,比较全面地反映了岩体结构等特征对岩体强度的影响,是目前根据岩块力学参数获取岩体力学参数的最常用的经验方法。

对于极破碎和完全扰动岩体

$$m = \text{EXP}\left(\frac{RMR - 100}{14}\right)m_i \tag{8-41}$$

$$s = \text{EXP}\left(\frac{RMR - 100}{6}\right) \tag{8-42}$$

对于极完整和未扰动岩体

$$m = \text{EXP}\left(\frac{RMR - 100}{28}\right)m_i \tag{8-43}$$

$$s = \text{EXP}\left(\frac{RMR - 100}{9}\right) \tag{8-44}$$

式中 m_i——完整岩石的 m 值,可由三轴试验的结果确定。

Hoek – Brown 经验公式只考虑了未扰动岩体和扰动岩体两个极端情况,对介于未扰动和完全扰动状态之间的岩体则未给出满意的结果,若按未扰动岩体处理,结果会导致岩体力学参数取值偏高;若按完全扰动岩体处理,又会导致岩体力学参数取值偏低。闫长斌等通过对岩体爆破累计损伤的研究,提出了如下修正公式:

$$m = \text{EXP}\left[\frac{RMR - 100}{14(2 - D)}\right]m_i \tag{8-45}$$

$$s = \text{EXP}\left[\frac{RMR - 100}{9 - 3D}\right] \tag{8-46}$$

式中 D——损伤因子。

损伤因子 D 表征岩体实际受扰动程度。不难发现，$D=0$ 时，岩体极完整，未受损伤影响，处于未扰动状态，此时式（8-45）和式（8-46）中的分母分别为28和9，同极完整和未扰动岩体情况的式（8-43）和式（8-44）；而当 $D=1$ 时，岩体极破碎，处于完全损伤状态，修正公式等同于极破碎和完全扰动岩体情况的式（8-41）与式（8-42），这样便得到了两个极端情况之间的岩体强度，损伤因子（或称损伤度）亦有特定的含义。

爆破损伤与开挖卸荷损伤均为次生结构面的产生和延展，性质相同，仅大小差异而已，而在通常的边坡稳定性研究的节理裂隙调查测量中，将爆破损伤归结到初始损伤中，爆破产生裂隙与构造运动产生的节理难于区分，且数量规模相对较小。因此，笔者认为对闫长斌等学者的研究成果可进一步拓展，提出用节理岩体的损伤张量 Ω 代替损伤因子 D（或称损伤度），并与前文所述的节理岩体损伤演化模拟分析相结合，这样不仅考虑岩体强度的各向异性得以实现，而且可以确定岩体强度空间上的分布和伴随岩体开挖在时间上的变化，对于法向矢量为 $n=(n_1,n_2,n_3)$ 的平面，其损伤因子 D（或称损伤度）通过点乘取模而得到：

$$D = \|n \cdot \Omega\| = \sqrt{(n_1\Omega_{11}+n_2\Omega_{21}+n_3\Omega_{31})^2 + (n_1\Omega_{12}+n_2\Omega_{22}+n_3\Omega_{32})^2 + (n_1\Omega_{13}+n_2\Omega_{23}+n_3\Omega_{33})^2}$$

(8-47)

众所周知，岩体强度是多种因素影响的一个综合指标，Hoek-Brown 强度准则的 m、s 参数确定与岩体分类指标值 RMR 或地质强度指标 GSI 相联系，正是体现了这一观点，比较全面地反映了岩体结构等特征对岩体强度的影响，因而成为获取岩体力学参数最常用的经验方法。Hoek-Brown 强度准则中主要考虑了节理间距的影响，而损伤张量则主要与节理的长度（或面积）即规模相关，两者虽有联系，但又是衡量节理分布的两个不同参数，引入损伤张量修正 Hoek-Brown 强度准则并不矛盾和重复，应是一个有意义的补充，具有一定的理论价值和实际意义，在一定程度上解决了岩体强度因开挖引起的空间、时间上的变化和各向异性问题。

8.4 露井协采条件下的节理岩体损伤演化模拟分析

安太堡露天矿露井协采条件下的节理岩体损伤演化分析计算模型以 ATB-NB-P2 剖面为基础建立，如图 8-7~图 8-9 所示。模拟开挖与应力场计算以 FLAC3D 为基本平台，露天开采按第四系开采、4号煤上砂岩开采、4号煤开采、9号煤上砂岩开采、9号煤开采等五步进行模拟，井工开采先回采4号煤404、405工作面，然后回采9号煤906、907工作面。采用 FLAC3D 与损伤断裂理论模拟安太堡露天矿露井协采的进程，首先进行初始应力场的计算，然后进行模拟开挖，在每一步开挖后利用 FLAC3D 的 FISH 语言程序读出各单元的应力，对每一单元进行三维节理网络模拟，在模拟过程中根据单元应力状态分析计算节理的延展及损伤张量，依据各单元计算出的损伤张量和有效应力原理，计算出每个单元的额外节点力，利用 FISH 语言程序将额外节点力施加到单元的每个节点上，再进行下一步的模拟开挖，整个模拟过程即可得出不同开采阶段边坡内岩体各单元的损伤张量。

8 采动损伤岩体稳定性评价

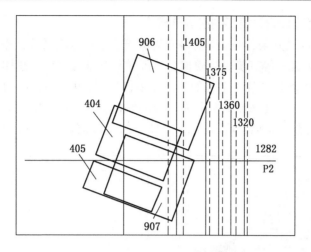

图 8-7 露井协采损伤分析计算模型平面图

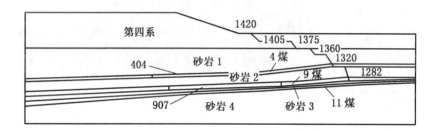

图 8-8 露井协采损伤分析计算模型横剖面图

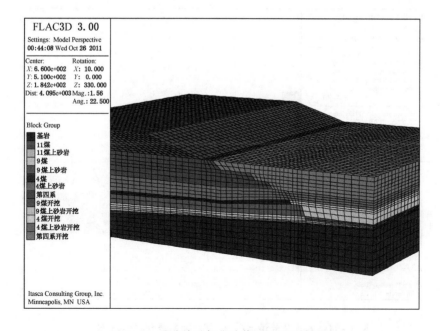

图 8-9 露井协采损伤计算 FLAC3D 模型图

8.7.1 露天开采对边坡岩体损伤的影响分析

露天开采按第四系开采、4 号煤上砂岩露天开采、4 号煤露天开采、9 号煤上砂岩露天开采、9 号煤露天开采等五步进行模拟，模拟露天开采结束后，总体上看仅在岩质边坡坡面附近的小范围区域内产生了节理的延展和损伤加剧，9 号煤在剖面上倾角为 0°、15°、30°、45°、60°、75°、90°（平面的倾向为边坡面倾向）损伤度 D 的分布云图如图 8 – 10 ~ 图 8 – 16 所示，4 号煤上砂岩 1335 m 水平岩体损伤度 D 演化曲线如图 8 – 17 ~ 图 8 – 23 所

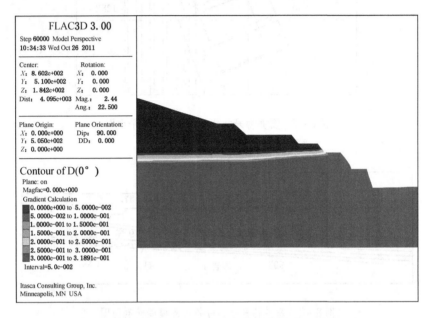

图 8 – 10　露采 9 号煤后倾角 0°平面的损伤度 D 分布云图

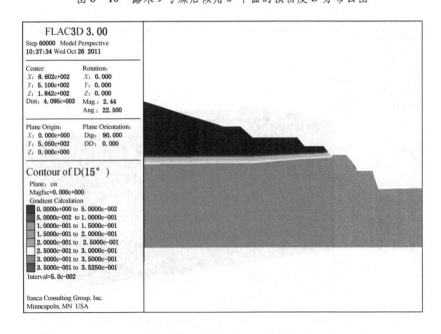

图 8 – 11　露采 9 号煤后倾角 15°平面的损伤度 D 分布云图

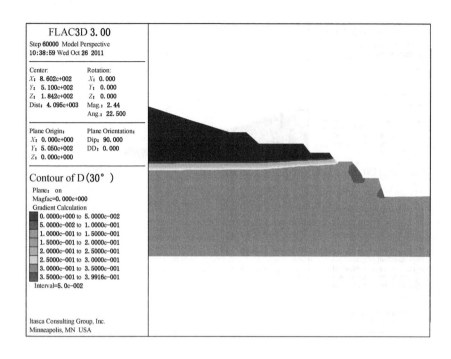

图 8-12　露采 9 号煤后倾角 30°平面的损伤度 D 分布云图

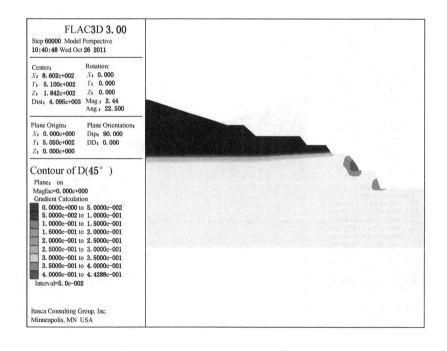

图 8-13　露采 9 号煤后倾角 45°平面的损伤度 D 分布云图

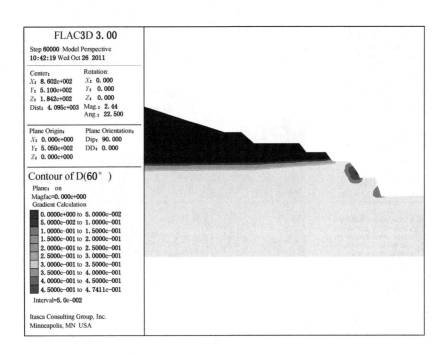

图 8-14　露采 9 号煤后倾角 60°平面的损伤度 D 分布云图

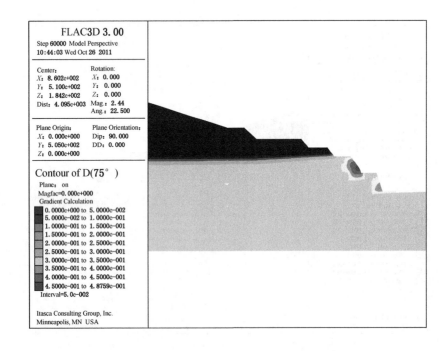

图 8-15　露采 9 号煤后倾角 75°平面的损伤度 D 分布云图

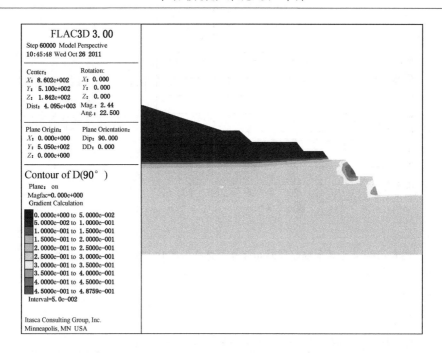

图 8-16　露采 9 号煤后倾角 90°平面的损伤度 D 分布云图

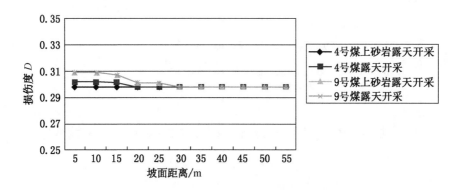

图 8-17　4 号煤上砂岩 1335 m 水平岩体损伤度 D（倾角 0°）分布曲线图

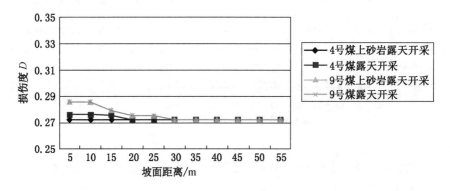

图 8-18　4 号煤上砂岩 1335 m 水平岩体损伤度 D（倾角 15°）分布曲线图

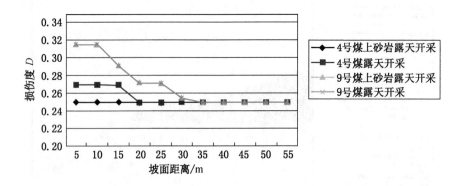

图 8-19　4 号煤上砂岩 1335 m 水平岩体损伤度 D（倾角 30°）分布曲线图

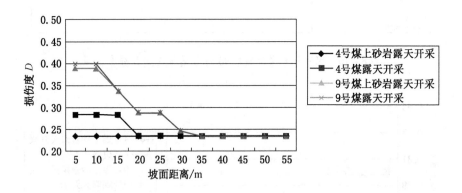

图 8-20　4 号煤上砂岩 1335 m 水平岩体损伤度 D（倾角 45°）分布曲线图

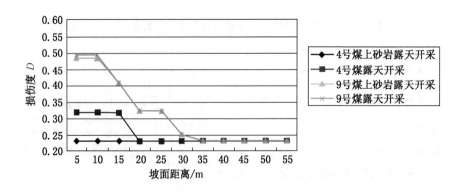

图 8-21　4 号煤上砂岩 1335 m 水平岩体损伤度 D（倾角 60°）分布曲线图

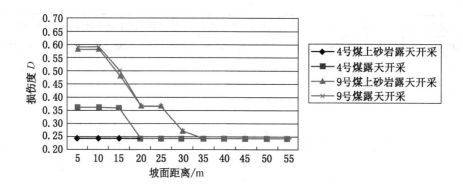

图8-22 4号煤上砂岩1335m水平岩体损伤度D（倾角75°）分布曲线图

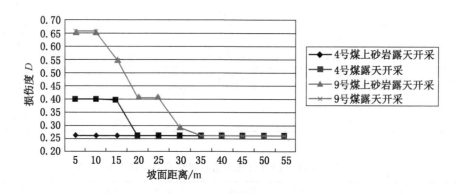

图8-23 4号煤上砂岩1335m水平岩体损伤度D（倾角90°）分布曲线图

示，其数据列于表8-1～表8-7中。分析图表数据不难发现，露天开采对边坡岩体的损伤较小，4号煤开采后节理才开始出现延展破坏，但范围仅限于坡脚处的30m范围内，应与露天开采深度不大、总体边坡角相对较缓有关。由于岩体中发育的节理以陡倾为主，表现为大倾角平面的损伤度较大，75°平面达到0.59，90°平面达到0.659。

表8-1 4号煤上砂岩1335m水平岩体损伤度D（倾角0°）数据

坡面距离/m	4号煤上砂岩露天开采	4号煤露天开采	9号煤上砂岩露天开采	9号煤露天开采
5	0.298	0.302	0.309	0.309
10	0.298	0.302	0.309	0.309
15	0.298	0.302	0.307	0.307
20	0.298	0.298	0.301	0.301
25	0.298	0.298	0.301	0.301
30	0.298	0.298	0.299	0.299
35	0.298	0.298	0.298	0.298

表8-1（续）

坡面距离/m	4号煤上砂岩露天开采	4号煤露天开采	9号煤上砂岩露天开采	9号煤露天开采
40	0.298	0.298	0.298	0.298
45	0.298	0.298	0.298	0.298
50	0.298	0.298	0.298	0.298

表8-2　4号煤上砂岩1335 m水平岩体损伤度D（倾角15°）数据

坡面距离/m	4号煤上砂岩露天开采	4号煤露天开采	9号煤上砂岩露天开采	9号煤露天开采
5	0.273	0.275	0.286	0.286
10	0.273	0.275	0.286	0.286
15	0.273	0.275	0.280	0.280
20	0.273	0.273	0.276	0.276
25	0.273	0.273	0.276	0.276
30	0.273	0.273	0.273	0.273
35	0.273	0.273	0.273	0.273
40	0.273	0.273	0.273	0.273
45	0.273	0.273	0.273	0.273
50	0.273	0.273	0.273	0.273

表8-3　4号煤上砂岩1335 m水平岩体损伤度D（倾角30°）数据

坡面距离/m	4号煤上砂岩露天开采	4号煤露天开采	9号煤上砂岩露天开采	9号煤露天开采
5	0.250	0.269	0.315	0.315
10	0.250	0.269	0.315	0.315
15	0.250	0.269	0.291	0.291
20	0.250	0.250	0.271	0.271
25	0.250	0.250	0.271	0.271
30	0.250	0.250	0.255	0.255
35	0.250	0.250	0.250	0.250
40	0.250	0.250	0.250	0.250
45	0.250	0.250	0.250	0.250
50	0.250	0.250	0.250	0.250

表8-4　4号煤上砂岩1335 m水平岩体损伤度D（倾角45°）数据

坡面距离/m	4号煤上砂岩露天开采	4号煤露天开采	9号煤上砂岩露天开采	9号煤露天开采
5	0.235	0.285	0.388	0.398
10	0.235	0.285	0.388	0.398
15	0.235	0.284	0.337	0.337

表8-4(续)

坡面距离/m	4号煤上砂岩露天开采	4号煤露天开采	9号煤上砂岩露天开采	9号煤露天开采
20	0.235	0.235	0.288	0.288
25	0.235	0.235	0.288	0.288
30	0.235	0.235	0.247	0.247
35	0.235	0.235	0.235	0.235
40	0.235	0.235	0.235	0.235
45	0.235	0.235	0.235	0.235
50	0.235	0.235	0.235	0.235

表8-5 4号煤上砂岩1335m水平岩体损伤度D(倾角60°)数据

坡面距离/m	4号煤上砂岩露天开采	4号煤露天开采	9号煤上砂岩露天开采	9号煤露天开采
5	0.232	0.319	0.485	0.495
10	0.232	0.319	0.485	0.495
15	0.232	0.317	0.406	0.406
20	0.232	0.232	0.323	0.323
25	0.232	0.232	0.323	0.323
30	0.232	0.232	0.252	0.252
35	0.232	0.232	0.232	0.232
40	0.232	0.232	0.232	0.232
45	0.232	0.232	0.232	0.232
50	0.232	0.232	0.232	0.232

表8-6 4号煤上砂岩1335m水平岩体损伤度D(倾角75°)数据

坡面距离/m	4号煤上砂岩露天开采	4号煤露天开采	9号煤上砂岩露天开采	9号煤露天开采
5	0.242	0.361	0.580	0.590
10	0.242	0.361	0.580	0.590
15	0.242	0.358	0.479	0.499
20	0.242	0.242	0.366	0.366
25	0.242	0.242	0.366	0.366
30	0.242	0.242	0.270	0.270
35	0.242	0.242	0.242	0.242
40	0.242	0.242	0.242	0.242
45	0.242	0.242	0.242	0.242
50	0.242	0.242	0.242	0.242

表8-7 4号煤上砂岩1335m水平岩体损伤度 D（倾角90°）数据

坡面距离/m	4号煤上砂岩露天开采	4号煤露天开采	9号煤上砂岩露天开采	9号煤露天开采
5	0.263	0.401	0.649	0.659
10	0.263	0.401	0.649	0.659
15	0.263	0.397	0.537	0.547
20	0.263	0.263	0.406	0.406
25	0.263	0.263	0.406	0.406
30	0.263	0.263	0.294	0.294
35	0.263	0.263	0.263	0.263
40	0.263	0.263	0.263	0.263
45	0.263	0.263	0.263	0.263
50	0.263	0.263	0.263	0.263

8.7.2 井工开采对边坡岩体损伤的影响分析

图8-24～图8-28给出了4号煤和9号煤井工开采后60°方向的损伤度 D 分布云图，可以得出以下几点规律：井工开采对边坡面附近岩体影响较小，损伤几乎没有增加；采空区的坍塌主要影响其上部岩体，尤其是对采空区边角处的损伤度影响较大，达到0.5～0.8，而采空区正上方岩体由于坍塌过程中应力迁移的FLAC模拟方式并未表现出损伤度大幅增加的现象，实际应用中可认为垮落带内岩体达到完全损伤状态，损伤度为1.0。

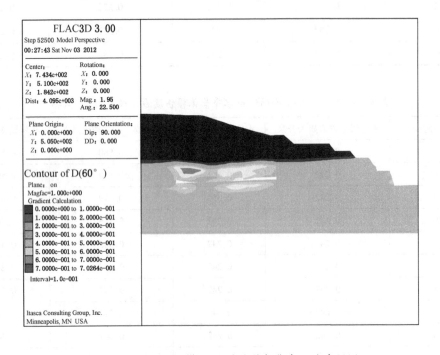

图8-24 井采4号煤后60°方向的损伤度 D 分布云图

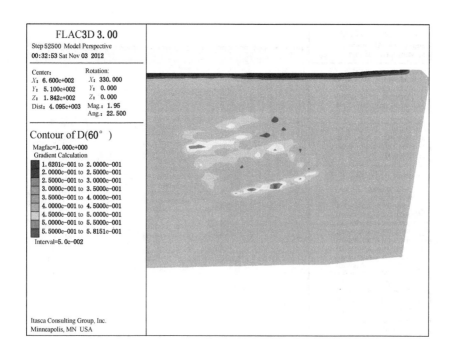

图 8-25　井采 4 号煤后 4 号煤上砂岩底面 60°方向的损伤度 D 分布云图

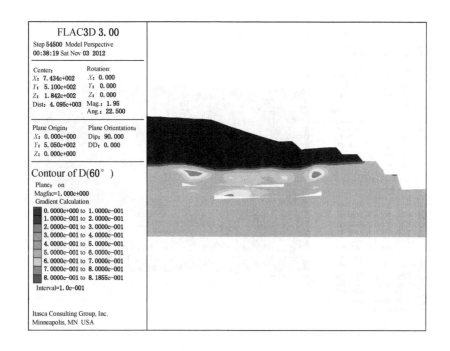

图 8-26　井采 9 号煤后 60°方向的损伤度 D 分布云图

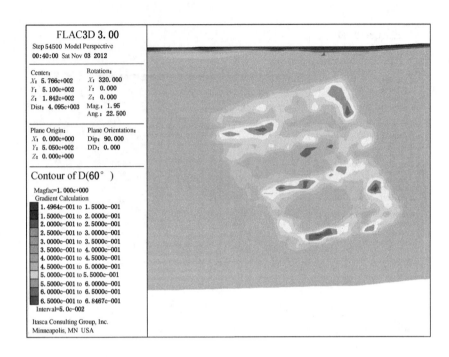

图 8-27　井采9号煤后4号煤上砂岩底面60°方向的损伤度 D 分布云图

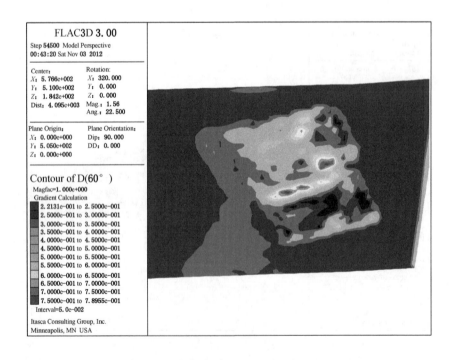

图 8-28　井采9号煤后9号煤上砂岩底面60°方向的损伤度 D 分布云图

8.7.3 基于损伤分析的节理岩体强度各向异性模型

通过前述的第四系开采、4号煤上砂岩开采、4号煤开采、9号煤上砂岩开采、9号煤开采等五步露天开采模拟，以及4号煤和9号煤两步井工开采模拟分析，便计算得到了边坡岩体内各点在不同开挖时步的损伤张量，进而根据式（8-45）~式（8-47）可确定各点任意方向的 Hoek-Brown 强度参数 m 与 s，确定岩体的各向异性强度参数以及与空间、时间的关联，用于边坡岩体的极限平衡分析。4号煤上砂岩 1335 m 水平岩体 Hoek-Brown 强度参数 m、s（倾角60°）的分布见表8-8、表8-9，如图8-29和图8-30所示。

表8-8 4号煤上砂岩 1335 m 水平岩体 Hoek-Brown 强度参数 m（倾角60°）数据

坡面距离/m	4号煤上砂岩露天开采	4号煤露天开采	9号煤上砂岩露天开采	9号煤露天开采
5	4.697434	4.312089	3.562841	3.517374
10	4.697434	4.312089	3.562841	3.517374
15	4.697434	4.321172	3.919972	3.919972
20	4.697434	4.697434	4.292801	4.292801
25	4.697434	4.697434	4.292801	4.292801
30	4.697434	4.697434	4.608009	4.608009
35	4.697434	4.697434	4.697434	4.697434
40	4.697434	4.697434	4.697434	4.697434
45	4.697434	4.697434	4.697434	4.697434
50	4.697434	4.697434	4.697434	4.697434

表8-9 4号煤上砂岩 1335 m 水平岩体 Hoek-Brown 强度参数 s（倾角60°）数据

坡面距离/m	4号煤上砂岩露天开采	4号煤露天开采	9号煤上砂岩露天开采	9号煤露天开采
5	0.007172	0.006112	0.004366	0.004272
10	0.007172	0.006112	0.004366	0.004272
15	0.007172	0.006135	0.005149	0.005149
20	0.007172	0.007172	0.006062	0.006062
25	0.007172	0.007172	0.006062	0.006062
30	0.007172	0.007172	0.006915	0.006915
35	0.007172	0.007172	0.007172	0.007172
40	0.007172	0.007172	0.007172	0.007172
45	0.007172	0.007172	0.007172	0.007172
50	0.007172	0.007172	0.007172	0.007172

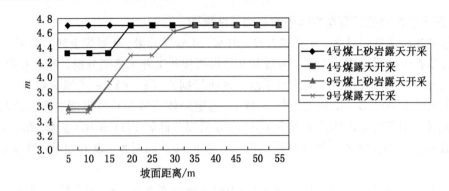

图 8-29 4号煤上砂岩1335 m水平岩体Hoek-Brown强度参数m（倾角60°）曲线图

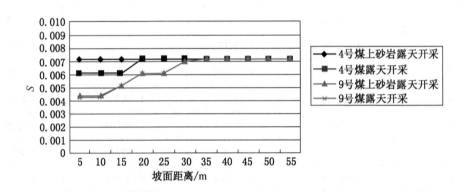

图 8-30 4号煤上砂岩1335 m水平岩体Hoek-Brown强度参数s（倾角60°）曲线图

8.7.4 考虑损伤的边坡稳定极限平衡分析

极限平衡法分析采用简布法（Janbu法）、单纯形法寻优，破坏模式为圆弧与沿9煤直线滑动的复合型式，第四系堆积土、4号煤和9号煤采用Mohr-Coulumb强度理论，砂岩采用Hoek-Brown强度理论，其参数m、s的确定方法是由滑弧条块的底面倾角和损伤张量确定损伤度，然后根据RMR计算，4号煤、9号煤开采后形成的垮落区其损伤度按$D=1$确定。滑弧顶部出露的平台水平选用1460 m、1420 m、1405 m、1375 m和1360 m等五种情况，其计算结果如图8-31～图8-35所示。以1420 m水平为例，表8-10列出了滑弧穿过砂岩时的底面倾角、损伤度、m、s、C、φ等参数，C、φ系按条块底面的σ_3大小换算而得，强度的变化体现了各向异性和随空间、时间（损伤张量与开挖水平相关）的变化。计算发现，考虑损伤的情况下边坡的安全系数为1.89～2.32，说明井工开采对边坡的剪切破坏影响较小。随后利用相关软件基于同样的计算方法（Janbu法），在不考虑损伤的情况下对相应位置的稳定性计算结果进行了验证。对比发现（表8-11），在计算方法相同、计算位置一定的情况下，考虑岩体损伤时，各位置的稳定性系数F_s比正常情况下小0.8%～5.1%，且涉及损伤范围越大，误差越大。例如，两种方法得到的整体边坡稳定性系数相差0.11，而1360 m平盘位置相差0.062。综上，考虑损伤的情况下得到的边坡稳定性系数F_s值偏保守，对科学指导现场生产具有重要的意义。

8 采动损伤岩体稳定性评价

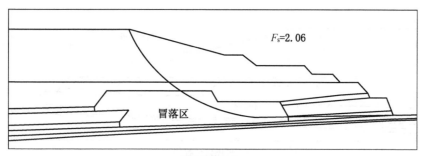

(a) 考虑岩体损伤

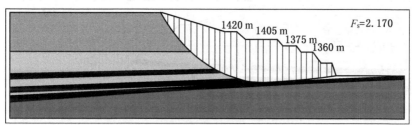

(b) 未考虑岩体损伤

图 8-31 9号煤井工开采后边坡稳定性计算结果（滑弧出露1460 m水平）

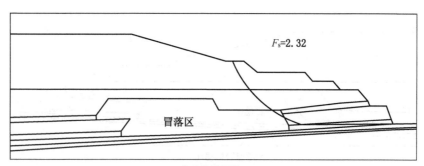

(a) 考虑岩体损伤

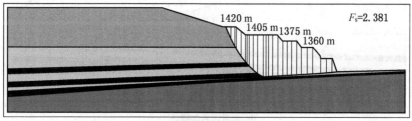

(b) 未考虑岩体损伤

图 8-32 9号煤井工开采后边坡稳定性计算结果（滑弧出露1420 m水平）

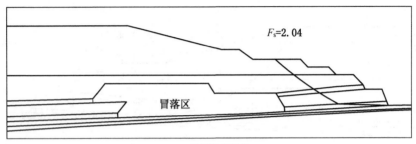

(a) 考虑岩体损伤

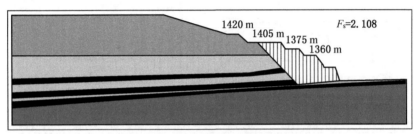

(b) 未考虑岩体损伤

图 8-33 9 号煤井工开采后边坡稳定性计算结果（滑弧出露 1405 m 水平）

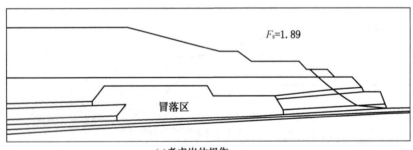

(a) 考虑岩体损伤

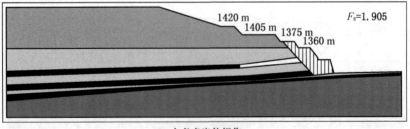

(b) 未考虑岩体损伤

图 8-34 9 号煤井工开采后边坡稳定性计算结果（滑弧出露 1375 m 水平）

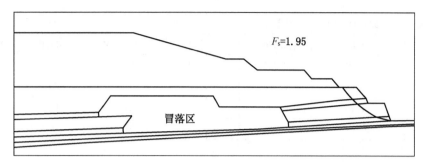

(a) 考虑岩体损伤

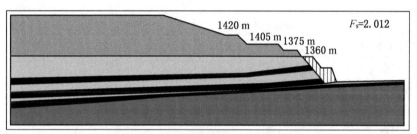

(b) 未考虑岩体损伤

图 8-35　9 号煤井工开采后边坡稳定性计算结果（滑弧出露 1360 m 水平）

表 8-10　滑弧穿过砂岩时条块强度参数（滑弧出露 1420 m 水平）

条块编号	底面倾角/(°)	损伤度 D	m	s	C/kPa	φ/(°)
10	45.88	0.353	0.4919	1.48E-04	311.6	36.98
11	44.19	0.356	0.4901	1.47E-04	328.6	36.25
12	42.74	0.885	0.1155	1.61E-05	208.9	23.90
13	41.31	0.900	0.1086	1.49E-05	212.8	22.95
14	39.92	1.000	0.0691	8.57E-06	186.6	19.35
15	38.55	1.000	0.0691	8.57E-06	192.7	19.00
16	37.21	1.000	0.0691	8.57E-06	198.4	18.68
17	35.90	1.000	0.0691	8.57E-06	203.5	18.68
18	34.60	1.000	0.0691	8.57E-06	208.7	18.14
19	33.33	1.000	0.0691	8.57E-06	213.4	17.91
20	32.07	1.000	0.0691	8.57E-06	217.8	17.70
21	30.83	1.000	0.0691	8.57E-06	219.3	17.63
22	29.61	1.000	0.0691	8.57E-06	220.4	17.58
23	28.40	1.000	0.0691	8.57E-06	223.9	17.41
24	27.20	0.378	0.4697	1.36E-04	455.0	31.53
25	26.02	0.375	0.4723	1.38E-04	462.8	31.38

表 8-10（续）

条块编号	底面倾角/(°)	损伤度 D	m	s	C/kPa	φ/(°)
26	24.85	0.376	0.4714	1.37E-04	469.0	31.19
27	23.69	0.377	0.4709	1.37E-04	474.9	31.02
28	22.54	0.378	0.4700	1.37E-04	480.4	30.85
29	21.40	0.379	0.4692	1.36E-04	485.4	30.70
30	20.27	0.380	0.4681	1.36E-04	489.9	30.55

表 8-11 损伤因子对边坡稳定性影响对比

边坡位置	稳定性系数 F_s		$(B-A)/B$
	考虑损伤（A）	未考虑损伤（B）	
+1460 m 平盘（整体）	2.06	2.170	0.051
+1420 m 平盘	2.32	2.381	0.026
+1405 m 平盘	2.04	2.108	0.032
+1375 m 平盘	1.89	1.905	0.008
+1360 m 平盘	1.95	2.012	0.031

9 边坡监测与滑坡预测预报

9.1 露天煤矿边坡监测的目的与监测等级划分

9.1.1 边坡监测的目的

为监测和掌握目前、施工期及后期运行过程中滑坡稳定的变化趋势，检验治理工程的效果，及时发现异常现象并进行分析处理，确保滑坡体上居民的生命财产安全，均有必要布置适量的监测设备。

由于露天煤矿边坡岩体条件及环境因素的复杂性，在边坡开挖与评价过程中，单纯的边坡稳定性计算或可靠性分析是不够的，对一些重要边坡地段需要进行监测。边坡监测可提供坡体变化的定量数据，是评价边坡与滑坡稳定性及灾害预报的重要依据。

边坡监测是勘察的手段之一，可为勘察提供定量数据，帮助查明滑坡性质，为预防和治理滑坡提供资料。通过监测掌握滑坡动态，既可防止滑坡大破坏已有的建筑物，又可及时进行险情预报，防止造成事故，保障人身安全。

9.1.2 边坡监测等级划分

通常边坡监测可根据边坡安全等级、工程类比经验、地质条件、环境因素、稳定性和治理方式等情况综合确定。因其影响因素众多，目前尚难以把边坡监测等级与边坡稳定的安全等级一一对应。根据边坡稳定安全等级的差别，仅能在监测断面、监测项目、监测仪器选型、监测频次和资料反馈实时程度等方面有所体现，边坡监测等级及项目频次见表 9-1。

表 9-1 边坡监测等级及项目频次

监测等级			监测项目及频次						
级别	性质	状态	表面变形		深部变形		加固效果	渗流		巡视检查
			人工	自动	非遥测	遥测		非遥测	遥测	
一级	警戒	红色	1次/天	2次/天	1次/天	2次/天	2次/天	1次/天	2次/天	1次/天
二级	预警	橙色	2次/周	2~4次/周	2次/周	2~4次/周	2~4次/周	2次/周	2~4次/周	2~4次/周
三级	常规	黄色	1~2次/月	1~2次/月	1~2次/月	1~2次/月	1~2次/月	1~2次/月	1~2次/月	1~2次/月
四级	基本稳定	蓝色	1次/2月	1次/月	1次/2月	1次/月	1次/月	1次/月	1次/月	1次/月
五级	稳定	绿色	1次/季	1次/季	1次/季	1次/季	1次/季	1次/季	1次/季	1次/季

根据上述因素，参照类似监测规程规范，可将边坡工程监测等级划分为以下五级：

（1）一级监测等级性质为红色警戒状态，对应于边坡已出现了整体失稳的各种迹象，应立即启动应急预案，着手实施工程紧急抢险措施或对人员设备进行撤离。

（2）二级监测等级性质为橙色预警状态，对应于边坡已出现潜在及局部失稳的一些迹象，应着手准备启动应急预案。除正常工程治理措施外还应制定工程抢险措施。

（3）三级监测等级性质为黄色常规状态，对应于边坡处于正常工作状态，总体上按正常工程治理措施实施即可，处于运行期则可正常运行。

（4）四级监测等级性质为蓝色基本稳定状态，对应于边坡基本稳定，尚未实施的工程措施可适当滞后或局部简省，处于运行期则可正常运行。

（5）五级监测等级性质为绿色稳定状态，对应于边坡已稳定，尚未实施的工程措施可进行简省，处于运行期则可正常运行。

9.2 边坡监测内容、方法及设备

9.2.1 边坡监测内容

边坡监测主要针对滑坡发育过程中表现出的各种特征、现象进行监测，其内容可以概括为三个方面：一是变形监测，测试内容为水平垂直变形、边坡裂缝位错、倾斜变形、边坡深部位移、支护结构变形。测点位置为边坡表面裂缝、滑带、钻孔、支护结构顶部。二是主导因素监测，测试内容为边坡地应力、爆破影响、声发射。测点位置为边坡内部、外锚头、锚杆主筋、结构应力最大处。三是诱发因素监测，测试内容为孔隙水压力、地下水、降雨、洪水。测点布置为出水点、钻孔、滑体与滑面。

本书所涉及边坡监测主要针对露天矿边坡变形的监测。露天矿边坡变形主要有地表变形和深部变形两个方面。

地表变形监测包括位移监测和岩体倾斜监测。位移监测分为绝对位移监测和相对位移监测。绝对位移监测，以监测边坡的三维位移量、位移方向、位移速率为主；相对位移监测，以监测边坡重点变形部位、裂缝、滑动面等点与点之间的相对位移量为主，包括张开、闭合、错动、下沉等内容。岩体倾斜监测主要是监测坡体及角变位或倾倒。

边坡深部变形的观测，即用岩体内钻孔等技术手段进行岩体内部变形的量测，包括张开、闭合、下沉、抬升等。

9.2.2 边坡监测方法

监测项目的选取决定了边坡监测方法的使用。常用的监测方法可以分为简易观测法、设站观测法、仪表观测法和远程监测法。

9.2.2.1 简易观测法

简易观测法是通过人工直接观测边坡中地表沉降、地面鼓胀、裂缝、岩石坍塌、建筑物变形及地下水位变化、地温变化等现象。这种方法对于正在发生病害的边坡进行观测较为合适，也可结合仪器监测资料进行综合分析，用以初步判定滑坡体所处的变形阶段及中短期滑动趋势。

1. 简易观测法监测裂缝

山坡和建筑物上的裂缝是滑坡变形最明显的标志。对这些裂缝进行监测是最简单易行又最直接的监测，在整个系统中是首先采用的。

（1）最简单的一种方法是在滑坡周界两侧选择若干个点，在动体和不动体上各打入一根桩，埋入土中的深度不小于1 m，桩顶各钉一小钉或作十字标记，定时用钢尺测量两点间的距离，即可求出两桩间距的变化。若在不动体上设两个桩，滑动体上设一个桩，形成一个三角形,从三角形长度变化可求出滑动体的移动方向和数量。

一般在滑坡主轴断面上的后壁和前缘出口处应设两组桩,以便测出滑坡的绝对位移值和平均位移速度。标尺测量法记录格式见表9-2。即在两观测桩露出地面的部分刻上标尺,一个水平,一个垂直,设桩后测出其初始读数,以后随时测记水平和垂直尺上的读数,不用另外丈量即可求出滑动体的水平位移和垂直升降值。

一般距离增大和下沉为正,反之为负。

表9-2 裂缝监测记录

监测桩编号:　　　　监测:　　　　计算:　　　　复核:　　　　日期:

观测时间				桩间距离/m	距离差/mm	平均速度/$(mm \cdot d^{-1})$	备注
年	月	日	时				

（2）为了能同时测出滑动体的位移大小和方向,还可在不动体上水平打入一根桩,测量时在桩上吊一垂球,垂球下的动体上设一混凝土墩,墩顶面画上方格坐标,即可测出移动的数值和路径。若垂球线长度固定,还可大致测出滑体的沉降量。

（3）对于滑坡裂缝和位移监测,国外广泛使用了滑坡记录仪（也叫伸缩计、滑坡计）。这是一个带计时钟的滚筒记录装置,固定在裂缝外的不动体上,滑体上设观测点,观测点与记录仪之间的距离以15 m左右为宜。中间拉一钢丝,钢丝外应设塑料管或木槽保护以防动物碰撞。位移随时间的变化记录在记录纸上。一周或一月换一张记录纸,可连续记录。该记录仪还可带报警器,当位移达到规定数值时,自动报警。

2. 简易观测法监测地面位移

地面观测网监测是一种传统的监测方法,即在滑坡区设置若干个观测桩（临时短期观测桩可用木桩,长期观测可用混凝土桩）,构成若干条观测线,形成观测网。每一观测线的两端,在稳定体上设置镜桩、照准桩及其护桩。用精密经纬仪测出各桩垂直观测线方向的位移值,用水平仪找平测出各桩的升降值,即可控制各观测桩在三维空间的位移量和位移方向。

观测线应有一条与滑坡主轴相吻合,以便于观测资料的充分利用。观测线间距15～30 m为宜,桩间距也以15～30 m为好,视需要可不必等距布设。每条观测线在滑坡周界外应布设1～2个观测桩,以监测滑坡扩展的范围。置镜桩和水准基点桩是观测的参照点,必须设置牢固,并加设护桩2～4个,确保万一被损坏和遗失时恢复原位。

建网步骤如下:

（1）现场调查,初定滑坡的性质、范围、主轴位置、可能选用的观测网型和置镜点、照准点位置。

（2）在图上或现场布置观测线网,决定各种桩的数量。

（3）设置置镜桩、照准桩及其护桩。

（4）用两台经纬仪分别置于相互交叉的两条观测线的置镜桩上,定出观测桩的位置,就地灌注观测桩,同时定出观测标志点。

(5) 对各桩位置编号、描述、建立卡片。

(6) 待桩稳固后测于平面图上，并进行第一次观测，记取初始值。

位移监测的时间间隔视滑坡移动的快慢而异，一般位移非常缓慢的滑坡，如一年移动几厘米，可两个月观测一次；变形较大者，应每半个月到一个月观测一次。由于精密仪器观测时间较长，全面观测一次常需数日，如遇滑坡加速移动时，可不做全面观测，而只对滑坡主轴线上有代表性的桩加密观测并随时点出位移随时间的变化曲线，也可做出预报。

3. 简易观测法监测地下位移和滑动

(1) 料管-钢棒观测法：在钻孔中埋入塑料管（连接要光滑）到预计滑动面以下3~5m，然后定期用直径略小于管内径的钢棒放入管中测量。当滑坡位移将塑料管挤弯时，钢棒在滑面处被阻就可以测出滑动面的位置。这种方法只能测出上层滑动面的位置。当滑动面多于两层时，可以事先放一棒在孔底，用提升的办法测下层滑带的位置。

(2) 变形井监测：为了观测地面以下各点的位移，可以利用勘探井，在井中放置一串叠置的井圈（混凝土圈或钢圈），圈外充填密实。从地面上向井底稳定层吊一垂球作观测基线。当各个圈随滑坡位移而变位时，即可测出不同深度各圈的位移量，并可判定滑动面的位置。

(3) 拉线式地下位移监测：在钻孔中，从可能滑动面以下到地面设置若干个固定点，间距为2~3m，每一点用一根钢丝拉出孔外，并固定在孔口观测架上，分别用重锤或弹簧拉近。观测架上设有标尺，可测定每一根钢丝伸长或缩短的距离，即表示孔内点的位移。为防各钢丝在空中互相缠绕，每隔3m设一架线环，即一块金属板上钻若干孔，将钢丝穿入孔中定位。

9.2.2.2 设站观测法

设站观测法是指在充分了解了现场工程地质背景及地质资料的基础上，在边坡上设立变形观测点（线状、网状）。在变形区影响范围之外稳定地点设置固定观测站，使用测量仪器（水准仪、经纬仪、测距仪、摄影仪或全站型电子速测仪、GPS接收机等）定期测量变形区内网点的三维（X，Y，Z）位移变化的一种监测方法。其优点是远离变形区，且无主观成分，比简易观测法客观、精密，观测比较的范围大，选点方便。缺点是仪器贵重，需人值守，且连续观测能力较差。设站观测法又可进一步分为大地测量法和GPS测量法等，其主要工作和技术原理如下。

1. 大地测量法

大地测量学形成至GPS大地测量的出现阶段被称为经典大地测量学，主要标志是以地面测角、测距、水准测量和重力测量为技术手段解决陆地区域性大地测量问题。弧度测量、三角测量、几何高程测量以及椭球面大地测量的发展形成了几何大地测量学；而建立重力场的位理论并发展了地面重力测量则形成了物理大地测量学。

常用的大地测量法二维水平位移主要有两方向（或三方向）前方交会法、双边距离交会法；某个方向的水平位移主要有边角交会法、视准线法、小角法、测距法；垂直位移主要有几何水准测量法，以及精密三角高程测量法等。

(1) 边角交会是在边交会的基础上又施测了角度，有多余观测，可进行平差改正计算，因此其点位测量精度高。边角交会点位误差大小随测程变化曲线变化。边角交会点位误差系以边交会点位误差曲线为渐近线，呈渐变增大。边角交会法适用于测程较大或设置控制点测量时较好的情况下。

（2）几何水准测量法。垂直变形观测是定期测量观测点相对控制点的高差，以求出观测点的高程，并将不同时期所测得的高程加以分析比较，以确定边坡岩体的下沉量和垂直变形量。在露天边坡监测中，由于同一边坡上下盘之间高差较大，所以应用水准仪测量高程点位，监测点一般仅能沿某一平盘布设，控制点设在滑区外相对较稳定一侧或两侧，构成支水准路线或附合水准路线。控制点应按三等水准测量限差要求施测，监测点应按四等水准测量限差要求施测，当滑动变形较大时，监测点可按等外水准测量限差要求施测。

水准测量误差的来源通常包括三个方面：①仪器构造上的不完善为仪器系统误差；②作业环境影响即地球曲率的影响；③操作人员感官灵敏度的限制即观测误差。下面仅就观测误差及其他外界影响误差做相应阐述。

一是水准管气泡居中的误差。水准测量的主要条件是视线必须水平，是利用水准管气泡位置居中来实现的，气泡居中与否是用眼睛观察的，由于生理条件的限制，不可能做到严格辨别气泡的居中位置。同时，水准管中的液体与管内壁的曲面有摩擦和黏滞作用，这种误差叫作水准管气泡居中的误差，它的大小和水准管内壁曲面的弯曲程度有关。比较两者原因，以后者为主。

二是十字丝的粗细误差。观测员读数时是用十字丝在厘米间隔内估读毫米数，而厘米分划又是经过望远镜将视角放大后的像，可见毫米数的准确程度将与厘米间隔的像的宽度及十字丝的粗细有关。目前望远镜的十字丝宽度经目镜放大后在人眼明视距离上约为 0.1 mm。如果厘米间隔的像大于 1 mm，则估读间隔的 1/10，即水准尺读数的毫米值基本上可以得到保证，否则读数精度将受影响。用放大率为 20 倍的望远镜在距 50 m 以内时，厘米间隔的像即可 ≥1 mm。由此可见，此项误差与望远镜的放大率和视距长度有关，因此对各级水准测量规定仪器望远镜的放大率和限制视线的最大长度是有必要的。

三是水准尺竖立不直的误差。水准尺竖直与否，会影响水准测量的读数精度。如果尺子没有竖直，则总是使尺子上的读数增大。因此，作业时应努力使水准尺保持竖直。

四是仪器和尺子升沉的误差。对一条水准路线来讲，还会出现尺子与仪器的上升和下沉的问题。由于仪器、尺子的重量会下沉，而又由于岩土的弹性会使仪器、尺子上升。对于同类岩土的水准路线而言，它们造成的影响是系统性的，如果属于尺子下沉，则是使高差增大；反之，则使高差减小。因此，在监测中如果有条件，在具体施测时对一条水准路线采用往、返方向进行观测，那么在往返测的平均值中这种误差的影响将会得到减弱。

五是大气折光影响。由于空气的温度不均匀，将使光线发生折射，视线即不成一条直线。特别是晴天，靠近地面的温度越高，空气密度越小。因此，视线离地面越近折射也就越大，从而引起尺子上的读数增大。一般规定视线要高出地面一定的高度，就是为了减少此项影响。

以上所述各项误差来源，都是采用单独影响原则进行分析的，而实际情况则是综合性的影响。根据偶然误差的特性，在最后结果中还会互相抵消一些。只要监测中注意上述措施，各项外界影响的误差都将大为减小，完全能够达到施测精度的要求。用自动安平水准仪作业时，因不需要用微倾螺旋调整水准管气泡居中，使观测速度提高很多，而且仪器与尺子升降的误差影响也同时减小。此外，当某种外界因素使视线产生微小倾斜时，补偿器能够迅速调整而仍读水平线的读数，因而在整个水准路线总高度中的精度也将得到提高。

在边坡垂直变形监测中应注意这些问题，减小测量误差，提高监测质量，从而为边坡安全服务。

（3）三角高程测量。在边坡变形监测中，由于露天边坡有其特定的地形条件，主要是高差大，同一剖面上下盘监测点之间的高程不易应用水准测量法。因此，三角高程测量法有其特殊的优越性，尤其是电磁波测距仪用于边坡变形监测中来，距离测量简便且测量精度非常高，这样高程点位可伴随平面点位一起测量，同时求算出三维坐标，为边坡岩体的三维变形分析创造了条件。三角高程测量误差的来源通常包括：

一是竖直角的测量误差。测角误差包括仪器误差、观测误差及外界条件的影响。观测误差中有照准误差、读数误差及竖盘分划误差等。外界条件影响主要是大气折光，有时空气对流、空气能见度等也影响照准精度。竖直角测定误差对三角高程测量的影响与边长有关，边长越长影响越大。

二是边长误差。边长误差的大小取决于测量仪器。目前电磁波测距仪用于边坡变形监测，其边长测量精度与过去相比有质的飞越，在测程较大时对高程点位精度影响不占主导地位。

三是大气折光系数误差。在实际测试中，大气折光系数并非常数，其大小主要取决于空气的密度，而空气密度从早到晚不停地变化着，一般情况下早晚变化大，中午前后比较稳定，阴天与夜间空气的密度也较稳定。所以折光系数是个变数，通常采用平均值来计算大气折光的影响，故系数值是有误差的。曾有试验说明，折光系数中的误差约为 ±0.03 ~ ±0.05。折光系数的误差对于短程距离测量的影响不是主要的，但对于长距离三角高程测量的影响很显著，应予以注意。

四是仪器高 i 和目标高 V 的测定误差。对于 i 及 V 的测定误差，因为它们相互独立，测量时只要注意不出现粗差，那么这两项误差就不构成主要影响。采用电磁波测距三角高程代替等级水准测量时，应按规定的额限差要求进行设计，确定对电磁波测距和倾斜角观测的精度要求和施测方法。

2. GPS全球定位系统监测

随着航天技术和计算机技术的发展，利用多个卫星测定地表固定点和监测点三维坐标的技术和精度有了很大提高。与传统的监测方法相比，GPS技术具有覆盖面广、速度快、全天候、可连续、同步、全自动监测的优点，在滑坡移动速度较快时，监测人员不必进入滑坡体也能实时监测，保证了人员安全。

GPS技术是利用空间卫星确定监测点的坐标，因此一般要求不少于4颗卫星，卫星数目越多，监测精度越高。但利用卫星越多，其费用也越高，只有同时对多个滑坡、多点监测时才比较经济。

GPS技术的监测要求如下：

（1）所设的觇标必须能反映周围一定地区的特征。

（2）应避开树冠、建筑物及其他影响接收卫星信号的障碍物。

（3）觇标应设在相对稳固的地点，如岩石上、房屋上。

（4）在滑坡区外稳定体上设基线点，以便与滑坡体内移动点监测相对比。

（5）为使监测结果更可靠，可用不同方法、不同时间及不同卫星监测，以便互相核对。

9.2.2.3 仪表观测法

仪表观测法是指用精密仪表对变形斜坡进行地表及深部的位移、倾斜动态，裂缝相对张、闭、沉、错变化及地声、应力应变等物理参数与环境影响因素进行监测，相对于设站观测法省去了设站环节，是一种局部监测手段。目前按边坡在线安全监测系统的类型，一般分为位移监测、地下倾斜监测、地下应力测试和环境监测四大类。按所采用的仪表可分为机械式仪表观测法和电子仪表观测法。使用该方法监测的内容丰富、精度高、测程可调，仪器便于携带，可避免恶劣环境对测试仪表的损害，观测成果直观，可靠度高，适用于斜坡变形的中、长期监测。

1. 地面倾斜仪监测地面位移

当山坡上对变形反应比较敏感的建筑物等已出现裂缝和变形，但滑坡边界裂缝尚不明显、滑坡范围不清楚时，或对滑坡的影响和扩展范围需做了解时，可用地面倾斜仪进行观测。它精度高，反应灵敏，可测出地面的倾斜方向和倾斜角度。最简单的倾斜仪是一个水准管，放置在测点的混凝土基座上，混凝土基座埋入土中不少于 0.6 m。倾斜仪的作用原理是由一端的螺旋将气泡调平测出倾斜变化。一个测点上应互相垂直放置两台单管倾斜仪，以便测出倾斜的合矢量方向。

以微距水准仪测量为例。微距水准仪又称气泡式倾斜仪，类型很多，但工作原理是相同的。利用微距水准仪进行倾斜观测时，首先将其正确安放在被测面上，然后转动测微鼓使测微杆移动，直到水管内的气泡精确居于中位。从测微鼓指针读出数值就可测得此被测面的倾斜值。一般来讲，测微鼓上的每个分划格值在仪器制造时已经转化为对应的倾斜角的秒值。

如测微鼓在两周期测量中读数之差值为 Δa 格，而每格对应的秒值为 τ，则在两周期中的倾斜角 i 的变化量为 $\Delta = \tau \cdot \Delta a$。如果两支点间的长度为 b，则倾斜值的变化量为

$$\Delta h = \Delta \cdot b \qquad (9-1)$$

微距水准仪可以制成固定式或移动式两种类型，对于移动式水准仪，在每次测量前应在专门的水平板上进行零位校正。

微距水准仪测量倾斜的误差 m，主要取决于仪器的置平误差 m_1、测微鼓的读数误差 m_2，以及在被测面上安置微距水准仪不准确而产生的误差 m_3。这些误差都是相互独立的，在变形观测的各个周期中测量的精度可认为相同。

2. 地下位移和滑动面监测

（1）应变管监测。旋转滑动、滑体含水量较高会经常造成滑体内的位移和地面不一致。人们十分关心滑动面位置的测定，因为仅靠地质上钻孔岩心的鉴定和分析，对位移较小的滑坡很难判定是哪一层在动，滑动面判定不准的话，不仅会造成浪费，还会导致工程失败。

日本最早将应变管用于监测滑坡的地下位移和滑动面位置。所谓应变管，就是将电阻应变片粘贴于硬质聚氯乙烯管或金属管上，埋入钻孔中，管外充填密实，管随滑坡位移而变形，电阻应变片的电阻值也跟着变化，由此分析判断地下位移和滑动面的位置。

日本采用塑料管和 3 节导向联结为一组。贴电阻应变片的方式有两种：一种是当滑动方向为已知时，可沿滑向对贴两片，成半桥联结，埋管时必须注意其方向性。另一种是当滑动方向不明确时，在互相垂直的两个方向贴 4 片，成全桥联结。由观测结果判定滑动方

向。管上电阻应变片的间距以 20~25 cm 为宜，应变管长度为 3~6 m，用定向杆放入可能滑动面的上、下面。

应变管监测的优点是操作容易，造价低，测定仪器不复杂，其缺点是不易直接测出位移值。采用该方法的关键是贴片工艺和防潮，在孔中有水时使用寿命有限。

（2）固定式钻孔测斜仪监测地下位移和滑动面。固定式钻孔测斜仪监测有以下几种方式：①惠斯登电桥摆锤式。工作原理是由一个单摆在阻力线圈中作磁性阻尼摆动，把角度变成电信号。一个探头测一个平面方向的变化。②应变计式。摆锤上部的刚性薄片上贴电阻应变片或振动弦应变计进行角度变化测量，仍是变为电信号。一个探头测一个平面方向的变化。③加速度计式。这是一个封闭环伺服加速度计电路，也是一个探头在一个平面内测量，一般每套（双轴的）用两个探头。④摄影式。用照相的方法记录"摆"两个方向的投影。

前三种都要定向埋设。固定测斜仪是将若干台测斜仪定向放入钻孔中欲测的位置，把电线拉出孔外，既可以定时测量，也可以连续测量。

为了定向，起初曾设计用定向杆将探头送入孔内，后来设计了带槽的塑料管或铝管，使定向更好，可以将探头提出孔外维修。4 个槽在两个相互垂直的方向上，探头上有 4 个带弹簧的导向轮，卡在槽中定向。

固定测斜仪的优点是位置固定，减少了取放仪器的人为影响。缺点是所需探头数量大，花费大。

（3）活动式测斜仪监测。活动式测斜仪监测是把槽形管埋入钻孔，管外用灌浆或填砂固定后，不把测斜仪探头固定孔中，而是用一根电缆和一个探头连接，在钻孔中固定深度（如每隔 0.5 m 或 0.25 m）沿两个方向进行倾斜测定，以便求出合位移的方向。以滑动面以下稳定地层中某点为参照点，以上每点的位移为

$$\Delta = L\sin\theta \tag{9-2}$$

式中　L——两测点间距离，m；
　　　θ——倾斜角度变化值，（°）。

这种仪器最大的优点是一台仪器可以多孔、多点使用，而且是用干电池充电，无交流电的山区也可使用。缺点是测定位置在不同测次总不能很好地重合，因而要求管槽加工必须精细，管节连接光滑，埋设减少扭曲，测定时严格控制尺寸，管子的扭曲可能高达 18°。

这种仪器的测角范围为 ±30°~90°，误差为 18 弧秒，一般为 1/10000，即 33 m 长的管子，精度为 ±1.3~2.5 mm。实际监测误差是 30 m 深的钻孔约为 5 mm。

9.2.2.4　远程监测法

随着空间技术和网络技术的飞速发展，各种先进的自动遥测系统相继问世，为边坡变形、崩塌和滑坡的自动化连续高效的遥测创造了有利条件。该方法可全天连续观测，是未来一段时期滑坡监测发展的方向。

9.2.3　监测设备

目前国内外采用的监测和方法仪器主要有大地测量（经纬仪、水准仪、测距仪、全站仪等）、GPS 监测、位移计、红外线遥感监测法、激光微小位移监测、合成孔径雷达干涉测量（INSAR）、时间域反射测试技术（TDR）、坡体内部的钻孔测斜仪、锚索测力计

和水压监测仪,以及声发射监测技术等。

1. 激光微小位移监测

在露天矿边坡监测中,最直接、最易捕捉的信息是地表位移和变形。国内外对边坡进行监测时,都把地表位移和变形的监测放在首位,采用的监测手段可分为接触式和非接触式,接触式监测仪器包括位移计、伸缩计等,非接触式监测仪器包括经纬仪、测距仪、全站仪等。随着电子技术和计算机技术的发展,近年来利用激光技术实现非接触式监测的研究受到了较多关注,赵雪梅等采用激光技术、CCD(Charge Coupled Device)技术和计算机技术研制了一种微小位移监测系统,可以对边坡的水平位移和竖直位移实现远距离、非接触式自动监测,较适于大型滑坡的地表位移监测。

激光位移监测系统的工作原理,是在需要监测的边坡上,选择适当的位置,建造一个目标平台,激光光源安装于目标平台上,让激光光束与边坡变形方向垂直。在边坡稳定部位对应于激光光束,建造一个基准平台,将由望远镜和CCD摄像机构成的成像系统安放于基准平台,使镜头对准激光束。CCD输出的视频信号经过放大处理后,进入图像采集卡,计算机承担激光束图像(即光斑)信号的存储、显示及处理任务,并给出光斑中心的水平坐标H和垂直坐标V。

假定光源起始位置为X_0、Y_0,对应的图像光斑中心坐标为H_0、V_0。当边坡发生微小位移,光源的位置发生变化,在t_1时刻,水平方向由X_0至X_1,垂直方向由Y_0至Y_1。这时,图像光斑中心坐标为H_1、V_1,光斑中心坐标变化量为

$$\Delta H_1 = H_1 - H_0 \tag{9-3}$$

$$\Delta V_1 = V_1 - V_0 \tag{9-4}$$

光源所在部位的边坡水平位移和垂直位移为

$$X_1 = K_h \times \Delta H_1 \tag{9-5}$$

$$Y_1 = K_v \times \Delta V_1 \tag{9-6}$$

其中,K_h、K_v为整个测量系统在水平方向和垂直方向的位移测量灵敏度,它们表示光斑中心每移动1个坐标单位所反映的光源的位移量(以 mm 为单位);K_h、K_v的取值在现场设备安装调试时标定。

2. 边坡红外热成像监测

当岩石含水时,由于水的热容量和热惯量较大,导致在同样的热力学条件下,含水岩石温度变化要小于干燥岩石。此外,含水区域由于存在蒸发作用,会导致温度比周围岩石低的现象。据此原理,便可以利用热成像技术进行滑坡的监测。

热成像技术是将不可见的红外辐射转化为可视图像的技术,利用这一技术研制成的装置称为热成像装置或热像仪。热像仪是一种二维平面成像的红外系统,它通过将红外辐射能量聚集在红外探测器上,并转换为电子视频信号,经过电子学处理,形成被测目标的红外热图像,用显示器把该图像显示出来,与可见光的成像不同,它是利用目标与周围环境之间由于温度与发射率的差异所产生的热对比度不同,而把红外辐射能量密度分布图显示出来,故称为"热图像"。

利用热像仪不能直接测量物体的温度,其测量的是投影到热像仪探测器上的红外辐射能,利用辐射能与温度之间的函数关系确定温度,所以热像仪所显示的温度值实际上是辐射温度。实际上热像仪所接收的辐射不仅包括目标物体的表面辐射,还包括环境反射辐射

和大气辐射,故在测量辐射能转换成温度前,其他各辐射能需要通过热像仪进行补偿,如此测到的温度才是物体真正的温度。

利用热像仪测量时必须考虑到所有辐射能量的补偿,并以软件模式嵌入计算机内,公式如下:

$$I_{mea} = I(T_{obj})\tau\varepsilon + I(T_{sur})(1-\varepsilon)\tau + I(T_{atm})(1-\tau) \qquad (9-7)$$

式中　I_{mea}——热成像仪测量到的总辐射能;
　　　$I(T)$——温度为 T 时黑体的辐射能量;
　　　T_{obj}——目标物体的温度;
　　　T_{sur}——反射到物体的背景周围环境在热像仪光谱范围内的平均温度;
　　　T_{atm}——物体与热像仪之间的大气温度;
　　　ε——热像仪在光谱范围内物体的平均发射率;
　　　τ——热像仪在光谱范围内的平均大气穿透率。

3. 边坡遥感监测

遥感监测是利用遥感技术对露天矿边坡进行非接触、远距离的监测。一般的遥感监测是运用传感器/遥感器对露天矿边坡的电磁波辐射、反射特性等进行探测,并根据其特性对边坡的性质和变形形态等进行系统分析。遥感监测是一门地质观测综合性技术,它的实现既需要一整套的技术装备,又需要多种学科相互配合,因此实施遥感监测是一项复杂的系统工程。一般来说,遥感系统主要由以下四大部分组成。

(1) 信息源。信息源遥感监测的目标物。边坡岩土材料具有反射、吸收、透射及辐射电磁波的特性,当岩土体与电磁波发生相互作用时会形成露天矿边坡的电磁波特性,这就为遥感探测提供了获取信息的依据。

(2) 信息获取。信息获取是运用遥感装备接收、记录边坡电磁波特性的过程。信息获取所采用的遥感装备主要包括遥感平台和传感器。其中遥感平台是用来搭载传感器的运载工具,常用的有飞机和人造卫星等,传感器是用来探测目标物电磁波特性的仪器设备,常用的有照相机、扫描仪和成像雷达等。

(3) 信息处理。信息处理是运用光学仪器和计算机设备对所获取的遥感信息进行校正、分析和解释处理的技术过程。信息处理的作用是通过对遥感信息的校正、分析和解译,掌握或清除遥感原始信息的误差,梳理、归纳出被探测目标物的影像特征,然后依据特征从遥感信息中识别并提取所需的有用信息。

(4) 信息应用。信息应用是将遥感信息进行整理,实现对露天矿边坡的动态监控。

露天矿边坡遥感监测分为直接监测和间接监测。由于突发的高速、超高速崩塌、滑坡等活动时间难以预测,并且边坡运动的规模相对于遥感地面分辨率较小,获取遥感数据的不连续性以及价格昂贵等原因,目前较少应用遥感技术直接监测边坡活动。

4. 时间域反射测试技术

时间域反射法(TDR)是 20 世纪 70 年代起开始应用于岩土工程领域的一种检测技术,主要应用于测定土体含水量、监测岩体和土体变形、边坡稳定及结构变形等。在监测边坡稳定方面,TDR 技术的应用始于 20 世纪 90 年代,由于具有方便、安全、经济以及智能等特点而受到广泛关注。

TDR 监测系统主要由电脉冲信号发生器、传输线(同轴电缆)、信号接收器三部分组成。首先，在待监测的边坡上钻孔，将同轴电缆放置于钻孔中，顶端与 TDR 测试仪相连，并以砂浆填充电缆与钻孔直径的孔隙，以保证同轴电缆与边坡岩土体同步变形。随着边坡情况的变化，边坡岩体或土体的位移和变形使埋置于其中的同轴电缆产生局部剪切、拉伸变形，从而导致其特性阻抗的变化。TDR 测试仪所激发的电脉冲信号将在这些阻抗变化区域发生反射和透射，并反映于 TDR 波形之中，通过对波形的分析，掌握边坡的变形和位移状况。

5. 声发射监测技术

岩体在内外力或温度变化的作用下，其内部将产生局部弹塑性能集中的现象，当能量集聚到某一临界值之后，就会引起岩石微裂隙的产生与扩展，微裂隙的产生与扩展伴随着弹性波或者应力波的释放并在周围岩体内快速传播，这种弹性波在地质上称为微震。岩石声发射技术就是利用岩体开挖或者受到施工扰动后本身发射出的弹性波来监测工程岩体稳定性的方法，利用微震监测系统在产生微震的岩体区域安装传感器，通过记录岩石破碎释放出来的震动波，经过反演计算后，就可以进行微破裂位置的确定，还能得到微震活动强弱与频率。

(1) 基本原理。岩质边坡在失稳破坏之前都会出现声发射现象，通过仪器监测声发射现象，就可以判定边坡的失稳状态及其位置，对边坡的失稳状态做出预报。声发射是指材料或结构在受力变形或破坏过程中以弹性波的形式释放其应变能的现象。岩体声发射技术是根据岩体在外荷载作用下发生变形、破坏的同时发出的应力波判断内部损伤程度的一种动态无损检测方法，不仅能对材料内部缺陷进行检测，而且能够反映材料内部缺陷形成、发展和失稳破坏的整个动态过程，因而在实际工程中得到了广泛应用。声发射监测技术的基本原理是利用耦合在材料表面上的压力陶瓷探头将材料内声发射源产生的弹性波转变为电信号，然后用电子设备将电信号进行放大和处理，使之特性化，并予以显示和记录，从而获得材料内声发射源的特性参数，通过分析检验过程中声发射仪器所得的各种参数，即可知道材料内部的缺陷情况并确定缺陷的具体部位。

(2) 监测仪器。声发射技术所采用的监测系统一般可分为两类：一类是便携式声发射监测系统，这类仪器采用不定期流动监测方法，选取合适的地点，根据声发射参数随时间的变化情况来判断岩石破坏趋势，做出预测和预报；另一类是设立多通道的、固定的微震（声发射）监测系统，该类型仪器通过在监测区内布置多组声发射探头进行连续监测，并实时采集微震数据，利用声发射信号到达各探头的时差和波速关系并经过预置软件处理后就可确定破裂发生的位置，同时在三维空间显示出来。与传统监测手段相比，微震定位监测具有远距离、动态、三维、实时监测的特点，同时还可以根据震源情况确定破裂尺度和性质，从而评价、预测岩体的破坏位置，及时掌握地压发展的动态规律，以便于矿山制定安全生产规划，进行预测预报。声发射主要记录并分析以下具有统计性质的量。

① 频度：指单位时间内声发射与微震次数，单位为次/min，是用声发射或微震评价岩体状态时最常用的参数。

② 振幅分布：指单位时间内声发射与微震事件振幅分布情况，振幅分布又称幅度分布，被认为是可以更多地反映声发射与微震源信息的一种处理方法。

③ 能率：指单位时间内声发射能量的相对累积，是岩体破裂及尺寸变化的重要标志，综合概括了事件频度、事件振幅及振时变化的总趋势。

④ 事件变化率和能率变化,反映了岩体状态的变化速度。

(3) 岩体声发射技术特点。岩体声发射是伴随岩体受力破坏过程产生的一种自然现象,与岩体的破坏密切相关。大量试验和工程实践表明,岩体声发射现象可以为岩体工程稳定性评价及危险状态预报提供有效信息,通过对声发射各种特性的分析可以看出,岩体声发射检测技术有如下特点:①岩体声发射由声发射源通过介质向四周传播,通过对岩体声发射信号的监测,可以实现对发射源即破坏点的定位;②岩体声发射现象与岩体受力破坏过程相关,可以掌握岩体破坏运动的整个过程,是一种动态实时监测,其监测结果也较为直观,可靠性强;③监测的范围比较大,通过一个监测点可以监控一定范围内的岩体受力破坏情况。在大面积的监测工程中应用比较便利,并且实际操作简单。

9.3 边坡监测数据分析

露天矿边坡变形监测是边坡稳定性研究工作中的一项重要内容。通过监测和分析,可以圈定可疑边坡的不稳定区段,确定不稳定边坡的滑坡类型,特别是确定不稳定的蠕动边坡的滑移面及滑移体变形破坏过程中的滑移速度和方向,从而为变形破坏过程的研究、为滑坡的中长期预报提供实际的基础数据。近年来,随着科学技术的发展,边坡监测水平正不断提高,各种新型的、先进的监测设备不断涌现,监测方法更趋完善、全面,监测精度不断提高,监测系统自动化程度不断提高,逐步由人工监测向自动化、数字化无线通信监测系统发展,系统应急信息反馈和预警能力不断提高,符合现代矿山企业安全生产及信息化发展需要。本节以云南省小龙潭矿和布沼坝露天矿为例进行边坡数据分析。

对于边坡位移监测系统,对监测点按照矿区不同区域进行分区,主要分为小龙潭露天矿采场、布沼坝露天矿、龙桥排土场、新邓尔排土场共4个区域,经过监测系统的试运行,地表监测系统监测情况数据统计分析见表9-3、表9-4。

表9-3 地表监测系统周期变形统计

区域	点号	累计水平位移矢量值/mm	方位角	周期水平位移变化量/mm	周期水平位移速率/(mm·d^{-1})	累计垂直位移量/mm	周期垂直位移变化量/mm	周期垂直位移速率/(mm·d^{-1})
		$S_n - S_1$	W	ΔXY	ΔV_{xy}	$H_n - H_1$	ΔH	ΔV_h
小龙潭露天矿	JXD2-1	36.28	351°23′43.84″	0.00	0.00	-177.20	0.00	0.00
	JXB2-1	52.20	6°4′31.58″	0.00	0.00	-93.50	0.00	0.00
	GPS-NB	61.88	22°45′47.89″	15.30	15.30	-145.90	2.40	2.40
	GPS-DB	47.80	331°20′57.50″	20.70	20.70	-138.10	-1.50	-1.50
布沼坝露天矿北帮	BZBB1G	27.72	9°18′35.78″	20.48	20.48	-134.30	-5.70	-5.70
	BZBB2G	46.63	22°12′12.52″	16.19	16.19	-164.50	-10.50	-10.50
	BZBP1G	7.01	169°59′31.27″	0.00	0.00	-164.30	0.00	0.00
	BZBQ1G	70.69	23°31′56.45″	10.77	10.77	-171.60	-7.80	-7.80
布沼坝露天矿西北帮	BBXB1G	9.20	6°26′29.76″	9.32	9.32	3.70	105.10	105.10
	BZB350XG	43.98	18°9′19.65″	5.32	5.32	-123.00	2.90	2.90

表9-3（续）

区域	点号	累计水平位移矢量值/mm $S_n - S_1$	方　位　角 W	周期水平位移变化量/mm ΔXY	周期水平位移速率/(mm·d^{-1}) ΔV_{xy}	累计垂直位移量/mm $H_n - H_1$	周期垂直位移变化量/mm ΔH	周期垂直位移速率/(mm·d^{-1}) ΔV_h
布沼坝露天矿西帮	LXG1	13107.09	105°21′30.07″	13.72	13.72	-414.30	-23.80	-23.80
	BZB344G	4553.30	97°28′54.23″	13.46	13.46	-283.00	-18.90	-18.90
	BZB348G	94.85	17°25′28.60″	13.12	13.12	-78.60	-15.40	-15.40
	GPS340	1709.26	117°55′26.42″	12.03	12.03	193.20	-16.70	-16.70
	GPS342	1851.49	108°41′4.49″	13.44	13.44	-343.30	-20.70	-20.70
	GPS344	1920.64	103°13′30.53″	13.34	13.34	-1623.40	-14.10	-14.10
	BZB346-1G	15184.02	113°36′3.43″	13.86	13.86	-443.60	-11.00	-11.00
龙桥排土场	LQ2-1	46.02	24°1′44.06″	39.37	39.37	-118.90	-65.70	-65.70
	LQ3-1	95.16	44°42′32.98″	30.23	30.23	-112.90	-76.00	-76.00
	GPS-LQ1	51.07	22°6′0.48″	26.82	26.82	18.80	-23.80	-23.80
	GPS-LQ2	50.90	32°2′35.32″	21.13	21.13	-9.20	-0.70	-0.70
新邓耳排土场	GPS-XDE	87.72	2°13′55.21″	84.31	84.31	-90.40	13.00	13.00

表9-4　地表监测点位移速率表　　　　　　　　　　　　　　　mm/d

区域	点　号	2014-11-01		2014-10-01		2014-07-01		2014-06-01		2014-05-01	
		水平速率	垂直速率	水平速率	垂直速率	水平速率	垂直速率	水平速率	垂直速率	水平速率	垂直速率
小龙潭矿	JXD2-1	0.1	-0.1	0.5	-1.3	0.4	-0.0	0.2	0.3	0.2	-0.2
	JXB2-1	0.3	-0.1	0.4	-1.1	0.2	0.4	0.4	-0.0	0.1	-0.0
	GPS-NB	0.2	0.0		-1.6	0.1	0.5	0.0	0.0		
	GPS-DB	0.4	0.1	0.4	-1.3	0.2	0.8	0.0	0.0		
布沼坝矿北帮	BZBB1G	0.1	0.1	0.3	-1.3	0.1	0.7	0.2	-0.3	0.1	0.2
	BZBB2G	0.2	0.1	0.4	-1.7	0.1	0.3	0.4	0.4	0.2	-0.0
	BZBQ1G	0.1	-0.1	0.4		0.1		0.4	0.2	0.1	0.2
布沼坝矿西北帮	BBXB1G	0.0	0.0	0.2	-1.2	0.1	0.1	0.2	0.1	0.1	0.4
	BZB350XG	0.1	0.0	0.4	-1.4	0.1	0.0	0.1	0.4	0.3	0.2
布沼坝矿西帮	LXG1	9.8	-1.5	12.0	-3.5	1.4	0.3	1.6	-0.3	5.3	-0.4
	BZB344G	4.4	-1.7	2.8	-1.9	0.2	0.2	0.9	-0.0	0.8	-0.6
	BZB348G	0.3	0.1	0.3	-0.8	0.3	0.5	0.2	0.2	0.2	0.1
	GPS340	9.1	2.1	12.7	1.3	1.0	0.9	0.0	0.0		
	GPS342	10.1	-1.1	13.4	-3.3	1.4	-0.1	0.0	0.0		

表9-4（续） mm/d

区域	点号	2014-11-01		2014-10-01		2014-07-01		2014-06-01		2014-05-01	
		水平速率	垂直速率	水平速率	垂直速率	水平速率	垂直速率	水平速率	垂直速率	水平速率	垂直速率
布沼坝矿西帮	GPS344	11.4	0.3	13.8	-0.7	0.0	0.0				
	BZB346-1G	11.2	-1.4	15.6	-3.7	1.9	0.8	2.4	-0.2	6.6	-0.9
龙桥排土场	LQ2-1	0.2	-0.8	0.2	-1.0	0.3	0.8	1.2	-1.0	1.0	1.1
	LQ3-1	0.6	0.8	0.2	-0.7	0.4	0.2	0.1	-0.4	0.5	-0.1
	GPS-LQ1	0.5	0.1	0.2	0.4	0.0	0.4	0.0	0.0		
	GPS-LQ2	0.1	0.3	0.3	-0.3	0.2	0.8	0.0	0.0		
新邓耳排土场	GPS-XDE	2.9	0.8	1.0	-0.2	0.8	-0.6	0.0	0.0		

1. 小龙潭露天矿

从监测情况来看，GPS-NB监测点累计水平位移矢量为61.88 mm，GPS-DB监测点累计水平位移矢量为47.80 mm，而地下DX-NB监测点孔口累计变形为5 mm，地表、地下边坡变形速率均不超过0.5 mm/d，同时GPS监测点变形矢量轨迹无序（图9-1、图9-2），表明监测点所在区域均安全，现场边坡处于稳定状态。

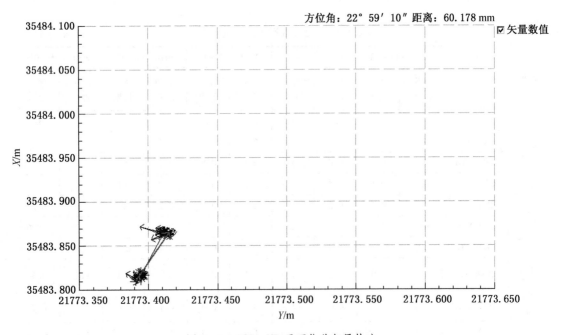

图9-1 GPS-NB平面位移矢量轨迹

2. 龙桥排土场

从监测情况来看，GPS-LQ1、GPS-LQ2监测点累计水平位移矢量分别为51.07 mm、50.9 mm，而地下监测点孔口累计变形分别为18 mm、40 mm（图9-3），主要受到排土场

9 边坡监测与滑坡预测预报

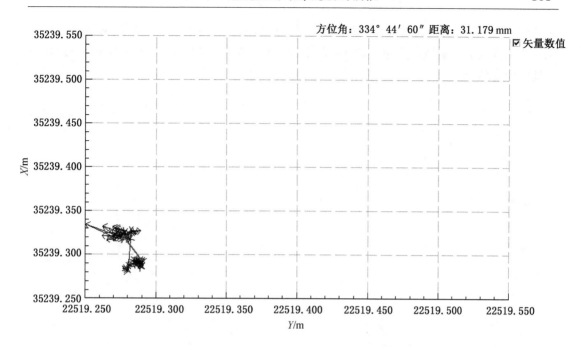

图 9-2 GPS-DB 平面位移矢量轨迹

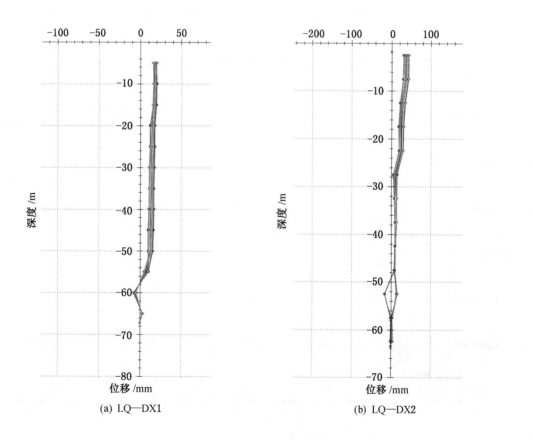

(a) LQ—DX1　　　　　(b) LQ—DX2

图 9-3 深部岩体深度位移变化曲线

自然沉降控制,而地下监测点深部位移变形曲线显示,边坡中没有明显的剪切带,同时 GPS 监测点变形矢量轨迹无序(图9-4、图9-5),表明监测点所在区域均安全,现场边坡处于稳定状态。

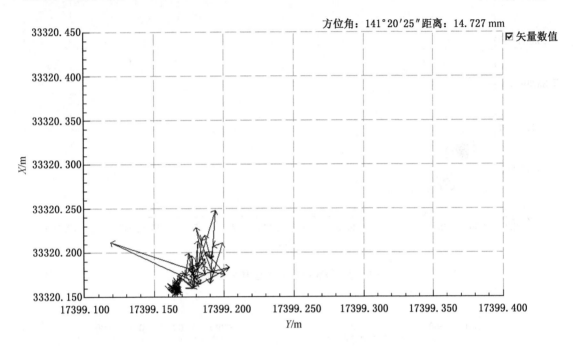

图 9-4　GPS-LQ1 平面位移矢量轨迹

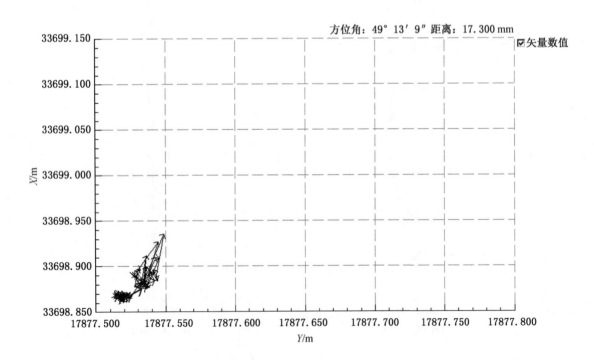

图 9-5　GPS-LQ2 平面位移矢量轨迹

3. 新邓耳土场

从深部位移曲线上看，孔口累计变形已达 100 mm，同时，除了位于排土场坡底的 XDL2 监测点外，XDL1、XDL3、XDL4 人工监测点均有向边坡临空面方向变形的趋势，方向趋同，其平面变形矢量 155～324 mm 不等（图 9-6～图 9-9）。

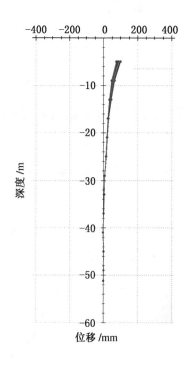

图 9-6　XDE-DX 监测孔岩体深部位移变化曲线

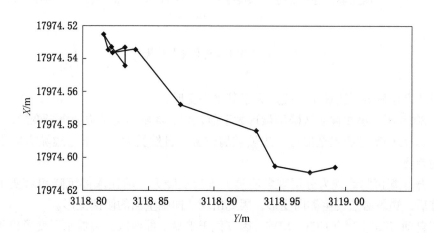

图 9-7　XDL1 平面位移矢量轨迹

边坡变形主要由以下几个方面原因控制：
（1）新邓耳排土场为新建排土场，投入生产时间不长，边坡受重力沉降明显，人工

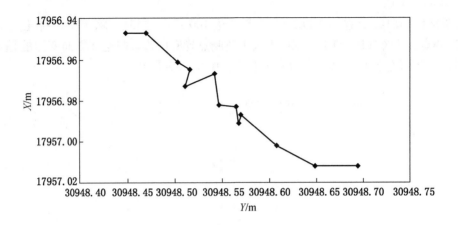

图9-8 XDL3平面位移矢量轨迹

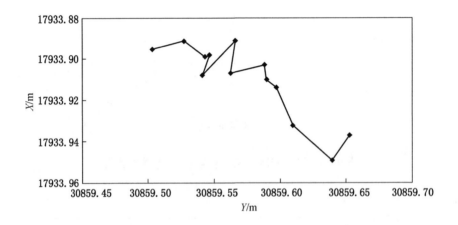

图9-9 XDL4平面位移矢量轨迹

GPS监测结果也显示,边坡垂直变形大于其水平变形。

(2) 2014年,小龙潭矿区降雨量远大于前几年,降雨加剧了边坡沉降变形。

(3) 人工GPS监测点全部位于边坡坡肩位置,自然受力条件下,边坡有向临空面方向变形的趋势。

(4) 排土场沉降表现为分层现象明显,表层沉降大,越往深部沉降相对变小,而排土场沉降后,边坡必然发生侧向变形,因此出现了向临空面的倾倒变形。

对于自动GPS监测点GPS-XDE,因其位于平盘中部地区,边坡水平变形仍然表现为无序变形(图9-10),而其沉降量大,达90.4 mm,沉降监测结果与人工GPS监测点一致,也说明了边坡变形主要为排土场沉降导致,局部位置出现了稍大的水平变形。从变形速率上看,边坡变形速率基本维持在1 mm/d以下,同样说明了边坡目前没有发生滑坡的可能。

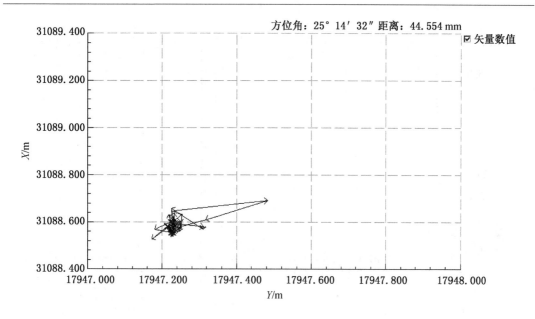

图 9-10 GPS-XDE 平面位移矢量轨迹

4. 布沼坝露天矿

从地表 GPS 监测数据上看，边坡仍处于变形状态中，GPS340、GPS342、GPS344 水平变形量分别为 1709 mm、1851 mm、1920 mm。由于 GPS344 位于变形区后缘，其沉降量相对较大，达 1623 mm，而 GPS340 位于变形底鼓区，底鼓量达 193 mm。每个监测点变形趋于一个固定方向，变形方向为 103°~117°。从 GPS 监测点变形速率上看，受到雨季的影响，边坡变形基本维持在 10 mm/d。

本次边坡中布设的滑动式测斜孔分别为 DX342、DX344、DX346，其中 DX344、DX346 沿着边坡变形方向上 346 剖面布置，其深部位移变形曲线如图 9-11 所示。

对于 DX346 监测孔，监测曲线呈剪切-滑移模式，监测管在地下 79 m 位置处剪断，根据工程地质钻探揭露，该位置恰为煤层与黏土岩的分界面，说明了西帮后缘变形沿着煤层底板发生蠕滑。对于 DX344 监测孔，监测曲线也呈剪切-滑移模式，呈多层剪切特征，最终在地下 35 m 位置处剪断，结合钻探情况，该位置位于煤层下黏土岩中。

DX—342 监测钻孔水平标高为 +1053 m，煤层底板标高为 +945 m，该孔剪切破坏位置在地下深度 103 m，也位于煤层底板，呈剪切-滑移破坏模式。

5. 布沼坝西帮边坡滑面形态确定

从剖面上看，滑带形成后，滑体内的位移矢量会表现出一定的规律性，且可以判断潜在滑体的规模。常见的部分滑面形态有圆弧型、直线型、外凸折线型和上缓下陡型（图 9-12）。

（1）圆弧型滑面。对于圆弧型滑面，在剖面上，边坡发生整体性滑动时其滑坡体内各点的位移矢量的法线相交于一点或一个相当小的区域。

（2）直线型滑面。对于顺层岩体边坡，沿层面滑动是其一种可能的破坏模式。这种情况下的边坡在滑体内各测点的位移矢量在剖面上呈现大致平行的特点。

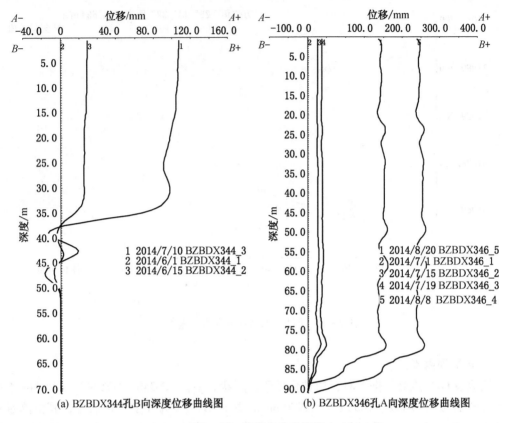

(a) BZBDX344孔B向深度位移曲线图　　(b) BZBDX346孔A向深度位移曲线图

图9-11　深度位移曲线图

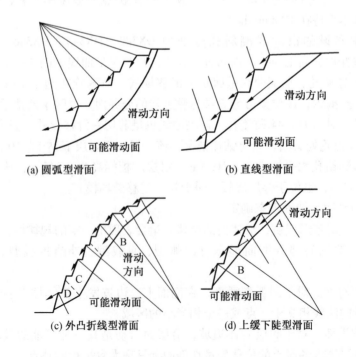

(a) 圆弧型滑面　　(b) 直线型滑面

(c) 外凸折线型滑面　　(d) 上缓下陡型滑面

图9-12　四类典型滑面位移矢量特征

(3) 外凸折线型滑面。外凸折线型滑面，其滑坡体一般会分解成几个块体，如图 9 - 12c 中的 A、B、C、D 块体。各块体中的位移矢量法线具有与直线型滑面滑体位移矢量法线相同的特征，且 A、B、C 块体中的位移矢量法线会在边坡内部相交，而 C、D 块体中的位移矢量法线会在边坡外部相交。

(4) 上缓下陡型滑面。上缓下陡型滑面，滑坡体一般也会分解成 A 和 B 两个块体。A、B 块中的位移矢量具有与外凸折线型滑面滑体中位移矢量相同的剖面特征，同样 A 块体和 B 块体中的位移矢量也会在边坡内相交。

由图 9 - 12 可知，当边坡岩体出现滑动破坏时，滑坡体内各点的位移矢量会因滑坡形态不同表现出不同的规律。但不管滑面呈何种形态，对潜在滑体地表上任一变形监测点作垂线延至滑面，其交线位置的变形矢量与监测点的变形矢量方向基本平行。

为了验证滑坡体地表位移矢量方向与其对应的滑体上的内部变形矢量方向的一致性，采用有限差分软件 $FLAC^{3D}$ 建立一边坡模型进行分析，边坡按单一材料属性赋各种参数，边坡变形矢量计算结果如图 9 - 13 所示。

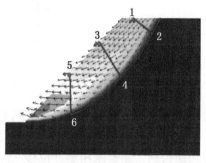

图 9 - 13　边坡位移云图及位移矢量

依据边坡变形范围确定潜在滑面的位置及形态，在坡体表面布设 3 个监测点，分别为 1、3、5，过每个监测点作与矢量方向垂直的直线并延伸至滑面，交点分别为 2、4、6，对这 6 个监测点进行监测，再次计算，分别对比这 3 组监测点的平面矢量方向。各监测点 X、Z 方向位移情况如图 9 - 14、图 9 - 15 所示。

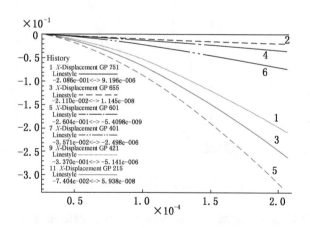

图 9 - 14　各监测点 X 方向位移

根据监测点 X、Z 方向的变形量，分别计算 6 个监测矢量方向与 Z 轴负方向的夹角，监测点 1 和 2 的角度分别为 47°、48.6°，监测点 3 和 4 的角度分别为 65.7°、68.2°，监测点 5 和 6 的角度分别为 83.6°、87.1°。通过对比，可得出其矢量方向基本平行，角度差别很小。因此，可先通过深部位移监测数据确定不同监测位置的滑面深度，再结合地表监测数据确定潜在滑面的形态，同时考虑后缘拉裂缝和前缘底鼓（剪出口）的位置，综合确

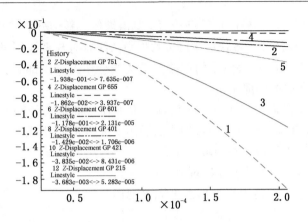

图 9-15　各监测点 Z 方向位移

定精确的滑面,据此可以比较准确地进行边坡稳定性分析。

对于深部位移监测而言,深部岩体变形监测数据可以用来进行边坡稳定性判断和潜在滑动面判别。主要采用累计位移-深度曲线进行滑面判断:一般滑面位置在累计位移-深度曲线相邻一对正负曲率最大点之间;若为多滑面或滑带,将出现几对正负曲率极大值点。累计位移-深度曲线反映了岩体内部不同深度范围岩体应力变化过程和变形特征。典型的地下岩体位移监测曲线特征及其常规模式如图 9-16 所示。依据地下位移监测曲线可确定边坡变形破坏类型和特征,并可确定滑动面或滑动带位置以及滑动规模。

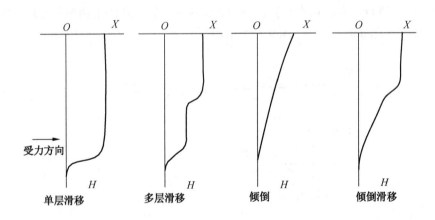

图 9-16　地下岩体位移曲线特征图

本次依据布沼坝矿区西帮边坡人工 GPS 监测结果、深部位移监测结果、潜在滑体后缘及底鼓位置确定滑动面。本次新建剖面线为 346′剖面,剖面线上深部位移监测孔为 DX344、DX346,其剪切位置分别为地下 79 m、35 m,而研究剖面上投影的沿剖面变形的人工 GPS 监测点为 JW345-C、JW346-6、JW344-7、B342-2,分别确定其水平位移矢量值及累计垂直位移量,从而确定边坡监测点变形矢量方向。结合底鼓区的位置,可以确定西帮潜在滑体的滑面形态及位置,边坡主滑段变形主要沿煤层底板发生剪切蠕滑,局部位置随煤层厚度改变稍有区别,本次以 346′剖面为例确定的西帮边坡滑面如图 9-17 所示,据此可比较准确地来进行西帮边坡稳定性分析及西帮煤层开采设计。

9 边坡监测与滑坡预测预报

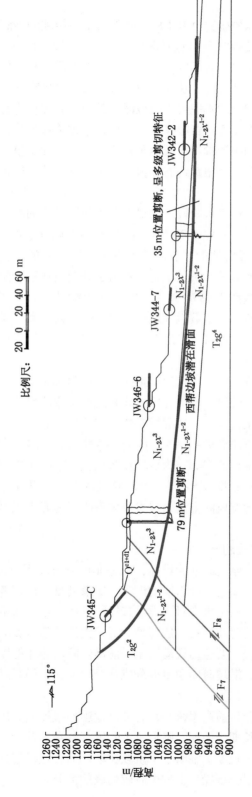

图 9-17 布沼坝西帮边坡滑面形态

9.4 滑坡预测预报

人们对滑坡由浅入深的研究已有100多年的历史，滑坡的预测预报是科学界公认的尖端课题。广义而言，滑坡预测预报包括时间预报、空间预测及灾害预测。从狭义的角度讲，滑坡的预测预报仅指滑动时间的预报。由于滑坡地质过程、形成条件、诱发因素的复杂性、多样性及其变化的随机性，从而导致滑坡动态信息极难捕捉，加之滑坡动态监测技术的不成热和滑坡预报理论的不完善，滑坡时间预报一直被认为是一项十分困难的前沿课题。尽管如此，经过广大学者的苦心探索，滑坡预报理论和方法有了较大的发展，经历了从现象预报、经验预报到统计预报、灰色预报，再到非线性预报的历程，目前已进入了系统综合预报、全息预报和实时跟踪动态预报的阶段。国内外滑坡预报研究的发展大体上归纳为3个阶段。

采用经验－统计学方法预报阶段。在滑坡灾害预测预报的专门研究中，日本学者斋藤迪孝可能算是先驱代表之一。他于20世纪40年代中期就开始有关滑坡预报的试验研究，并于1963年提出一个预报滑坡的经验公式及图解，即著名的"斋藤法"，可以作为滑坡预报研究工作的起点；他通过大量的试验，提出了蠕变破坏三阶段理论，建立了加速蠕变的微分方程，曾利用该模型于1970年对日本高场山滑坡进行了成功预报。随着概率论、数理统计、灰色系统理论、模糊数学等现代数学理论的诞生和广泛应用，国内外学者在此基础上建立了多个滑坡预报模型。王思敬于1984年提出了边坡失稳前总变形量和位移速率的综合预报方法。

预测滑坡学形成阶段。自20世纪80年代始，预测滑坡学逐渐成为滑坡学和预测学科交叉的分支学科。在这一阶段，不但经验公式和统计学方法有了进一步的发展，还出现了敏感性制图、信息论等预报方法、数理科学的一些新理论。

现代科技全新预报阶段。近些年来，随着一些新的、先进技术手段的应用和发展，一些相邻学科的渗透和新学科的兴起，为滑坡预报研究提供了新的理论方法和观测、试验、计算手段。滑坡研究者开始将GIS技术、InSAR技术、专家系统的理论和方法等运用于滑坡的预测预报中，边坡稳态监测方法、技术及设备研究为岩土工程界所重视，并取得了可喜的成绩。

9.4.1 滑坡时间预报阶段划分

滑坡时间预报以发生剧滑时间为目标，但并非所有滑坡都可以发生剧滑。概略地说，滑坡运动方式有三种：蠕动型、间歇蠕动型和一次滑动型。前两者通常不会发生剧滑，或一次滑动距离较小，它们虽然也会对人类及其经济活动产生程度不同的危害，但通常不会造成较大灾害，所以滑坡时间预报一般都是针对一次滑动型滑坡的。一次滑动型滑坡剧滑前都有一个孕育发展过程，要经历蠕动挤压、滑动两阶段后才能发生剧滑，都要经历一段或短或长的时间。所以，滑坡时间预报可分成几个阶段，人们可以在不同阶段采取不同的防灾减灾措施。

关于预报阶段的划分目前尚不统一，有的与地震预报类似分成长期、中期、短期、临滑四个阶段，有的分为长期、中期、临滑三个阶段，各自的概念也不尽相同。

我们认为分成长期、短期、临滑三个阶段比较合适，这样划分不论从概念上，还是从预报时段的分割以及预报分析操作上均可有较明确的区分。

9.4.1.1 长期预报

长期预报是指当已发现某些滑坡迹象（包括老滑坡的残留迹象和新生滑坡的初始迹象），但尚未出现较明显位移变化时，对滑坡未来的稳定性演化趋势做出的一种预测，在推测稳定性演化趋势时，应考虑到各种自然条件和因素的可能变化。长期预报的结果只是一种"可能性"，在变化的环境条件的影响下，滑坡可能继续保持稳定，或可能失稳下滑。

长期预报的预报期限一般应在一年以上，但也不宜过长，过长则缺乏实际意义。

对处于这一阶段且又会造成较大灾害的滑坡，应立即安排相应的监测措施，在监测的同时，依据方案比选的结果采取必要的工程措施。

9.4.1.2 短期预报

短期预报是指当肉眼可见的变形迹象不断发展，滑体位移已明显进入蠕动挤压阶段（有监测资料做依据）时，对剧滑时间做出的一种较粗略预报。在这一阶段，各监测点位移的时序变化还不是完全确定的，加速、减速等不同运动状态还会交替出现，各监测点的位移特征因某些随机因素的干扰还存在一定差异，未形成较好的同步性，但位移-时间曲线已大略呈现线性特征。

短期预报的预报期限应在一至两个月之内。对已进入短期预报阶段的滑坡，应预测其可能造成的灾害及其影响范围，对灾害区中的人员、物资应组织搬迁及采取其他旨在减轻灾害的防范措施，同时切实加强监测工作。

9.4.1.3 临滑预报

临滑预报是指当滑坡已开始出现整体下滑前的一些宏观变形迹象，滑体位移已明显进入加速段时，对剧滑时间做出的准确预报。在这一阶段，各监测点位移的时序变化已进入确定的或基本确定的状态，不仅各监测点的加速趋势已不可逆转，同时还表现出较好的同步性，位移-时间曲线已呈现显著的抛物线形态。

临滑预报的预报期限应在几天之内。预报精度可以是一个时段，当然最好是"日"甚至是"小时"。对处于临滑状态的滑坡，除立即彻底转移险区中的人员物资外，还应严密监视滑坡动态变化，随时做出并不断修正预报结果，采取一切可能采取的防范和警戒措施，最大限度地减少灾害。

9.4.2 滑坡时间预报参数选取

如前所述滑坡预报可分长期、短期、临滑三个阶段，在这三个阶段中，可选用的预报参数是不同的。长期预报是基于环境条件变化对滑坡稳定性演化趋势的一种预测，既应考虑相对固定不变的地质、地貌等形成条件，也应考虑相对多变的诱发因素。进行时间预报显然应主要着眼于诱发因素，经常遇到的诱发因素是大气降雨及由此而引起的河水位升降和洪水对岸坡的冲刷。降雨是可以较准确预报并可以量化的一个指标，所以，在长期预报中降雨是被广泛使用的一个预报参数。但是，由于降雨本身的复杂性（如雨季的长短及降雨量的多寡，每一次降雨的持续时间及降雨强度等）和降雨引起的斜坡体水文地质条件变化的复杂性，目前还没有一种比较好的使用办法，但在稳定性演化趋势预报中，降雨作为一个预报参数还是有使用价值的，但不宜在短期预报和临滑预报中采用。

在短期预报和临滑预报中可以采用的参数目前仅有声发射计数率和位移两种，但两者在不同阶段发挥的作用有所不同。

岩体的声发射现象是指岩土体在破坏过程中发射出的一种释放应变能的弹性波，其活动的强弱以所谓事件计数率来衡量,声发射信息通过埋设在岩土体中适当部位的探头接收并将其传输给声发射监测仪。

据研究和现场监测,岩土体在破坏过程中确实伴随声发射现象,但岩土体的最终破坏并不发生在声发射活动的高峰期,而是在高峰期之后声发射活动较弱的时候。我们在黄茨滑坡的监测中也发现了这一规律,在滑坡剧滑前一到两个月曾采集到强烈的声发射信号(最高达每小时37238),之后虽也有声发射信号峰值群出现,但总趋势是逐渐减弱的。

因此,采用声发射技术时可以这样认为:如频繁出现强烈的声发射现象,表明岩土体正在加速破坏,滑坡可能在近期下滑(可属短期预报范畴);在高峰期之后声发射活动趋于相对平静时,则表明滑坡将可能很快开始剧滑(属临滑预报范畴)。

滑坡的剧滑或滑动都是滑体在一定时间内发生了或大或小位移的结果,所以用位移速率进行滑坡时间预报是最直接和最易于理解的。但有两点需要说明:一是此处所说的位移是指地表位移,这不仅因为地下位移值的取得比较困难,而且地下位移值不能满足较大位移量的需要;二是依据滑坡的具体情况,地表位移值可取自滑坡后缘裂缝处(适用于主裂缝位移变化可反映整个滑坡动态的小型滑坡),也可取自主滑段滑体表面(主裂缝位移变化不可能反映滑坡整体动态的大型滑坡尤其应采取这种做法)。

滑坡的位移规律符合所谓蠕变三阶段已获公认,如前述,依据蠕变第二阶段的资料做出的预报为短期预报,依据蠕变第三阶段做出的预报为临滑预报。

9.4.3 关于滑坡预报理论和方法的讨论

由于不同预报阶段依据的参数和资料不同,预报的性质和精度也不同,这就决定了预报理论和方法的差异。

9.4.3.1 长期预报方法

1. 经验判断

滑坡的发生与诸多环境因素有关,但对其间的关联多不能准确量化,对问题的判断有赖于综合分析,这种综合分析正确与否或者正确的程度与人们对滑坡孕育过程和发生机理了解的深度和经验的积累密切相关。但这毕竟是一种经验判断,所以常有事物的发展与判断结果相悖的情况发生。

2. 计算稳定系数

一个滑坡能否下滑取决于下滑力与抗滑力的消长变化,当下滑力大于抗滑力时,滑坡便会整体下滑;反之,则会保持稳定。稳定系数 K = 抗滑力/下滑力,依据可能的变化情况给定各有关参数,分别计算抗滑力与下滑力,如 $K<1$,在预测的那个时期滑坡将下滑;如 $K>1$,滑坡将继续保持稳定。经验告诉我们,鉴于参数选取的准确性和代表性及计算断面的局限性等问题,在斜坡当前稳定性计算中常有 $K>1$ 时斜坡不稳定,$K<1$ 时斜坡反而稳定的情况出现。

3. 按降雨量周期预测

在降雨与发生滑坡的关系上,虽然国内外有不少学者进行过研究,但由于降雨特征复杂多变和山体地形地质情况各不相同,一直还没找到两者之间比较准确的定量关系,因而用降雨指标进行滑坡时间预报尚未取得比较令人满意的结果。

其实,降雨量和斜坡失稳之间并没有"直接关系",降雨只有渗透到坡体中才能影响斜坡的稳定,渗透速度和渗水量不仅和降雨有关,还和降雨强度、地形坡度、地表状况和构成坡体的岩土特点有关。所以,在用降雨量这一参数进行滑坡时间预报时,除上述一些具体数据之外,还有一种做法,就是按降雨量周期预测。

一个地区,每年降雨量的多少是不同的,但存在一个大体规律——间隔若干年会有较多降雨。通过调查,可以知道年降雨量达到多少时,滑坡发生较多,而后再根据已经过去的若干年的降雨资料,按某种数学方法寻找今后能触发较多滑坡发生的较大降雨出现的年份,即寻找出较大降雨量的周期,按这一周期适当外延,即可预报今后哪一年可能发生较多滑坡。

这里有两个问题应该注意:一个地区的年降雨量受整个大气环流的影响变化较大,所谓降雨量周期的规律性只是一种"趋势"和"可能",可靠度不是很高;外延年份不能太多,越多则"可靠度"越低,变得没有实际意义。

4. 滑坡稳定度模糊综合评判

在滑坡区段预测中我们应用了模糊数学方法,在滑坡长期预报中同样可以采用模糊数学方法。上面介绍的按降雨量周期预测仅仅考虑了年降雨量的变化规律,其他环境条件都隐含在滑坡发生量多少的调查结果中。模糊综合评判在考虑降雨量(或其他因素)变化的同时,还可以考虑更多的影响滑坡发生的因素,更具科学性。

9.4.3.2 短期及临滑预报的理论和方法

当前滑坡预报均依据位移数据,即依据在位移和时间两变量之间建立起来的数列。滑坡体的位移量与时间之间的关系曲线所表征的即滑坡体的"运动过程",短期和临滑预报就是依据已知的"运动过程"去推断未来的"运动过程"并预测滑坡体下滑的时间,已知的过程越长,对未来过程的推断越准确。所以,滑坡剧滑时间预报也始终是一个过程,一个"逐步逼近"终值的过程。当滑坡已处于蠕动挤压阶段甚至滑动阶段,但其加速趋势并不明显和确定时,则往往只能预报出一个大略的结果,且距剧滑还有一段较长的时间,此即所谓短期预报。只有当加速趋势已十分显著且不可逆转时,才能做出较准确的预报,此时剧滑也就为时不远了,故称其为临滑预报。在临滑预报阶段,同样需要"逐步逼近",在这一阶段滑体位移速度较快,如有条件应连续不断地采集数据并随时修正预报结果,若能如此,则可使预报达到很高的准确度。

目前用于短期预报和临滑预报的理论方法主要有以下几种。

1. 斋藤迪孝方法

斋藤提出,最好在斜坡变形初期依据第二阶段蠕变进行概略预报,接近崩塌时依据第三阶段蠕变进行临滑预报。

依据"恒定蠕变第二阶段蠕变"进行预报是利用以下经统计而得的公式:

$$\lg t_r = 2.33 - 0.916 \lg \varepsilon \pm 0.59 \tag{9-8}$$

式中　　t_r——滑坡破坏时间,min;

ε——恒定应变速度,$\times 10^{-4}$/min;

± 0.59——包含95%的测定值范围。

如把 0.916 近似地看作 1,并省略 ± 0.59,则上式可简化为

$$t_r \varepsilon = 214$$

当坡体位移进入第三蠕变阶段后,利用斋藤图解法常可做出令人满意的预报。

2. Pearl 模型

有的研究认为,"边坡失稳破坏的发展过程曲线与描述生物生长规律的生物生长曲线类似,……可以采用预测生物生长的方法对边坡失稳时间进行预报"。描述生物生长的 Pearl 曲线的一般数学表达式为

$$Y = Kf(t) \tag{9-9}$$

式中 K——常数;

    $f(t)$——自变量 t 的多项式,即 t^m,$f(t) = a_0 + a_1 t + \cdots + a_m t^m$。

简化后得

$$Y = K/(1 + be^{-at}) \tag{9-10}$$

按一定的方法求出参数 a、b、K 即可进行预报。

Pearl 模型作为一种预报方法可以进行探讨,但我们认为 Pearl 曲线与表征斜坡破坏的蠕变曲线在形态和含义上完全不同,尤其是到后期,后者显示的是越到后期变化速率越大。剧滑时间预报就是在该曲线上寻求增量 $\Delta t \to 0$,位移增量 $\Delta s \to \infty$ 的那一点,物理概念清晰而明确。而前者越到后期变化速率越小,利用这一曲线进行剧滑时间预报,其物理概念至少说是不明确的。所以,我们认为利用 Pearl 模型进行滑坡预报是不适宜的。

3. 灰色预报

"灰色系统"理论是由我国学者邓聚龙提出的,邓在其著作中指出,"灰色系统建立的是微分方程描述的模型,微分方程所揭示的是事物发展的连续的长过程"。显然,灰色预报适用于依据位移数据进行滑坡预报。

灰色预报的基本设想是,将原始数据进行适当处理,"使生成后的数据列呈现一定的规律,其相应的曲线(折线)可以用典型曲线逼近,然后用逼近的曲线作为模型,对系列进行预测",最后"指出预测值的未来发展的可能范围"。

4. 回归分析方法

在二维坐标系中,滑坡位移 - 时间关系的散点分布趋势使人们很容易联想到某种二次曲线,故可在两变量间用回归分析方法建立起一个一元二次方程:

$$y = ax^2 + bx + c \tag{9-11}$$

通过把表示该方程的曲线"适当外延",即可解决滑坡预报问题。

通常,预报滑坡剧滑时间就是在曲线上寻求时间增量 $\Delta t \to 0$,位移增量 $\Delta s \to \infty$ 的那一点,此点对应的时间即滑坡剧滑时间。

5. 滑体变形理论方法

不论上述哪一种方法,都只能是一个点一个点地进行分析,是对那种仅靠一个点的监测资料便能反映整个滑坡动态的小型滑坡而言。但对于大中型滑坡而言,一个监测点不可能控制其动态变化,往往需设置若干个监测点,由于种种原因,各监测点的位移动态不可能是同步的,更不可能是同一的,因而依据不同点的监测资料做出的预报结果也不相同。

6. 滑坡位移无线遥测预报系统

要想做出准确的滑坡预报,必须采取"逐步逼近"的工作方法,不间断地采集位移动态数据,随时对预报结果进行修正,方能获得最好的结果,即使是在临滑预报阶段也不例外。但是,临近发生剧滑时,为了安全起见,监测人员必须远离滑坡区,不能再到滑坡体上测量或读取位移变化数据,因此研制了滑坡位移无线遥测系统。该系统的核心部分是遥测主台以无线方式与遥测分台进行长距离的无线通信(通信可达 10 km);而分台则是

通过传输线与子分台进行有线通信（一般为几百米，否则将会有干扰），子分台不能与主台直接联络，而必须通过分台。主台作为整个系统的主控中心，直接控制分台进行相应的工作，分台根据主台的命令指挥子分台进行相应的操作，不用变化频率。主台可带 8 个分台，每个分台又可带 8 个子分台，又因分台也能同时监测数据，故一个完整的遥测系统可以同时监测 72 个点，可以满足一个大型滑坡或几个中小型滑坡的监测需要。主台可以与计算机和打印机直接相连，一旦与计算机联机后，主台就受计算机控制，此时所有命令均由计算机发出，主台就作为一个接收器将其收到的各个分台、子分台的信息自动输入计算机内，计算机通过"滑坡破坏时间预报分析计算软件"进行预报及报警工作。该系统具有功耗低、工作稳定可靠、自动化程度高以及操作简便等特点，适合野外工作条件，尤其是在寒冷冬季 -25 ℃ 的气候条件下，仍能长期稳定可靠地工作。

9.4.4 总结

（1）在滑坡预报中，应特别重视数值预报，仅凭宏观变形迹象判断可能会得出错误的结论。

进行滑坡预报工作，必须采用必要的监测设备，必须依据数据分析，宏观前兆现象不宜作为唯一的依据。

（2）单点自记位移计。当滑坡规模较小，后缘裂缝较少，单点位移计的测线能够控制所有后缘裂缝时，位移计记录的资料才能反映滑坡的动态，其资料才能用于预报分析。否则，将不能依据其监测数据做出预报。

（3）对地形复杂的大型滑坡还应该设置传统的地面监测网。大型滑坡，尤其是地形复杂的大型滑坡，其动态特征往往也比较复杂，单靠设在后缘的位移计不足以监测其动态，在主滑段斜坡上埋设用经纬仪监测的地面监测桩是非常必要的。

（4）滑体变形功率理论用于滑坡预报是可行的。滑体变形功率理论用于滑坡预报不仅可行，而且是可靠的，它与回归法和图解法等单点分析方法不同，预报结果不是一个时段，而是一个具体的时刻。这种方法采用了计算机技术，可以很快对所获位移信息进行计算处理。但除位移数据之外，这种方法还需要一个参数——滑坡下滑的力 F，这就要求对滑面深度要有比较确切的估计。

（5）蠕变曲线具有较好的适用性。自 20 世纪 60 年代斋藤迪孝提出滑带土的蠕变曲线并用于滑坡预报以来，我国在严格意义的而不是反演的滑坡预报中，运用斋藤蠕变曲线及其提出的图解法还是第一次。实践证明，在滑坡的变形过程中，蠕变三阶段符合实际，如果具备足够的图解经验和较好的适用条件，图解法也可以获得很好的预报结果，且工作方法极其简便。

（6）对一条蠕变曲线进行单点分析时回归法可得唯一解。回归法虽然与图解法一样，依据的也是每一点监测的位移 - 时间资料，但它具有图解法所不具备的两大优点：①依据数理统计原理计算出的公式和曲线能够最好地反映不同时间的唯一变化规律，消除了图解法的人为影响，每一条蠕变曲线只能得出一个唯一解；②可以采用现代化的计算机技术，能大大缩短每一次预报分析的时间，有利于进行实时跟踪预报。

（7）"多种手段、系统监测、逐点分析、逐步逼近、综合决策、总体预报"的工作方法是正确的、合理的。

对大型滑坡而言，不论采取怎样的监测措施，都不是仅靠一个监测点就能解决问题的，必然会在有代表性的地方设置若干个监测点。由于种种原因，这些监测点的动态特征不可能是统一的，即便是临近剧滑阶段。因而，也就不可能用一条蠕变曲线来表示所有监测点的动态。绝大多数情况下，一条蠕变曲线只能表示一部分滑体的动态过程。所以，当采用回归法和图解法时，只能逐条曲线分别分析计算，而后再从统计观点出发，将所有监测点的分析计算结果综合起来，经合理取舍后做出预报。这就决定了其最后预报结果通常不会是一个具体的时刻，而是一个比较集中，甚至相当集中的时段。

（8）在滑坡监测中应特别重视主滑段的位移量。在滑坡孕育过程中，通常总是后缘拉裂缝最先出现，且变化较显著，因而是滑坡监测人员最关注的地方。但常常在最早出现的裂缝之前或之后会出现新的裂缝，如监测仪器不能及时全面地加以控制，监测资料的准确性就会受到不同程度的影响。滑坡主滑段斜坡上通常没有这种现象，只要地形条件许可，用经纬仪、水平仪即可进行监测，且资料可靠。

（9）应提倡多手段的综合监测。在实际监测中应采用多种手段进行，有的虽然对预报没有起直接作用，但对了解滑坡各部位的动态有重要意义，对判断滑坡性质等大有裨益。

9.5 露天煤矿典型顺层滑坡边坡监测分析案例

2018 年魏家峁煤电公司露天煤矿在剥离推进过程中，由于矿区工作帮边坡属于顺倾边坡，工作帮中部在 1112 水平以上的土岩分界面处突遇软弱土层，内部含大量积水与淤泥，积水持续涌出，淤泥层不断塌陷滑落。2018 年 10 月 23—30 日，1112 - 1128 台阶、1128 - 1144 台阶、1144 - 1160 台阶、1160 - 1176 台阶及原始地形陆续出现裂缝，并伴随台阶沉降。截至 10 月 30 日，地表最大沉降约 2.5 m 且沉降边缘持续外扩，下部的 +1128 m 水平、+1144 m 水平、+1160 m 水平错落式沉降加剧。滑坡隐患区域后缘下沉、前缘鼓起，第一级滑体已初步形成。边坡变形区域后缘宽度约为 355 m，前缘宽度约为 475 m，影响范围大，滑体体积约为 125×10^4 m³（图 9 - 18）。

在滑体上设置 P - 1、P - 2、P - 3 3 条监测线共 9 个监测站进行地表位移监测，GPS 监测点布置如图 9 - 18 所示，GPS 监测位移变化值见表 9 - 5，GPS 监测点位移历时曲线如图 9 - 19 所示。

表 9 - 5 滑坡区域 GPS 监测点累计位移值

区域	点号	累计水平位移矢量值/mm $S_n - S_1$	方位角/(°) W	累计垂直位移量/mm $H_n - H_1$
魏家峁露天矿工作帮 GPS 监测点	DW1	1398.08	41.9	-2510.4
	DW2	1176.65	48	-1454.6
	DW3	2179.61	31	-1551.1
	DW4	57.89	32.2	-50.5
	DW5	102.14	48.2	-44.6
	DW6	2050.65	37.9	-1285.3
	DW7	2530.78	46.5	-128.8
	DW8	3228.2	36.2	-305.1
	DW9	2933.49	38.9	-166.4

图 9-18 魏家峁露天矿工作帮滑坡航拍图

从表 9-5 中可以看出，DW1、DW2、DW9、DW8、DW3、DW6、DW7 这七个监测点累计位移量较大，移动明显，且方位角较为接近，为 31°~48°，由此可大体确定滑体范围以及滑体的滑动方向。从位移量数值上可以看出 P-2 监测线上测点（DW1、DW2、DW9、DW8）的位移量比 P-3 监测线上测点（DW3、DW6、DW7）的位移量大。从平盘上监测点位移数据分析可知，+1128 m、+1144 m 平盘上监测点（DW6、DW7、DW8、DW9）的水平位移量较 +1260 m 平盘上监测点（DW1、DW2、DW3）的水平位移量大，而竖直位移量上则是 +1260 m 平盘上监测点较大，说明了 +1260 m 及以上平盘位置处岩土的移动以坐落为主，+1128 m、+1144 m 平盘位置处岩土的移动以向临空面滑移为主。此外，DW4、DW5 位于滑坡范围外。DW1、DW2、DW4、DW8、DW9、DW7 这 6 个监测点的水平向一直向东北方向滑动；而 DW3、DW6 这两个监测点基本向北北东方向移动，DW5 监测点一直向北东东方向移动。说明北东方向为滑坡主要滑动方向，DW1、DW2、DW8、DW9 所在 P-2 剖面近似为滑坡坡体中轴线，DW5、DW3、DW6 这三个监测点向中轴线方向汇聚。

从 GNSS 监测点位移历时曲线（图 9-19）中可以看出，2018 年 11 月 15 日以前，滑坡体处于加速变形阶段，11 月 15 日以后处于匀速变形阶段，其水平位移和竖直位移均稳定缓慢增长，分析原因如下：前期由于外界水渗入基底，弱化基底土体强度，基底抗滑力降低，加上边坡顺倾，使得边坡变得不稳定，随着被浸润基底土体的饱和，基底土体强度不再降低；恰逢冬季，气温低至 -24 ℃，坡脚地下水结冰，增强了坡脚处土体的黏聚力，进而增加了坡体的抗滑力。同时，滑坡体在变形的过程中，坡脚逐渐产生底鼓，底鼓区起

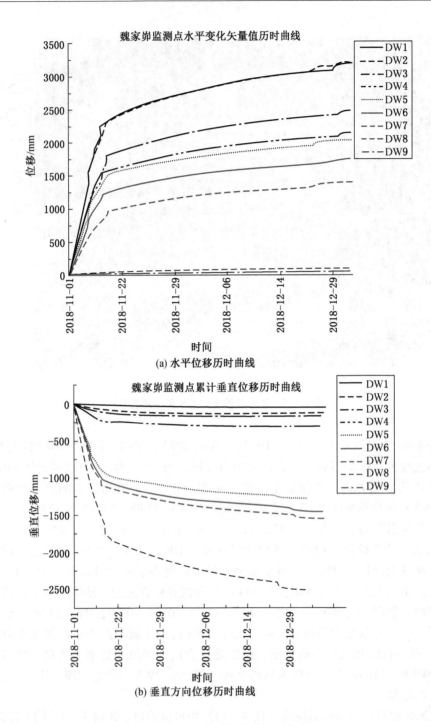

图 9-19 GPS 监测点位移历时曲线

到阻滑的作用，提高了滑体的抗滑力，当抗滑力可以抵消部分潜在滑体的下滑力时，滑坡体变形移动减缓。

为了更准确地找到魏家峁露天矿工作帮边坡潜在滑带，补充在 ZK1、ZK2、ZK5、

ZK3、ZK6、ZK4 安装测斜管，利用滑动测斜仪进行地下水平位移精确测定，确定滑带层位。

深部地下位移监测是通过仪器测量地下岩体相对于稳定地层的位移量、位移速度和方向，从而确定移动岩体的滑移面和变形变化规律。一般方法是通过钻探，并在钻孔内安装具有十字正交专用测试导管实现。当边坡岩体变形时，埋设在边坡岩体中的测试导管即感受到边坡岩体的变形，岩体变形使测试导管产生与岩体变形相对应的弯曲变形，可通过导管各段的倾角（或水平位移）变化反映出来。

ZK1 监测孔远离滑坡后缘，不会发生滑动，其主要作用是揭露地下地层分布。对于 P-1 剖面的 ZK2、ZK3，P-2 剖面的 ZK5、ZK6，P-3 剖面的 ZK4 监测孔，监测结果如图 9-20～图 9-24 所示。

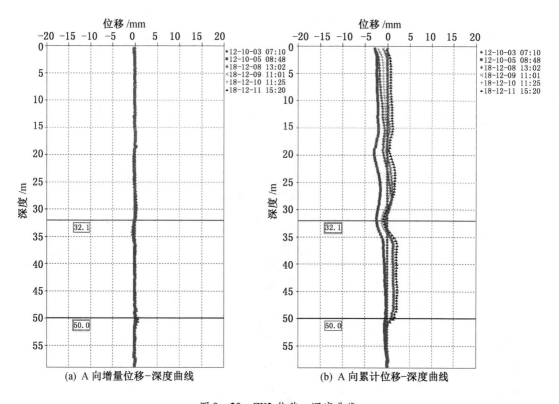

图 9-20 ZK2 位移-深度曲线

深部岩体变形监测数据可以用来进行边坡稳定性判断和潜在滑动面判别。主要采用累计位移-深度曲线进行滑面判断。一般滑面位置在累计位移-深度曲线相邻一对正负曲率最大点之间；若为多滑面或滑带，将出现几对正负曲率极大值点。累计位移-深度曲线反映了岩体内部不同深度范围岩体应力变化过程和变形特征。依据地下岩体位移监测曲线可确定边坡变形破坏类型和特征，并可确定滑动面或滑动带位置以及滑动规模。

从增量位移-深度曲线上看，ZK3、ZK6 在孔口下 32 m 和 27 m 处发生了明显的剪切变形，由此可确定滑面的深度。从累计位移-深度曲线上看，边坡破坏模式可以确定为剪切型变形。其他各测斜孔测定滑面位置见表 9-6。

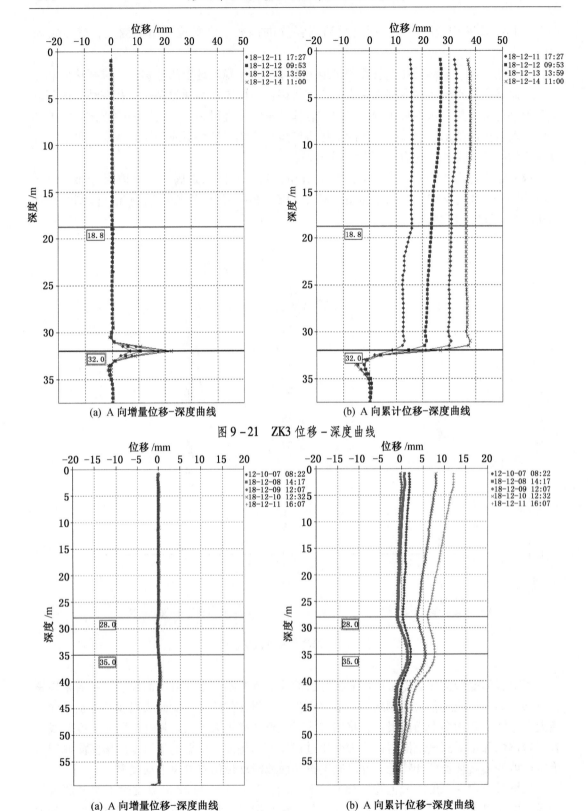

(a) A 向增量位移-深度曲线　　(b) A 向累计位移-深度曲线

图 9-21　ZK3 位移-深度曲线

(a) A 向增量位移-深度曲线　　(b) A 向累计位移-深度曲线

图 9-22　ZK5 位移-深度曲线

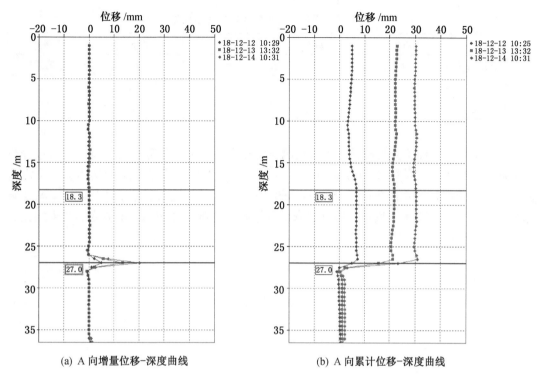

图 9-23　ZK6 位移-深度曲线

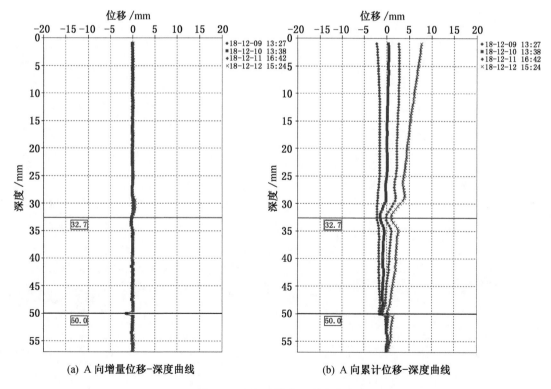

图 9-24　ZK4 位移-深度曲线

表 9-6 滑坡区域测斜孔监测滑面位置

测斜孔	ZK2	ZK3	ZK5	ZK6	ZK4
滑面深度/m	无	32	无	27	无
所属剖面	P-1	P-1	P-2	P-2	P-3
破坏模式		剪切	倾倒	剪切	

通过 GNSS 位移监测与滑动测斜仪监测对潜在滑体的运动趋势进行了监测，通过分析监测数据确定潜在滑体的主滑方向为 31°~48°，结合工程地质勘查及滑动测斜，确定滑面位于强风化泥岩和强风化砂岩交接面处的演化弱层部位，边坡处于临滑状态，呈剪切破坏模式，由于受小范围的底鼓压脚和极寒天气影响，导致土体冻结，滑坡变形暂未加速。

10 蠕动边坡变形动态控制技术

10.1 概述

10.1.1 露天煤矿边坡岩体工程地质特征

煤系地层为沉积岩地层，其岩体工程地质特征不同于其他矿床。我国已查明适合露天开采的煤系地层主要有3个地质时代：一是石炭二叠系含煤地层。主要分布在内蒙古西部、山西等黄土高原地区；二是侏罗系含煤地层。主要分布于内蒙古东部、黑龙江北部和辽宁等地；三是第三系含煤地层，以抚顺西露天矿为代表。由于不同地质时代沉积环境、成因条件的差异，反映在工程地质条件方面，便独具其复杂特征。

（1）正交异性特征。煤系地层呈层状分布，岩体介质在垂向上变化频繁，物理力学性质差异较大。

（2）倾斜层状特征。基于原始沉积条件、环境与地质构造作用，几乎所有矿山地层均呈倾斜状态，近水平煤田仅属少数，大都在 10°~30°倾角范围内。

（3）原生结构面优势发展特征。岩体结构中原生结构面发育，且连续性、二维延展性均好。在原生结构与地质构造作用等因素影响下，结构面强度低。岩体破坏时，始终具优势发展特征，并多构成滑床或其他边界条件。

（4）弱层特征。露天煤矿在形成工程岩体的过程中，弱层的赋存、发育、发展，主要可分为三种类型：一是原生弱层。主要表现为煤层顶、底板岩石中的软弱泥岩、炭质泥岩等夹层。在含水情况下，本身强度很低，发育连续、范围大，工程采动后，是形成露天矿滑坡灾害最为普遍的因素；二是构造弱层。沿主要构造结构面发育，一般表现为断层泥或结构面中的错动夹层。在工程动力作用下，因环境物理条件改变而发育为弱层（面）；三是次生弱层。在采矿工程作用下，由于地质营力和环境物理条件的改变，致使岩层体在垂直向某层段物理、化学条件改变，从而强度骤变，形成软弱带。

（5）岩体工程性质的非线性特征。受原始沉积条件、环境与地质构造作用，以及工程应力作用，岩体工程性质呈现非线性变化。

10.1.2 露天煤矿蠕动边坡工程岩体破坏机制

露天煤矿边坡主要由沉积岩组成，而且赋存有含黏土质较多的软弱岩层、断层破碎带，软弱结构面与边坡面的不同组合关系就构成了不同的边坡变形破坏类型，软弱结构面对边坡稳定起着控制作用。

地下水对边坡稳定作用明显，其不仅弱化软弱岩层强度，而且地下水压的浮托作用，可使软弱结构面强度降低。边坡变形破坏过程对地下水压的变化极为敏感。

同时，软弱岩层遇水软化，呈塑性状态，具有明显的流变特性，其应力-应变关系随应力作用时间变化而变化。因此，边坡的稳定状态随边坡存在时间的延续而变化。通过露天煤矿边坡岩体工程地质特征分析，总结以往露天煤矿滑坡破坏规律，边坡岩体破坏除受地下水影响明显外，岩体的结构控制规律是明显的，主要表现在以下几方面。

（1）受主体构造结构面控制岩体破坏形式。开采空间内主体构造形迹及其派生的结构面的组合形式，基本控制了开采空间内可能出现的岩体破坏形式、规模与位置。随着工程岩体几何边界的改变，因岩体内应力状态的调整和结构面物理力学性质的变化，其破坏形式、规模、位置将呈规律变化。

（2）复合结构岩体介质性质差异控制的破坏形式。煤系地层因沉积环境改变或后期构造运动使相邻层位介质性质差异较大，岩体多呈互层结构。这种变化反映在工程岩体内，因物理力学指标的巨大差异，开挖岩体破坏几乎无法避免。

（3）弱层控制的岩体破坏模式。受弱层控制的岩体破坏是导致露天煤矿边坡破坏最为常见，也是发育最多的一种滑坡。其基本形式是呈平面滑动，每当矿山采掘工程切断底部弱层，或坡角稍陡，底部支撑不足时，滑坡即会发生。

（4）由软弱基底制约的排土场边坡破坏。我国兴建的大型露天煤矿，大多分布于我国西部和东北的黄土高原与丘陵地区，在软弱基底上构筑排土场后，其稳定问题已显得十分突出。

10.1.3 露天煤矿边坡变形与失稳灾害类型

我国露天煤矿边坡因受工程地质条件、水文地质条件及开采条件等综合因素影响，几乎都发生过规模不等的变形、失稳灾害，给矿山生产安全带来严重的影响。边坡变形、失稳灾害的发生都有其特点，对其认识不但要从地质背景条件上，而且要从变形、滑体、滑床形态、滑体的变形破坏方式，乃至滑坡的运动形态等方面对其进行分类，揭示其基本模式或类型。

露天煤矿滑坡从运动速度上主要存在两种形式，一是高速滑坡，二是蠕动破坏。一般发生高速滑坡均与采矿工程活动直接相关，这类滑坡，可通过协调采矿工程活动予以控制。而蠕动破坏是露天煤矿边坡变形破坏的主要形式，其主要特征变形表现为变形历时时间长，变形量大，且不同滑坡破坏模式下，其空间破坏形态各异。我国露天煤矿边坡变形、失稳灾害最大、影响最严重的主要有顺层边坡变形破坏、倾倒边坡变形破坏、倾倒滑移边坡变形破坏、座落式边坡变形破坏、沉陷滑移边坡失稳破坏等。

10.2 蠕动边坡变形控制技术与理论

10.2.1 蠕动边坡变形、失稳动态控制理论

采矿边坡存在于一定的地质环境中。边坡岩体的不连续性、非均质性、各向异性以及赋存条件的差异性，以不同方式的组合构成边坡工程岩体的复杂模式，而在采矿工程活动荷载作用下，边坡岩体的变形、破坏形式和机制等显示出高度差异性。因此，要正确认识蠕动边坡岩体的环境条件和物理力学属性、系统分析边坡动态稳定性演变，提高边坡控制技术水平。

一般情况下，根据滑动面剪应力 τ 与长期强度 τ_∞ 之间的相互关系，可以将蠕动边坡的蠕变分为两大类：当 $\tau \leqslant \tau_\infty$ 时，属稳定蠕变；当 $\tau > \tau_\infty$ 时，属非稳定蠕变。采矿工程中边坡的稳定性一般有如下关系。

临时边坡工程极限稳定准则：

$$\tau_y \leqslant \tau \leqslant \tau_p \tag{10-1}$$

一般边坡工程的稳定准则：
$$\tau_\infty \leqslant \tau \leqslant \tau_y \tag{10-2}$$
永久长期稳定的边坡工程稳定蠕变准则：
$$\tau \leqslant \tau_\infty \tag{10-3}$$

式中　τ_p——峰值强度；

τ_y——屈服强度；

τ_∞——长期极限强度。

控制永久长期稳定的边坡工程稳定性应从蠕动变形减速阶段就开始进行，越早控制的则 τ、τ_∞ 差值越小，所需提供的控制力也越小。

10.2.2 蠕动边坡变形、失稳动态特征

1. 岩体开挖的瞬时状态

（1）露天煤矿边坡的工程地质特征。露天煤矿边坡主要由沉积岩层组成，而且赋存含黏土质较多的软弱岩层和断层破碎带，软弱结构面与边坡面的组合关系就构成了不同的边坡变形破坏类型，软弱结构面对边坡稳定起着控制作用。地下水对边坡稳定作用明显，不仅使软弱岩层软化，呈塑性状态，而且地下水压的浮托力作用可使软弱结构面强度降低。所以，边坡变形破坏过程对地下水压的变化极为敏感。

软弱岩层遇水软化，呈塑性状态，具有明显的流变特性。其应力－应变关系随应力作用时间变化而变化。所以，边坡的稳定状态是随边坡存在时间延续而变化。

（2）边坡岩体的应力状态。蠕动边坡变形失稳一般都要经过初始蠕动变形、等速蠕动变形和加速蠕动变形 3 个阶段。事实上，边坡失稳的蠕变特性通过位移监测都可以清楚地观测到，它可能是某一种曲线表现形式。边坡开挖前，地层中岩体基本属于稳定体。开挖后的瞬间，边坡中的应力重新分布，一般都要发生初始蠕动变形，软弱岩层的蠕变过程分为衰减蠕变和非衰减蠕变。

当剪应力 $\tau \leqslant \tau_\infty$，亦剪应力 τ 小于或等于弱层的长期极限强度 τ_∞ 时发生衰减蠕变，衰减蠕变经初始蠕变阶段后，应变将趋于常量，岩体不发生破坏。当 $\tau > \tau_\infty$ 时，则发生非衰减蠕变，其变形过程为：经初始蠕变阶段后，将过渡到稳态蠕变，变形速度近似为定值，当变形达到一定程度后，即进入加速蠕变阶段直至破坏。所以，非衰减蠕变具有产生失稳破坏的潜在可能性，对于边坡工程来说，当变形进入加速距离后，距离剧滑的时间已为期不远，所以将稳态蠕变向加速蠕变过渡的临界应变量，称为破坏应变量。试验证明，对同种岩土来说，破坏应变量接近常量。

（3）蠕动边坡蠕动变形特征。对软弱结构面控制的边坡来说，其变形动态曲线可划分为 3 个阶段：初始变形阶段、稳态变形阶段、加速变形阶段。初始变形阶段的特征是变形速度逐渐降低，最后变形速度基本上稳定在某一定值，此时即进入稳态变形阶段。当变形累积到破坏变形量时，边坡变形将过渡到加速变形阶段，直至滑坡。因而可依据软弱结构面的流动特性来预测边坡的变形动态和加速阶段来临的时间。如预测的加速阶段来临时间比边坡服务年限短，则需采取措施降低边坡变形速度，推迟加速阶段来临时间。当加速阶段来临后，则可运用相应临滑预测模型，以预测剧滑发生的时间。

2. 蠕动边坡变形、失稳控制原则

蠕动边坡变形、失稳控制是对设计实施的处于非稳定蠕动边坡的变形控制，其原则是

控制蠕动边坡在其服务年限内不发生失稳破坏,即控制边坡变形速度,控制边坡失稳破坏。

蠕动边坡稳定蠕变与非稳定蠕变的转化关系,就是开挖等扰动效应促使稳定蠕变速率阶跃向非稳定蠕变转变,治理工程等控制促使非稳定蠕变速率衰减向稳定蠕变转变,其相互间的转化条件就是蠕动边坡变形、失稳动态控制确定的基础。

(1) 蠕动边坡变形速度控制。稳态蠕动边坡受到扰动效应影响,一般都将发生大变形阶跃,可能出现不同的变形发展趋势,这样边坡破坏时间大大提前,变形速度大大加快。为了延长边坡存在时间,减小变形速度,就需要对其采取措施控制,相应控制措施具体可以体现为加速采矿、快速内排护坡、疏干减压、控制开采、减重及抗滑支挡等增加有效抗滑力,直到控制措施能够满足边坡及地表变形破坏程度极限或设计年限需要或根本控制变形速度为零使边坡永久稳定。

(2) 蠕动边坡失稳破坏控制。蠕动边坡失稳破坏的动态控制核心就是研究边坡优化设计、最小最优治理工程控制、治理工程控制时间和最大允许变形量与治理工程控制。

10.2.3 蠕动边坡变形、失稳动态控制技术途径

通过以上分析,本书给出建立在岩石流变力学原理基础上的蠕动边坡稳定控制原理:将边坡塑性滑移部分岩体的蠕变控制在稳定蠕变范围内就可达到既经济又安全的最佳控制状态,实现这一最佳状态的两个途径分别为:及时提供足以使边坡形成稳定蠕变的工程控制,并使塑性滑移岩体尽快趋于稳定,即达到安全目的;工程控制为刚好满足或推迟边坡进入稳定或等速、加速蠕变阶段,从而达到最经济的目的。

10.2.4 蠕动边坡变形、失稳动态控制技术内容

1. 依据弱层的流变特征来设计边坡

对于由软弱夹层控制的边坡来说,边坡的变形破坏特征主要取决于弱层的流变特征,而弱层的抗剪强度具有时间效应,所以在边坡设计时以长期抗剪强度的流动特性来分析边坡的动态稳定性。

2. 控制地下水压的变化

对边坡稳定来说,地下水压是极敏感的因素,多数边坡失稳破坏都是由于地下水的失控造成的。所以,地下水压监测是边坡监测的重要环节。对于具体的边坡来说,均有一个地下水压的临界值,当地下水压大于此值时,则边坡变形速度增大;小于此值时,则边坡变形速度减缓。所以,应依据地下水压的监测数据,采取适当的措施控制地下水压的变化,以达到控制边坡变形、提高稳定性的目的。

3. 采矿工程的协调

边坡的管理和维护是露天矿生产的重要环节,应尽量缩短最终边坡的暴露时间和服务年限。这样就可使边坡加陡,节约剥离费用。所以,在采矿工艺选择、采区布置、工作线推进方向、采空区利用等方面都应和边坡工程管理结合起来,协调发展,尤其是在工程地质和水文地质条件不好的地区,这一点就更为重要。分区开采、跟踪内排,不仅可缩短运距,提高采矿工艺的效益,而且对"失稳"边坡来说可起到反压护坡的作用。

4. 建立大变形动态监测系统

建立高精度边坡岩体变形动态监测系统,监控边坡变形动态。

5. 采取必要的治理措施

在边坡的服务年限内，对于变形过程中即将失稳破坏的边坡而言，一般是不处理而躲避，但是对于有些重要区段和要害部位，就必须深入研究边坡变形，采取如钢筋混凝土抗滑桩、钻孔锚杆、高压旋喷变形屏蔽桩群和防渗变形墙等控制边坡变形破坏的治理措施，减缓边坡变形的发展，使其不影响露天矿的正常生产，满足边坡服务年限，以最少的投入获得最大的经济效益。

10.3 露天煤矿蠕动边坡抗滑工程设计

10.3.1 抗滑工程设计

抗滑桩是将桩插入滑动面（带）以下的稳定地层中，利用稳定地层岩土的锚固作用以平衡滑坡推力、稳定滑坡的一种结构物。

1. 抗滑桩作用原理

抗滑桩通过桩身将上部承受的坡体推力传递至桩下部的侧向土体或岩体，依靠桩下部的侧向阻力来承受边坡的下滑力，使边坡保持稳定。

2. 抗滑桩的设计

（1）抗滑桩的布置原则。利用抗滑桩加固边坡时，应当注意桩的布设位置。鉴于抗滑桩的作用原理，桩不能设在过于靠近滑坡体的后缘，也不宜设在靠近滑坡体的前缘，否则滑坡体就会在桩下侧出现新的张裂缝，桩就与滑坡体一起滑动；或者滑坡体从桩顶部岩体滑出，就起不到加固滑坡体的作用。因此，桩最合适的位置应设在滑坡体的中偏下部位，保证下侧岩体有一定的体积，能对桩提供足够的抗力。

（2）抗滑桩的间距。合理的桩间距应该使桩间滑体具有足够的稳定性，在下滑力作用下不至于从桩间挤出。抗滑桩的间距受滑坡推力大小、桩型及断面尺寸、桩的长度和锚固深度、锚固段地层强度等诸多因素的影响，目前没有较为成熟的计算方法。根据经验，钢筋混凝土抗滑桩一般采用的间距为 5~8 m。

（3）抗滑桩的锚固深度。锚固深度是指抗滑桩埋入滑面以下稳定地层内的深度。合理的锚固深度应保证由桩的锚固段传递到滑面以下地层的侧向压应力不大于地层的侧向容许抗压强度，以及桩基底的压应力不大于地基的容许承载力。锚固深度不足，抗滑桩不足以抵抗滑坡推力，容易引起桩的失效；但锚固深度过深则又造成工程浪费，并增加了施工难度。根据经验，对于土层或软质岩层，锚固深度取 1/3~1/2 桩长较为合适，对于较坚硬的岩层可取 1/4 桩长。

3. 抗滑桩的优点

（1）抗滑能力大，支挡效果好。一根桩通常可承受数千千牛至上万千牛的滑坡推力，而且可多排桩联合使用，即使大中型滑坡也能治理，被誉为治理滑坡的重型武器。

（2）对滑体稳定性扰动小，施工安全。抗滑桩坑截面较小，加之桩坑的钢筋混凝土护壁支撑，对滑体的稳定性扰动很小，一般不会引起滑坡大的滑动，施工相对安全。

（3）设桩位置灵活。根据工程需要可将桩设在滑坡的前缘、中部或后部，并可单排或多排布设。

（4）能及时增加滑体抗滑力，保证滑坡的稳定。一般抗滑桩分三批施工，每一批的施工时间约 1~1.5 个月，完成一批即可迅速提高滑坡的抗滑力，完成两批基本上可控制滑坡的滑动。

（5）桩坑可作为勘探井，验证滑面位置和滑动方向以便调整设计，使之更符合实际。

（6）预防滑坡可先做桩后开挖，防止滑坡发生。在一些古老滑坡和易滑坡地段，如顺层边坡和高边坡地段，为防止滑坡的复活和新生，可采取先做桩后开挖，能防止古老滑坡复活和因开挖坡体松弛而形成滑坡。

4. 抗滑桩的类型

（1）按桩身材质可分为木质桩、钢管桩、钢筋混凝土桩。

（2）按桩身截面形式可分为圆形桩、管桩、方形桩、矩形桩等。

（3）按成桩工艺可分为钻孔桩、挖孔桩。

（4）按桩的受力状态可分为全埋式桩、悬臂桩和埋入式桩。

（5）按桩身刚度与桩周围岩土强度对比及桩身变形可分为刚性桩和弹性桩。

（6）按桩体组合形式可分为单桩、排架桩、刚架桩等。

（7）按桩头约束条件可分为普通桩和锚索桩等。

实际工作中应根据滑坡的类型、规模和地质条件以及滑床（桩的锚固段）的岩土状况、施工条件和工期要求来选用具体的桩型。

5. 抗滑桩的破坏形式

（1）抗滑桩间距过大，滑体含水量高呈流塑状，滑体土从桩间流出。

（2）抗滑桩抗剪能力不足，桩身在滑动面处被剪断。

（3）抗滑桩抗弯能力不足，在最大弯矩处被拉断。

（4）抗滑桩埋深不足，锚固力不足，桩被推倒。

（5）抗滑桩桩前滑面以下岩土软弱力不足产生较大塑性变形，使桩的变形过大而超过允许范围。

（6）抗滑桩高出滑面的高度不足或桩位选择不合理，桩虽有足够强度，但滑坡从桩顶以上剪出。

6. 抗滑桩设计中的关键技术

（1）滑坡推力及其分布图式。滑坡推力是作用在抗滑桩上的主要外力，其大小通过推力计算确定。国内采用的传递系数法，其作用方向平行于桩以上一段滑动面；其分布图式一般是从滑动面到桩顶范围按矩形分布，规范也做这样的规定，这是比较安全的。但实际上不同类型的滑坡体岩土和结构，推力分布不一定都是矩形，国内外曾有三角形、抛物线形、梯形分布的讨论，但由于实测资料太少，还未形成统一的意见，目前设计上以采用矩形分布较合适。

（2）桩前抗力的大小和分布。所谓"桩前抗力"是指桩前滑体对桩的作用力。由于滑动面的存在，桩前滑体难以形成连续的弹性抗力，一般采用剩余抗滑力（桩在抗滑段时）和被动土压力两者中的较小值，用剩余抗滑力时其分布图式为矩形，用被动土压力时为三角形。当桩前滑体有可能滑走时则不能考虑桩前抗力。

10.3.2 预应力锚（索）设计

10.3.2.1 预应力锚索概述

用于稳定滑坡的预应力锚索是将锚索的锚固段设置在滑动面（或潜在滑动面）以下的稳定地层中，在地面通过反力装置将滑坡推力传入锚固段以稳定滑坡，所以预应力锚索的设计包括了锚索本身的设计和反力装置的设计两部分。

1. 锚索的类型

按荷载传递方式可将锚索分为直孔摩擦型锚索（包括拉伸型锚索和压缩型锚索）、支承型锚索、摩擦－支承复合型锚索。

只有一种传力方式且自由段单一的锚索称为单一锚索，最常见的为摩擦型拉力锚索，这是目前使用最广的一种锚索。这种类型的锚索结构简单、施工方便，但受力状态、传力机制不够合理，在锚固段的上部产生应力集中，沿锚固段长度摩阻应力分布不均匀，锚固段长度超过 10 m 后对提高锚固力已没有明显效果，不利于防锈蚀。所以，近年来出现了单孔复合型锚索。凡是（一束锚索）有两种以上传力方式或自由段不同的钢绞线组成的锚索均称为单孔复合锚索。

单孔复合锚索类型包括：拉力分散型锚索、压力分散型锚索、拉压混合型锚索、扩孔型锚索（包括孔底扩大型锚索和糖葫芦型扩孔锚索）、孔底膨胀锚索、孔底设机械内锚头的锚索。

复合锚固系统的优点是沿整个锚固段长度应力分布相对比较均匀，能充分发挥岩土与锚索砂浆体之间的摩擦阻力、地层的承载力，从而可大幅度提高锚索的锚固力。由于复合型锚索各单元体的自由段长度不一致，在张拉锁定时应进行补偿张拉，使得各单元体的钢绞线受力均匀。原则上对各根钢绞线施加的预应力值与其自由段长度成正比例关系。

2. 锚索的破坏形式

（1）锚索砂浆体与围岩（土）之间的摩阻应力不够大，整束锚索体从锚索孔内被拔出。

（2）围岩（土）抗压强度不够或锚索砂浆体强度不够而导致锚索失败。

（3）水泥砂浆与钢绞线之间的握裹力不够，钢绞线从砂浆体中拔出。

（4）自由段钢绞线被拉断，原因有锚索的自由段长度不足、材质不合格、材料安全系数 K 与荷载安全系数不匹配等。

（5）锚头夹片不合格导致钢绞线滑移或在锚头处将钢绞线卡断。

（6）产生柯因假定性破坏，锚索带着一坨呈 90°角的围岩（土）体被拖出。

（7）群锚锚固段底部同时落在贯通裂隙面外侧，锚索受力后岩体沿裂隙面松动。

10.3.2.2 预应力锚索设计过程

（1）准确地探明滑坡滑动面的位置并计算滑坡推力，这是锚索设计中最基本，也是最重要的一项工作。只有滑动面的形状和深度、滑坡推力大小确定得准确，锚索设计才有了可靠的基础。

（2）根据工程地质和水文地质资料、岩土的力学性质、滑面倾角、深度，做出初步设计和概算，选择适宜的施工工艺，同时做现场抗拔力试验和成孔试验。

（3）根据试验的结果，进行施工图设计。①计算锚索根数 N：按照《岩土工程预应力锚索设计与施工技术规范》（GJB 3635）等相关标准进行设计计算。②有效锚固段长度：锚索的有效锚固段长度 $L_{效}$（即在滑动面以下的锚固深度）由现场抗拔力试验确定。按照《岩土工程预应力锚索设计与施工技术规范》（GJB 3635）等相关标准进行设计计算。应注意自由段长度不能小于 5 m。

受许多因素影响，国内外都缺乏可靠的试验资料，它们与围岩的力学性质、破碎程度、锚孔钻进方式、砂浆质量等多种因素有关，工程人员多根据经验和有关资料类似估计，并采用不同的安全系数来弥补其不足。

一般设计时是按沿滑坡主滑方向单位宽度的滑坡推力 E_i 及锚索在垂直滑动方向的间距（3~4 m）来计算其在竖直方向的根（束）数。因滑坡在主轴附近推力大，故数量需要多；两侧滑坡推力小，故数量应该少些，或间距适当大一些。

(4) 锚索与滑面夹角 α 的选择。设单束锚索的设计承载力为 P，它所提供的抗滑力为

$$P_{抗滑} = P\sin\alpha + \tan\varphi + P\cos\alpha \tag{10-4}$$

当 $\alpha = \varphi$ 时可取得最大抗滑力，但锚索过长，施钻困难不经济；若 α 过大，虽然锚索的长度减小了，但提供的抗滑力也大大减小了，同样不经济。这中间必然存在一个最优夹角 $\alpha_{优}$，一般取 20°左右为宜。

(5) 安全系数。锚索的安全系数是对锚索的工作荷载或锚索轴向拉力设计值而言的，也就是说，设计时所规定的锚索极限状态时的承载力应当是锚索的工作荷载与安全系数的乘积。

适宜的安全系数一般要考虑锚索结构设计中的不确定因素和危险程度，如地层岩性、地下水或周边环境的变化；灌浆与杆体材料质量的不稳定性；锚索群中个别锚索承载力下降或失效所附加给周边锚索的工作荷载增量等。安全系数的要求如下：①根据锚索的设计工作年限及破坏后可能造成的危害程度，严格按我国规范要求，采用相应的安全系数。②在塑性指数大于 17 或地下水发育并有侵蚀性地层中安设永久性锚杆，其安全系数不得小于 2.2。治理滑坡的永久性锚索，安全系数 K 应不小于 2.0。③为检验锚索是否满足安全系数的要求，应取工程锚索总数的 5% 做验收试验。

验收试验的最大试验荷载，永久性锚索取拉力设计值的 1.25 倍，临时锚索取拉力设计值的 1.2 倍。锚索在最大试验荷载作用下，位移保持稳定，且弹性位移应大于锚索自由段长度理论弹性伸长量的 80%，小于自由段长度与 1/2 锚固段长度之和的理论弹性伸长量。

(6) 锚索的防腐。岩土锚固结构的使用寿命取决于锚索的耐久性。对其寿命的最大威胁来自腐蚀。预应力锚索腐蚀的主要危害是地层和地下水的侵蚀性质、锚杆防护系统的失效、双金属作用以及地层中存在着杂散电流。这些危害会引起不同形态的腐蚀发生，如全面腐蚀、局部腐蚀和应力腐蚀。

在国外由于锚索技术早已被广泛采用，小型锚索成型和防锈蚀处理一般在工厂进行。锚索防锈蚀是延长锚索使用寿命、保证锚索正常发挥作用的重要措施。锚索防锈蚀的措施很多，但不管国内还是国外，用水泥砂浆均匀包裹钢绞线仍然是最基本的也是最有效的措施。因此，锚索正确成型下锚，使砂浆均匀包裹是非常重要的。用波形金属管套在钢绞线外面、灌注砂浆、树脂水泥浆与波形管防护套形成双层防护效果最佳。因双层防护造价较高，只有在重要工程上，而且具有强烈侵蚀锚索的环境条件下才采用。

(7) 锚索预应力损失。锚索预应力损失，一般由三部分组成：①施加预应力时，在顶压工作锚具夹片的过程中造成预应力损失，这是不可避免的。这部分预应力损失值在 15% 左右。测出这部分预应力损失并不难，可根据在顶压锚具夹片的过程中高压液压泵压力表的增加值算出预应力损失值。②施加预应力锁定后，在千斤顶卸荷的过程中也会产生预应力损失。锁定后由于千斤顶卸荷，在一段短暂的时间内，钢绞线失去了力的平衡，它

势必会带着夹片向孔内方向回缩，作加速运动，可能还有轻微的滑移。这一部分预应力损失可以通过量测锚具处锚索钢绞线的回缩长度及反力墩位位移计算出来。以上两部分预应力损失值的大小与锚具类型有关。有关资料认为，这两部分预应力损失为2%~3%，实际上可能为8%~10%。③除了上述在锁定和千斤顶卸荷过程中造成的预应力损失外，地层的蠕变、钢绞线的松弛、锚头的松动等因素也都会造成预应力损失。对于滑坡来说，一般情况下预应力损失在滑坡向下蠕动时会加上。

10.3.2.3 预应力锚索施工

1. 施工准备

(1) 施工场地"三通一平"及地表排水。
(2) 按设计孔位坐标测放孔位，偏差不应大于2 cm。
(3) 根据孔深、孔径要求选择钻孔机类型。
(4) 选择张拉设备，张拉设备由千斤顶和高压液压泵两部分组成。
(5) 准备钢绞线、锚具等所需材料和设备。
(6) 有高空作业时需准备脚手架、卷扬机等。
(7) 安排滑坡动态监测。

2. 预应力锚索施工

锚索施工包括以下工序：锚索钻孔、清孔；钢绞线编束成型；锚索安装；孔内压浆；浇筑钢筋混凝土反力墩或地梁及框架；施加预应力；封锚。

(1) 锚索钻孔、清孔。钻机定位必须牢固，按设计下俯角度（一般15°~30°）固定钻孔位置和方向，防止左右和上下偏斜。钻孔实际深度比设计深度要长1 m，留作沉渣段。①滑体为土层或软质岩层，滑床为坚硬岩层时，孔口至滑动面一段应采用三牙轮钻头钻进，用高压风出渣。若这段地层成孔性较好，不需下套管保护孔壁，则按设计孔径裸孔钻进；若这段地层成孔性较差，为防止孔壁坍塌卡钻，应跟套管钻进，其孔径比设计孔径大一个档次。也可以用水泥浆加固孔壁而不下套管，视具体情况而定。滑面至孔底一段，采用冲击钻进。如果滑坡体较厚，即孔口至滑动面一段较深，钻机动力不够，带动大一个档次的套管钻进有困难，而又必须用套管保护孔壁时，就下与设计孔径相同直径的套管，锚固段用ODEX钻具冲击扩孔，保证锚固段孔径满足设计要求。②若地层裂隙发育跑风，岩渣吹不出来，则应采用双管同时推进的钻机或边钻进边灌浆充填裂隙保护孔壁，这样虽然进度慢，但稳妥，不易出现钻探事故。③由于锚索孔向下俯斜一个角度，用高压风出渣比平孔和仰斜孔困难，所以小型空压机不适用，一般采用风量不小于12 m³/min、风压不低于1 MPa的空压机。④不论对岩质地层或土层地层，钻孔达到要求的深度后，都要清孔，清除孔内的岩渣和粉尘，增强锚固效果。最好用高压气流清孔，土质地层当然不可能用水清洗钻孔，即使是岩质地层用水清洗钻孔也有很大弊病，洗孔时水渗进滑坡体内和滑带内会影响滑坡的稳定性。

(2) 钢绞线编织成束。按设计锚索长度及每孔锚索的钢绞线根数用砂轮切割机切割锚索，其长度除锚索自由段和锚固段外，应加长1.5 m作为张拉段，钢绞线必须垂直。

锚索应放在工作台上编织，防止污染。按要求绑扎架线环、紧箍环、导向壳及注浆管。自由段钢绞线涂防腐油后分别套上塑料管，并在底部封堵。塑料管在编织、运输和安装过程中不能有破损。

(3) 锚索安装。用人工或机械将编好的锚索束放入钻孔中，检查其是否下到孔底设计位置，否则应拔出，清孔重新安放。

(4) 孔内压浆。压浆质量是关系锚索工程成败的关键。水泥砂浆配合比，水：水泥：砂子 = 0.4：1：1。水泥等级不低于32.5级，砂子过筛孔径4mm，并用水清洗。砂子粒径太大，容易发生离析，堵塞灌浆管。拌好的砂浆要过筛，以免有水泥结块堵塞灌浆管。也有用纯水泥浆的，但易收缩。

应采用反向压浆，即把灌浆管下到孔底，由孔底向孔口方向反向压浆。反向压浆有明显的优点：能保证砂浆完全充满锚索孔，不会出现正向压浆过程中因排气管堵塞孔底形成压缩空气，砂浆无法压进的现象。在地下水发育无法排干孔内地下水时，正向压浆是无法保证灌浆质量的，而反向压浆却可以把孔内地下水赶出孔外，保证灌浆质量。灌浆的压力一般为 0.3~0.6 MPa。

孔内压浆管采用金属管或 PVC 管。采用金属管时，用外接箍连接，禁止采用异径接头连接。灌浆前用清水润湿灌浆管内壁。

反向压浆的最大压力一般控制在 0.6 MPa，随着孔内浆液由里向外不断推进，压力也逐渐升高，当压力接近 0.4~0.6 MPa 时，将压浆管向外抽出2~3 m，这样边压边抽管子，直至达到设计要求。

对于机械内锚头应先施加预应力，然后灌浆。因锚索孔较浅，可采用正向压浆方式压浆，排气管多为 $\phi15$ mm 的塑料管或尼龙管，灌浆后留在孔内。

当锚固段地层软弱、锚固力不足时，可采用二次劈裂注浆。

(5) 浇注反力装置。预应力锚索的反力装置，不论是锚墩、地梁、还是框架，都是锚索受力的关键部位，一要稳定，二要有足够的强度。一般要嵌入坡面20 cm，刻槽、立模、绑扎钢筋、浇注混凝土。由于锚索附近受力大而集中，混凝土更应捣固密实。当梁下坡面不平顺时，必须用混凝土或浆砌片石垫平。反力装置的受力面应与锚索垂直，框架允许分片浇注，片间留沉降缝。

(6) 锚索张拉。张拉前，首先把孔口处混凝土整平，然后再依次放上钢垫板，安装外锚头、千斤顶及工具锚头，组装完毕后即可张拉。

张拉吨位和相应的压力表读数要制成表格。按设计要求分级张拉，每加一级荷载，要稳定5~8 min，卸荷至前级荷载，再次升级加荷载，直至加到设计荷载，维持荷载10 min，再卸荷载至设计的预应力值锁定，至此整个张拉过程完毕。在增加荷载的同时，要测量锚索的伸长量，绘制出 $P-s$ 曲线，确认锚索在弹性阶段工作。最后张拉到最大（设计）值，一是为了检验锚固力是否达到了设计要求；二是以后滑坡推力出现最大值时，使锚索均匀受力，并减小锚索的预应力损失。

为使锚索受力均匀，最好在全部锚索施工张拉完成后进行一次补张拉，一是使各根锚索受力均匀，二是补偿部分锚索的预应力损失。

(7) 当锚索张拉完成后，剪去多余的钢绞线，用C20混凝土封闭锚头，保护层厚度为10 cm。为了美观，锚头封闭应统一模具。

10.3.3 抗滑挡土墙设计

在20世纪60年代抗滑桩出现以前，抗滑挡土墙是治理滑坡的主要支挡措施，即使在抗滑桩应用之后，在一些中小型滑坡治理中，挡土墙仍被广泛采用。但抗滑挡土墙也发生过许多破坏事例，概括起来有以下几种：①挡土墙抗滑力不足而被推移；②挡土墙抗倾覆不足而被推移；③挡土墙墙身强度不足而被剪断；④挡土墙墙基埋置于滑面以上而跟随滑坡一起滑动；⑤挡土墙高度不够，滑坡从墙顶滑出。

出现以上问题的原因有三点：一是滑坡推力计算偏小，使设计的挡土墙不足以抵抗实际滑坡推力；二是不了解抗滑挡土墙的特点，按一般挡土墙设计抗滑挡土墙，不适应滑坡的特点和变化；三是设计参数不准确。

1. 抗滑挡土墙的特点

（1）墙高不能任意设定，必须检算滑坡后在墙后形成新滑面从墙顶滑出的可能性，以保证抗滑效果。

（2）一般挡土墙的墙基放在稳定地层上满足承载力要求即可，抗滑挡土墙的墙基必须放在滑动带以下一定深度，并考虑滑动面向下发展加深从墙底滑出的可能性。当滑床为土层时，挡土墙埋入滑带下的深度为 $1.5 \sim 2.0$ m；当滑床为岩层时，埋深为 $0.5 \sim 1.0$ m。当然地基也应满足承载力的要求。

（3）一般挡土墙承受的土压力为主动土压力，其大小和方向与土体种类、破裂面位置，墙高、墙背形状及粗糙度有关，呈三角形分布，合力作用点在墙高的下 $1/3$ 处。而抗滑挡土墙上的滑坡推力的大小与墙高、形状及滑面位置无关，分布为矩形，一般比主动土压力大，加之墙基埋入滑面下一定深度，故其合力作用点高，倾覆力矩大，墙趾应力较大。为增加其抗倾覆力矩，常将墙的胸坡放缓到 $1:0.3 \sim 1:1$；墙底做成向山倾 $1:0.1 \sim 1:0.2$ 的倒坡。

（4）抗滑挡土墙对墙后纵向盲沟的要求高。因为一般滑坡均有地下水作用，墙后不能造成积水，以免软化墙基影响墙的稳定。当地下水较多时，还应设置支撑盲沟或仰斜孔排水。

（5）抗滑挡土墙应垂直于滑坡的主滑方向布设以发挥最好的抗滑效果。

（6）抗滑挡土墙的检算内容同一般挡土墙一样，包括抗滑、抗倾覆、基底应力和墙身截面等检算，但因滑面处剪力较大，应注意各层滑动面处的墙身检算。

（7）抗滑挡土墙的施工有特殊的要求，由于位于滑坡前缘，截面较大，挖基会影响滑坡的稳定性，因此不允许全面开挖。大拉槽施工时，必须分段跳槽开挖，开挖一段立即砌筑一段，及时形成抗滑力，并应从滑坡两侧滑坡推力小的地段先施工，逐步向中轴线推进，以免已有工程因应力集中而破坏。

2. 抗滑挡土墙的类型和布设

抗滑挡土墙一般为重力式挡土墙，以其重量与地基的摩擦阻力抵抗滑坡推力。近年来也有在墙上增设竖向和横向锚杆锚入滑面以下稳定地层中以增加墙的抗滑能力的做法。

抗滑挡土墙的布设位置一般是放在滑坡前缘出口处，充分利用滑坡抗滑段的抗滑力以减少挡土墙的截面尺寸。对于工程开挖中出现的滑坡，有条件时可局部改移线路位置，留出空间填土反压，结合抗滑挡土墙，更节省挡土墙圬工。或当滑坡前缘地下水发育时，在墙后设置支撑盲沟，盲沟既能排水又能支挡，与抗滑挡土墙共同承担滑坡推力，可减小墙身截面。

3. 抗滑挡土墙的施工

1）施工准备

(1) 做好施工现场的"三通一平"。
(2) 按施工图给定坐标测算出抗滑挡土墙的位置及基坑开挖的范围。
(3) 备好基坑开挖的临时排水及临时支撑的用料。需要时备好基坑抽水设备。
(4) 划分分段跳槽开挖的段落,一般分三批,每段长 5~10 m。
(5) 准备好施工用料及机具设备。
(6) 安排好滑坡动态监测。

2) 施工顺序和要求

(1) 挖基从滑坡两侧推力较小的部位先施工,逐步向中轴部位推进。
(2) 基坑挖到设计高程后必须进行验槽,揭露和记录滑动面的位置,墙基必须放在滑面下一定深度,若深度不够或基底软弱应加深或做特殊处理。若基坑有积水,必须抽干,然后铺砂浆垫层。
(3) 按设计要求砌筑挡土墙,墙后纵向盲沟和反滤层应随墙体砌筑一起填筑。
(4) 修完第一批挡土墙后才能开挖相邻一段墙基,并砌筑墙身,墙后盲沟应顺接。
(5) 若墙基或墙身设有锚杆或锚索,应先做锚杆、锚索,后修墙身。

10.3.4 采矿协调与内排压脚工程

当一个滑坡处于头重脚轻的状况下,而在前方又有一个可靠的抗滑地段时,采取在滑坡体上部剥离或排土压脚的办法,使滑坡的外形得以改变,重心得以降低,可以使滑坡的稳定性得到根本改善。有研究表明,如果将滑动土体积的 4% 从坡顶转移到坡脚,那么滑坡的稳定性就可增大 10%。如果滑坡没有一个可靠的抗滑地段,则剥离只能减小滑坡的下滑力,不能达到稳定滑坡的目的。因此,用剥离的方法治理滑坡时,常常需要与下部的排土压脚措施或支挡措施相配合。

10.3.4.1 边坡剥离工程

边坡剥离工程是指在滑坡体上部的牵引(或推移)段和部分主滑段产生下滑力的部分挖去一部分滑体,以减小滑坡重量的工程。边坡剥离工程是滑坡治理工程中最常用的措施之一。工作原理是减小滑坡下滑力,提高滑坡稳定性系数。其主要特点是经济、所需资金少,设计和施工简单,通过协调采矿工程开展。

1. 边坡剥离工程的作用

边坡剥离工程可以作为正在活动滑坡的临时应急工程,为勘查、设计和施工争取条件;也作为可能活动滑坡的永久工程,减少支挡工程数量、节约投资,也为施工安全提供条件。

2. 剥离工程的适用条件

剥离工程常用于滑面不深、具有上陡下缓、滑坡后壁及两侧有岩层外露或土体稳定不可能继续向上发展的工作帮滑坡,尤其适用于主滑面倾角较陡的潜在(>20°)滑坡和正在活动的滑坡。对于已经滑动,并且滑坡内地下水丰富、滑坡规模较大的滑坡,剥离工程不能作为唯一的防治工程,宜辅以其他工程(如排水工程)。当边坡上有生产必备的辅助设施时,不适宜采用减重工程。当剥离物无法处置或处置费用太大时,不适宜采用减重工程。对于牵引式滑坡或滑土带具有卸载膨胀性的滑坡,剥离工程也不宜使用。

3. 设计要点

对于可以采用剥离方法治理的滑坡,必须首先决定剥离范围,要根据各段滑坡的稳定程度、稳定滑坡和其他生产辅助设施的要求，进行综合考虑。对于一些不向上或向两侧牵引发展的小型滑坡，也可以考虑将滑坡体全部清除。剥离工程的设计要点如下：

（1）剥离工程的实施范围及确切位置应根据滑坡特征及滑坡区的实际情况确定。

（2）剥离工程量根据滑坡地形地质条件和工程对应的安全系数确定。

（3）剥离工程设计的削坡方量和坡形应以不影响上方斜坡稳定性为原则；当段高较大时，且边坡服务年限较长时，应设置安全平盘和坡面排水系统。

（4）剥离工程量、斜坡形态等需逐步试算方能确定。

（5）设计试算步骤：确定设计工况、校核工况→假定减重后斜坡形态→确定设计荷载、校核荷载→计算滑坡稳定性系数，判断是否大于、等于设计安全系数和校核安全系数。若是，假定形态可以为设计形态；否则，重新假定坡形、重新计算，直到满足设计要求的安全系数。

（6）对于到界工作帮或端帮，剥离工程必须有护坡工程辅助，才能保证坡形稳定。剥离工程实施时，必须切实注意施工方法，尽量做到先上后下，先高后低，均匀减重，以防止挖土不均匀而造成滑坡的分解和恶化。对于剥离后的坡面要进行平整，及时做好排水和防渗。当条件许可时，应尽可能地利用滑坡上方的剥离物排弃于前部抗滑的地段。

10.3.4.2 排土压脚工程

排土压脚工程为在滑坡体的前缘抗滑段及其以外排土压脚，增加滑坡被动抗滑力的一种工程。有条件时，通常与剥离工程同时使用，其主要特点为经济、所需资金少，设计、施工简单。

1. 排土压脚工程的作用

（1）作为正在活动滑坡的临时应急工程，为勘查、设计和施工争取条件。

（2）作为可能活动滑坡的永久工程，减少支挡工程数量、节约投资，也为施工安全提供条件。

2. 排土压脚工程的适用条件

（1）当滑坡推移段/牵引段和主滑段较长、抗滑段较短时，排土压脚工程效果较好。

（2）对于内排土场边坡、端帮边坡下部有排土空间时，可考虑采用排土压脚工程。

（3）当滑坡前缘有重要工程时，不宜采用压脚措施。

（4）排弃物料不宜获取或获取成本过高时，不宜采用压脚措施。

3. 设计要点

（1）排土压脚工程的实施范围、确切位置应根据滑坡特征及滑坡区的实际情况确定。

（2）排土压脚工程量根据滑坡地形地质条件和工程确定的安全系数确定。

（3）排土压脚工程量、排土段高、平盘宽度等需逐步试算方能确定，以滑坡不能从其坡顶滑出为原则。

（4）设计试算步骤：确定设计工况、校核工况→假定排土压脚工程的排土段高、平盘宽度→确定设计荷载、校核荷载→计算滑坡稳定性系数，判断是否大于、等于设计安全系数和校核安全系数，若是，以假定形态工程的排土段高、平盘宽度为设计压脚工程，否则重新假定、重新计算，直到满足设计要求的安全系数。可用寻找最危险滑弧（曲线）方法计算，或简化方法计算抗滑阻力最小的新滑面。

（5）排土压脚工程设计时，排土底部必须采用碎石或砂卵石等渗水材料填筑，或设计盲沟以利地下水排出。

（6）对于排土到界的外排土场边坡，排土斜坡必须有护坡工程辅助，以保证坡形稳定。

（7）压脚工程的型式应根据滑坡前缘地形确定：填堤式（前缘开阔），底部涵洞/盲沟+上部填土，改沟+反压（沟道较宽）、改移线路位置+反压。

10.3.5 抗滑治理效果评价

目前有关滑坡防治工程尚没有统一的治理标准可循，即使在《建筑地基基础设计规范》《铁路路基与桥涵设计规范》《铁路特殊路基设计规范》等规范中也仅制定了滑坡防治工程设计大的原则和标准，如滑坡防治工程安全系数取 1.05~1.25。至于滑坡治理后工程效果如何评价、如何分析，相关研究相对较少。

随着人类工程活动不断加大，滑坡地质灾害有越来越频繁之势，由于滑坡地质条件、形成条件的复杂性，即使同一滑坡体在不同区段其滑带土强度差异也较大，而强度参数的取得、设计方法等均存在差异。尽管大量滑坡得到治理，但治理的效果如何，滑带土强度参数、设计所选参数、安全系数等是否合理，滑坡防治工程效果如何都需要评价，通过评价，可及时反馈工程治理效果，也可进一步完善滑坡防治理论和设计理论。

1. 治理效果评价的一般原则

对于滑坡防治工程效果评价并不仅仅局限于对防治工程结构的抗滑能力做出评价，更应充分考虑治理前对滑坡成因、滑坡性质是否有正确的认识，是否查清了滑坡的关键滑块、关键滑动面以及是否正确地选择了滑带土强度参数，是否合理地确定了滑坡推力，以及分析是否选择了合理的治理方案和措施。这是因为滑坡是复杂地质作用的产物，如果治理不从滑坡地质特征出发，仅仅依靠数学计算，那么可能滑坡推力巨大，甚至到了无法设计、无法依靠结构治理的境界。而紧密结合滑坡体地质特征，则可能用极小的工程来治理大型滑坡。因此，滑坡治理工程效果评价必须从滑坡工程地质条件出发，从滑坡滑带土强度参数选取、推力计算、结构设计方法和参数选取、现场应力、变形观测与数值计算各个方面进行校核验证，同时还可采取现代系统数学理论做出综合评价。滑坡防治工程效果评价是一个涉及范围广、因素多，需要将传统滑坡地质勘查理论、抗滑结构理论与现代系统论结合起来的系统工程。评价应考虑以下原则。

（1）治理工程效果评价必须结合滑坡地质特征。滑坡治理本身就是一个病害治理的系统工程，防治工程效果评价首先必须分析治理前对滑坡性质是否有足够认识，滑带土强度参数和滑坡推力的选取是否合理以及治理工程方案是否正确。

（2）滑坡治理工程设计应以现有设计规范的控制指标为依据。铁路、交通部门颁布系列路基桥涵设计规范中对滑坡抗滑结构设计与计算的基本原则，具有一定的理论基础并已得到广泛应用，也是对抗滑结构抗滑能力进行评价的基本原则。例如结构物极限状态的评价标准中指出：抗滑结构部分或大部分进入非弹性状态，或丧失稳定性、倾覆、滑动，乃至达到疲劳极限的状态，称作结构承载能力极限状态。处于此状态下的结构能力，即抵抗或承受外荷载效应的能力称为结构极限承载力。而正常使用极限状态指结构在日常较大工作荷载下，某些部位会出现开裂、屈服等非弹性状态，其已有挠曲、变形或振动加大等，处于监视或适当维修的状态，称为结构正常使用极限状态，此时绝大部分仍是处于弹性工作状态，又称"工作极限状态"，它是以弹性理论或弹塑性理论为基础。对于滑坡防治工程结构的正常使用极限状态、极限承载力在此也适用,这也是对现场结构受力合理性分析的依据。

（3）治理效果评价应与结构设计优化有所区别。一般来讲,抗滑结构优化设计是指经济、合理地决定结构物尺寸,检算结构的可靠性并使其满足抗滑结构规范要求的过程。其设计原理基于工程结构力学,具有较严格的规范。而滑坡防治工程效果评价则是利用特定信息对滑坡防治效果进行分析并做出评价。除了结构设计分析外,更要涉及对滑坡性质的认识、滑带土强度参数的选择、滑坡推力的计算,以及防治工程规模、施工工艺等,故滑坡防治工程效果原理既基于设计理论,也基于滑坡地质分析理论、岩土力学理论等,方法涉及现场滑坡地质调查、力学计算、现场测试、长期位移监测、数值分析及综合评价等。

（4）治理效果评价以抗滑结构现场实测受力与位移长期监测数据为基准。抗滑结构受力分布形式、受力大小关系到抗滑结构在使用期限内的安全性,同时也反映了结构承载能力的发挥程度,是评价防治工程设计合理性的重要依据。实际上,实测受力分析比结构分析更为重要,推力是抗滑结构物设计中最基本的参数。了解抗滑结构受力状况、抗滑结构使用阶段实际受力与设计推力之比是滑坡防治效果后评价的重要工作之一。另外,位移数据随时间的变化趋势反映了在使用期限内结构的安全性,也是评价防治工程设计合理与否重要的直观的标准之一。

（5）滑坡防治效果手段应具包容性。校核设计人员应以对滑坡性质、成因的认识程度,滑带土强度参数和滑坡推力的选择合理性为前提,以结构理论设计规范为指导,以现场受力测试、位移监测、结合数值分析方法为手段,建立合理的综合评价数学模型是滑坡防治工程效果评价工作的根本。应注意:①单项评价与综合评价相结合,重视综合评价;②定量评价与定性评价相结合,重视定量评价;③对比评价与预测评价相结合,重视预测评价。

此外,评价还应该包容评价人员的工程经验或专家意见以便相互有效地验证,达到滑坡防治工程效果的综合评价。

2. 防治工程效果评价的主要内容

依据上述评价原则,对滑坡防治工程效果进行后评价必须涉及滑坡体本身因子和防治工程因子两大类,还包括在抗滑结构实施后,外在因素如爆破震动、降雨、河流冲刷等对滑坡防治工程的影响等,它具有系统性和综合性。

从宏观上讲,对滑坡整治工程效果后评价体现在:①滑坡防治是否及时、是否充分利用了滑带土强度、治理后滑带土强度是否得到提高等来分析岩土自稳能力发挥的程度;②防治后滑坡是否进一步发生位移?滑坡及抗滑结构位移量是否在被保护对象的容许范围之内,变形对抗滑结构本身是否安全;③还应包括从技术经济的角度分析防治工程在规划使用期间内的使用价值。

从微观上,通过理论计算、数值计算等对抗滑结构受力合理性进行评价,分析抗滑结构位置的选择是否合理,结构受力设计是否合理,实测推力与设计推力是否一致,是否充分发挥了抗滑结构的作用等。滑坡防治效果评价的主要内容如下。

（1）滑坡防治效果的工程地质评价。包括分析在滑坡治理前对滑坡的成因、类型、滑坡的性质是否有准确的认识,其次分析滑带土强度参数和滑坡推力的取值是否适宜,提出相应的校核评价方法或公式。

（2）滑坡防治效果的工程结构合理性评价。包括调查分析滑坡防治采用的治理工程类型、工程方案是否合理，设防位置是否合理，工程措施是否经济提出相应的校核方法。

（3）抗滑结构实际受力状况合理性的分析评价。通过在抗滑挡土墙、抗滑桩、预应力锚索抗滑桩结构上埋设土压力盒、钢筋计进行现场测试，并开展数值计算来评价抗滑结构的受力合理性。

（4）滑坡与抗滑结构整体稳定性评价。主要包括：①对滑坡与抗滑结构现场位移长期监测；②调查滑坡体上有无裂缝等变形位移迹象，通过分析滑坡体位移趋势来评价防治工程效果；③通过数值计算、极限平衡计算等反分析滑坡推力、滑带土强度来探讨滑坡整治工程的效果。

（5）滑坡防治工程效果的综合评价。在对滑坡防治效果的地质评价、工程结构设计合理性评价、抗滑结构受力状况评价、滑坡与抗滑结构整体稳定性评价的基础上，结合滑坡现场调研、现场试验与数值分析来选择滑坡防治工程效果的后评价因子，采用模糊数学理论建立滑坡治理工程的效果评价模型。

3. 防治工程效果评价标准

滑坡防治工程效果的好坏，实际上就是评价滑坡防治工程是否安全、经济、合理。所谓安全，实质上是分析在滑坡治理后是否已经渐趋稳定，滑坡推力作用在结构物上的力是否在结构承载力范围之内，或滑坡治理后位移量是否在容许范围之内。所谓经济，实质是分析滑坡防治工程规模是否与被治理的滑坡的规模相适应，是否与被保护对象的价值相适应。所谓合理，实质是分析在滑坡治理工程设计之前，对滑坡的类型、滑坡性质是否有正确的认识，是否抓住了滑坡的关键滑块、关键滑动面以及是否正确地选择了滑带土强度参数、是否合理地确定了滑坡推力。经济合理实质上是分析采取的整治工程方案是否密切结合了滑坡地质体特征，防治工程受力是否合理、设防位置是否适宜、是否充分发挥了岩土体自身的强度特性。此外，合理性还包括对生态环境的效应。根据以上分析，关于滑坡防治效果好与否的标准，可采用以下指标来评价。

（1）稳定性。研究治理后滑坡的稳定性是否达到要求，是否已经稳定，稳定系数提高的程度。由于滑坡防治工程实施的最终目的就是稳住滑坡，因此滑坡防治后是否稳定是防治效果评价的基本标准。

（2）位移量。依据滑坡及抗滑结构位移量是否在容许范围之内，可将变形对抗滑结构本身安全的影响分为4个档次：①在容许范围之内，变形对抗滑结构本身安全无影响；②在容许范围之内，对抗滑结构本身安全稍微有影响；③位移量接近容许值，变形对抗滑结构本身安全有影响；④位移量已超出容许范围，变形对抗滑结构本身安全构成威胁。

（3）抗滑结构受力的合理性。①抗滑结构实际承受推力与设计值的比较。分析抗滑结构受力设计是否合理，抗滑结构位置选择是否合理，实测推力与设计推力是否一致，是否充分发挥了抗滑结构的作用。②抗滑结构实际承受内力的合理性分析。在一定设计条件下，主要分析：弯矩是否达到较小值，若为预应力锚索抗滑桩，是否将桩前、桩后弯矩降至最小值；剪力分布是否合理。

（4）岩土的自稳能力的发挥程度。主要依据：①滑坡防治是否及时，是否充分利用了滑带土大动前的峰值抗剪强度；②治理后滑带土强度是否得到提高，特别是排水效果的分析等。

（5）经济效益、社会效益。效益是指某种经济活动或投资所获得的成效或收益与为它所付出的代价之比较的度量。滑坡防治相对的效益主要参照被保护对象的重要性或者生产取得的经济效益，依据治理工程规模或工程总造价与滑坡规模之比来分析防治工程的价值与效益。

总之，评价标准是通过分析滑坡防治工程特征与滑坡地质作用之间的关系，依据滑坡防治工程与滑坡地质作用之间的协调程度来确立，至于更为精确、定量标准有待于进一步的工作。

11 滑坡防治工程实例

11.1 海州露天煤矿非工作帮滑坡治理工程

辽宁阜新海州露天煤矿1953年投产，设计开采深度为350 m，设计非工作帮最终边坡沿最下一层煤层底板设置，坡角为18°~20°。自投产以后，非工作帮发生了70余次滑坡。

非工作帮滑坡类型主要是顺层滑坡，滑面形状呈平面或折面。当弱层被切断时，滑面全部为弱层；当弱层未被切断时，滑面下部斜切剪断岩层。根据非工作帮工程水文地质条件和对历次滑坡的勘察分析表明，非工作帮滑坡的主要原因包括：①煤层底板下赋存与煤层基本平行的弱层；②采掘工程切断或接近切断弱层；③水的作用，绝大多数滑坡几乎都与水的作用有关，地下水或地表水浸入弱层往往起着促进滑坡发生或由蠕动到剧滑的作用。

非工作帮的第9次滑坡，滑体在露天西区，走向长240 m，标高为地表170~134 m；沿倾斜宽135 m，滑体厚度为3~14 m，滑落体积为$1.35 \times 10^5 \text{ m}^3$。滑体上缘呈圆弧形，下部有突起，水平位移81 m，垂直落差达9 m。滑面呈平面，为薄煤层与砂质页岩交界面。明显的滑动延续了3天。

滑坡的主要原因：①滑坡处于春季解冻期，地表水融化和地下水浸润弱层使其力学指标c、φ值降低。滑后见到光滑镜面，而且仍有水从滑面渗出。②边坡角度大，为20°，弱层倾角小，为15°~16°，下部已接近切断弱层。

1. 钢轨桩防治滑坡实例

▽86 m站滑坡区位于该露天采场西区北帮（非工作帮）E_1、E_3两断面间。滑体由煤层和岩体组成。层面倾角为17°~21°，煤层厚约8 m，其底板在E_3断面处的▽46 m水平被切断。煤层顶板以上为砂质页岩和少量砂岩，底板以下为黑色砂质页岩，滑面为煤层与黑色砂质页岩交界面。

1974年7月15日，在断面E_1到E_3的范围内，在▽86 m、▽36 m两车站之间，有8条铁路干线同时发生不同程度的位移，并在几个水平上发现裂缝。经调查分析后认为，该滑坡为煤层底板以上比较完整的煤层和岩层沿煤层底板发生的整体滑动。对此在▽86 m、▽70 m、▽62 m、▽54 m和▽46 m台阶上，共布置了5排100根钢轨抗滑桩，桩距为2.5~4 m，锚固深度为3~5 m，桩长10~15 m，钢轨型号为38~43 kg/m，用BY-20-2型穿孔机穿孔，孔径为200~230 mm。

在钢轨桩工程初期，整个滑体依然有位移，但铁路干线变形变小，至1976年年初滑体趋于稳定，使滑体在濒于滑落的状态下又继续稳定了3年。

2. 疏干巷道防治滑坡实例

地下疏干巷道能穿过较多的岩层，有可能交切较多的岩体结构面，因此，它能获得较好的排水效果。地下巷道不受气候影响，能长期使用，且不与采掘工作面作业相干扰，效果可靠。此外,地下疏干巷道在开挖时可用以探明边坡岩体结构,亦可在巷道中进行岩体力学试验。疏干巷道主要用于排除节理、裂隙中的水,为提高其排水效能,可在巷道中打排水孔,排水孔应与岩层、节理、裂隙相交,而且巷道的位置应设在滑面的下方,切不可布置在滑体中。

海州露天煤矿为维护非工作帮边坡,沿非工作帮距边坡 150~350 m 处,修筑长 4086 m 的疏干巷道以拦截冲积层地下水,防止向非工作帮边坡岩体渗透。初期排水量达 10000~12000 m³/d,该工程修筑完成后,使地下水位由 ▽167~▽161 m 降低至 ▽1549.4 m,该工程对于非工作帮边坡的稳定起到很大作用。

11.2 抚顺西露天煤矿北帮边坡变形综合治理工程

11.2.1 滑坡分析

1. 边坡变形演化史

1978 年 4 月,北帮 E700 附近 28 - 9 段干线下的 +20~0 m 水平之间发生绿泥岩楔体滑坡,滑体东西宽为 120 m。

1987 年 4 月,北帮 E900 附近,达到设计境界后, +43 m 水平向北并段,露头部分的绿泥岩长期受第四系冲击层地下水侵蚀导致滑坡,滑体东西长约 120 m,高差 33 m。

1987 年 4 月,因受 -447 m 采区井采岩移影响,加之地下水作用,发生了大规模的 E800 滑坡,该滑坡切断了 28 干线,并掩埋了 12 段站场,对矿坑生产造成了重大影响。之后在 E100 附近也发生了一次类似的滑坡现象,致使该区域兴平公路及居民区产生地表沉陷变形。

1993 年 8 月,抚顺地区遭遇百年一遇大暴雨,致使北帮 E800 - E1300 区域,车库 +75 m 至 12 段 -30 m 水平的边坡,经历了从局部变形到坐落滑移的失稳破坏过程。

1994 年 8—9 月,该区再次发生大规模沉陷滑移,中心位于 E900 - E1000 附近。

2. 老滑体复活机理

历次滑坡均发生在解冻期和雨季,表明该区域边坡对地下水影响敏感程度较高。2016 年进入汛期后,历经数次高强度降雨,滑坡区后缘沿 F1 断层破碎带出现数条东西走向张拉裂缝。数小时内近 200 mm 的高强度降雨,致使北帮上部地表汇水沿有利地形汇入本区域,流向矿坑冲刷边坡;与大气降水联系最为密切、水位陡升的第四系冲积层潜水,沿冲积层边坡出露面密集向矿坑排泄。

该区域边坡由于地表汇水及第四系潜水的径流排泄,含水率急剧增加,松散岩体密度增大,岩体强度降低。后缘张拉裂缝灌满雨水后,在静水压力和动水压力的作用下产生滑坡。

3. 滑坡特征

滑坡灾害发生之前,边坡上部已经出现数条东西走向张拉裂缝,由滑坡后缘西北侧逐步向东扩展。暴雨后边坡于西北侧率先产生滑移,拖动东侧岩体产生滑动。滑坡后缘西侧与 F1 断层走向近乎平行,表明该处滑坡后缘空间形态受 F1 及其次生断层控制。根据滑坡现场踏勘,滑体西侧植被等边坡附着物向南滑动距离明显大于滑体东侧,滑后坡表东高西低,表明滑体西侧为本次滑坡的主滑区域。

11.2.2 治理方案

1. 后缘治理

采用坡率法，将后缘单台阶边坡破成地表、第四系 +60 m 水平、28 干线 +45 m 水平 3 个台阶，边坡角由原来的 35°左右降至 22°，提高了后缘边坡的稳定性。于第四系底板台阶，采用水平放水孔提前疏干冲积层地下水，以防止水流冲刷坡面。铺设钢筋混凝土水沟，拦截疏导冲积层渗水及水平放水孔中的流水，减少滑体地下水补给源，有利于滑体稳定。

2. 前缘治理

E800 老滑落体复活后，将 17 段以上电车和公路运输系统全部掩埋，西露天煤矿立即制订恢复方案，集中调配工程机械，全力削坡降段。同时，安排东区上部 4 台电铲的剥离物料全部对 14、12 段路基进行回填，反复调整设计，最大限度地减小排弃量，缩短工期。其间多次克服了 14 段局部下沉的险情，先后完成了 14、12 段回填路基 3500 m，恢复公路 500 m，总工程量达 5.3×10^5 m³。

3. 滑体治理

综合采用清方减载、抗滑桩、疏干井和水平放水孔等工程措施，以改善滑体稳定状况。

（1）清方减载。清方减载是治理滑坡中最直接、最有效的方法之一，在滑坡治理中应用广泛。该处滑坡下滑段载荷清理应顾及滑坡后缘边坡的稳定，经综合考虑，共清理土方 4.14×10^5 m³。清理后，滑体各剖面稳定系数提高幅度均在 0.06 以上，最大的达 E800，提高幅度为 0.4。

（2）抗滑桩。抗滑桩的桩位在断面上一般布设在滑体较薄的挤压段，既充分发挥钢轨桩的抗滑效果，又能使其在经济上更为合理。考虑到滑体空间几何形态及变性特征，综合分析后确定在滑坡区 12 段平盘西侧进行抗滑桩施工，但限于 12 段平盘宽度而采用间排距 4 m × 4 m，共布设 400 根抗滑桩。

（3）疏干排水工程。根据滑坡区地下水埋藏深度、补给来源、隔水边界等水文地质特征及滑带深度、滑体变化情况，结合抽水试验结果，经综合研究采用疏干井和水平放水孔联合疏干的工程措施，降低地下水位，提高滑体边坡安全系数。滑体内共布设 10 个疏干井，14 段平盘共布设 12 个水平放水孔。

11.3 云南小龙潭矿区布沼坝露天煤矿西帮边坡变形治理工程

云南省小龙潭矿务局布沼坝露天煤矿由于受征地搬迁滞后的影响，南帮不能正常推进，东帮剥离工作面长度有限，不能满足需煤要求。为维系正常生产，部分采煤集中在西帮，同时受西帮特殊的地质条件和雨季雨水量大的影响，导致西帮边坡出现变形并急速增长，构成巨大的安全隐患，已严重威胁到露天煤矿的正常煤炭生产和矿山安全。根据《布沼坝露天煤矿西帮边坡抢险治理安全改造项目可行性研究报告》，确定了以清方减载为主、辅以抗滑支挡和迁建工程的综合治理方案。为确保布沼坝露天煤矿的安全和正常生产，矿务局开始对西帮边坡进行清方减载，以缓解西帮边坡变形对布沼坝露天煤矿采场的影响。清方减载分为两个工作区：一是由西帮边坡后沿从上向下清方，二是由西北帮边坡由北向南对西帮边坡中部进行清方。

至 2010 年 12 月完成土岩清方 1.5×10^6 m³，西帮边坡变形速度已由最大变形速度

119.3 mm/d 降低到 65 mm/d，边坡治理已出现明显效果，边坡变形速度已呈下降趋势。

至 2011 年 11 月累计完成土岩清方 4.33×10^6 m³，西帮边坡平均变形速度已降低到 10 mm/d，西帮边坡滑坡风险已基本得到排除，但安全隐患仍然存在。

至 2012 年 12 月累计完成土岩清方 6.28×10^6 m³，西帮边坡平均变形速度已降低到 13.2 mm/d，西帮边坡滑坡重大隐患已基本消除。

2013 年 1—4 月，西帮边坡平均变形速度维持在 24 mm/d 以下，无大的反弹、回升现象，总体变形趋势由治理前的加速变形降低为平稳蠕动变形，西帮治理取得了良好效果。

自西帮边坡治理以来，根据地表位移监测数据、地下岩移监测数据研究显示，西帮原变形区以外的稳定区域没有受到影响，变形范围没有扩大，变形规律清楚，边坡蠕动变形动态情况在边坡监测网可控范围内。治理情况如图 11-1 所示。

图 11-1 布沼坝露天煤矿西帮边坡治理情况（初种时）

11.4 平庄西露天煤矿非工作帮滑坡治理工程

平庄西露天煤矿位于内蒙古赤峰市，1958 年工作帮出现滑坡，后发展到非工作帮和排土场。工作帮第 26 次滑坡发生于 1983 年 4 月，涉及 +584 m 平盘、+596 m 平盘、+608 m 平盘和 +620 m 平盘，滑体长 362 m、宽 163 m、高 44 m，滑坡量达 4.74×10^5 m³，滑体主要有玄武岩、砂岩及页岩等。滑前工作帮坡角为 15°～16°，滑后稳定坡角为 14°～15°。滑动面上部沿风化玄武岩裂隙垂直拉断，中部为砂岩弧形滑面，底部顺泥岩面滑动。工作帮第 26 次滑坡为逆岩层切层滑坡，滑体上部垂直落差 3 m，滑坡前缘隆起处有地下水涌出，降雨两天后上部平盘逐渐出现裂缝，产生剧滑。水的影响是这次滑坡的主要原因，玄武岩裂隙水经砂岩渗透到滑体，使滑体底部页岩层泥化。

11.4.1 西北帮治理

自 1976 年发现北端帮疏干巷道结构开裂开始，至今西北帮变形发展已达 14 年。地裂缝长逾 800 m，最大落差 0.2 m。随着采矿工程的推进和降深，边坡变形在地表的显现明显逐渐加大扩展，沿走向延展加长。由于地表裂缝不断延长，其边坡变形不但已严重威胁疏干巷道，而且继续向北东方向延展的话，有进一步危及去太平地排土场的双干线路基的可能。针对上述情况采取如下治理方案。

1. 缓岩清帮处理

清帮处理的基本原则如下：

(1) 450 m 水平以下边坡按规定设计方案实施，以保证底部弱层压脚。

(2) 450 m 水平以上进行清帮缓坡，以保持整体稳定与控制地表变形，保护疏干巷道的安全。

(3) 地面清帮界不超过 F3 断层，与疏干巷道的最小距离大于 40 m。

2. 疏干巷道加固工程方案

北端帮第四系冲积层疏干巷道有 30 m 长已经破裂，虽然在巷道内加固几次，仍难彻底奏效。如不对该巷道进行整治，任其发展下去，将使第四系潜水直接入坑，影响生产，对北端帮的稳定极为不利。此次加固采用变形屏蔽工程，主要包括两部分，一是对巷道破裂段内的 F3 断层带进行化学灌浆处理，其目的在于提高 F3 断层带的强度，减小断层带对变形的放大作用；二是在巷道破裂段的坑内一侧，设置变形屏蔽桩（抗滑桩），用以阻挡来自矿坑边坡的变形。变形屏蔽桩的计算结果：矩形截面长 3 m、宽 2 m，桩长 33.3 m、桩间距 4 m。桩顶高出冲积层底板 4 m（应在巷道标高以上），锚固在 F3 下盘岩体上，锚深 13.2 m。设置变形屏蔽长度为 40 m，10 个桩。

11.4.2 到界边坡治理

因第三系边坡处于工作帮上部，阶段边坡的局部失稳在目前就已严重影响了"632"方案设计的顺利施行。由于边坡工程地质条件出现新的情况，实际上该阶段边坡已无法按正常设计到界。在此情况下，第三系以下边坡能否按期推进、实现采剥平衡，将取决于第三系边坡治理工程措施。针对此情况，采用如下整治措施。

1. 边坡疏干工程方案

自疏干方案实施以来，经分析后发现疏干第三系含水层可以使该段边坡由目前的稳定坡角 15°~17°提高到 20°~22°。由此可见，疏干措施的效果是很明显的。在预计滑动面位置后部底砾岩层内，设平行边坡走向的疏干巷道，平面上沿第三系岩层底板等高线以适当坡降于 4300 剖面引出地表。巷道顶部向砂岩层设放射状泄水孔，形成剖面方向的降落漏斗，走向上形成沿疏干巷道的集水廊道，以达到疏干目的。

2. 加固工程方案

在 584 平盘设抗滑桩，位于滑坡前缘的抗滑部位。桩位选在该处的目的是减少滑坡推力，充分发挥滑体的自身抗滑力，另外也为防止在桩体后产生越顶滑坡。抗滑桩采用 200 号钢筋混凝土，断面为矩形，长 3 m、宽 2 m，桩间距 6 m。

参 考 文 献

[1] 路为，白冰，陈从新. 岩质顺层边坡的平面滑移破坏机制分析 [J]. 岩土力学, 2011, 32 (2)：204 – 207.
[2] 符贵军，任伟中，陈浩，等. Sarma 法的改进及在边坡稳定性研究中的应用 [J]. 兰州理工大学学报, 2017, 43 (6)：113 – 119.
[3] 孙玉科，姚宝魁，许兵. 矿山边坡稳定性研究的回顾与展望 [J]. 工程地质学报, 1998, 6 (4)：305 – 311.
[4] 秦秀山，张达，曹辉. 露天采场高陡边坡监测技术研究现状与发展趋势 [J]. 中国矿业, 2017, 26 (3)：107 – 111.
[5] 董文文，朱鸿鹄，孙义杰，等. 边坡变形监测技术现状及新发展 [J]. 工程地质学报, 2016, 24 (6)：1088 – 1095.
[6] 孙世国，王思敬. 地下与露天复合采动影响下边坡岩体稳定性评价方法 [J]. 工程地质学报, 1998, 6 (4)：312 – 318.
[7] 何斌，汪洋. 滑坡稳定性计算中剩余推力法和简布法 [J]. 安全与环境工程, 2014, 11 (4)：60 – 62.
[8] 王蓬. 节理岩体结构面网络模拟 [J]. 上海：同济大学, 2008.
[9] 肖海平. 中小型露天矿边坡稳定性动态评价方法及应用 [J]. 徐州：中国矿业大学, 2019.
[10] 张飞，孟祥甜，温贺兴. 露天矿边坡监测方法研究 [J]. 煤炭科技, 2014 (1)：15 – 19.
[11] 高斌斌，江利明，孙亚飞，等. 大型人工边坡稳定性地基 InSAR 监测研究 [J]. 遥感信息, 2016, 31 (6)：61 – 67.
[12] 刘锦华，吕祖珩. 块体理论在工程岩体稳定性分析中的应用 [M]. 北京：水利电力出版社, 1998.